技工院校计算机类专业教材（中／高级技能层级）

WPS Office
基础与应用

主　编　孙　妍
副主编　叶文秀　何晓阳

中国劳动社会保障出版社

简介

本书分为 WPS 文字排版技巧、WPS 表格数据应用、WPS 演示动态表达三个模块，主要内容包括文档编辑与图文混排操作、电子表格的编排与数据处理、演示文稿的制作编辑与演示、各模块的综合应用等。

本书由孙妍担任主编，叶文秀、何晓阳担任副主编，王宁娟、甘金燕、吴碧君、何颖捷、谢菲参与编写。

图书在版编目（CIP）数据

WPS Office 基础与应用 / 孙妍主编. -- 北京：中国劳动社会保障出版社，2025. --（技工院校计算机类专业教材）. -- ISBN 978-7-5167-6828-0

Ⅰ. TP317.1

中国国家版本馆 CIP 数据核字第 2025WM3726 号

WPS Office 基础与应用

WPS Office JICHU YU YINGYONG

中国劳动社会保障出版社出版发行

（北京市惠新东街 1 号　邮政编码：100029）

*

北京宏伟双华印刷有限公司印刷装订　　新华书店经销

787 毫米 ×1092 毫米　16 开本　19 印张　374 千字

2025 年 10 月第 1 版　　2025 年 10 月第 1 次印刷

定价：48.00 元

营销中心电话：400-606-6496

出版社网址：https://www.class.com.cn

https://jg.class.com.cn

前　言

为了更好地满足技工院校计算机类专业的教学要求，适应计算机行业的发展现状，全面提升教学质量，我们组织全国有关学校的一线教师和行业、企业专家，在充分调研企业用人需求和学校教学情况、吸收借鉴各地技工院校教学改革的成功经验的基础上，根据人力资源社会保障部颁布的《全国技工院校专业目录》及相关教学文件，对技工院校计算机类专业教材进行了修订和新编。

本次修订（新编）的教材涉及计算机类专业通用基础模块及办公软件、多媒体应用软件、辅助设计软件、计算机应用维修、网络应用、程序设计、操作指导等多个专业模块。

本次修订（新编）工作的重点主要有以下几个方面。

突出技工教育特色

坚持以能力为本位，突出技工教育特色。根据计算机类专业毕业生就业岗位的实际需要和行业发展趋势，合理确定学生应具备的能力和知识结构，对教材内容及其深度、难度进行了调整。同时，进一步突出实际应用能力的培养，以满足社会对技能型人才的需求。

针对计算机软、硬件更新迅速的特点，在教学内容选取上，既注重体现新软件、新知识，又兼顾技工院校教学实际条件。在教学内容组织上，不仅局限于某一计算机软件版本或硬件产品的具体功能，而是更注重学生应用能力的拓展，使学生能够触类旁通，提升综合能力，为后续专业课程的学习和未来工作中解决实际问题打下良好的基础。

创新教材内容形式

在编写模式上，根据技工院校学生认知规律，以完成具体工作任务为主线组织教材内容，将理论知识的讲解与工作任务载体有机结合，激发学生的学习兴趣，提高学生的实践能力。

在表现形式上，通过丰富的操作步骤图片和软件截图详尽地指导学生了解软件功能并完成工作任务，使教材内容更加直观、形象。结合计算机类专业教材的特点，多数教材采用四色印刷，图文并茂，增强了教材内容的表现效果，提高了教材的可读性。

本次修订（新编）工作还针对大部分教材创新开发了配套的实训题集，在教材所学内容基础上提供了丰富的实训练习题目和素材，供学生巩固练习使用，既节省了教材篇幅，又能帮助学生进一步提高所学知识与技能的实际应用能力。

提供丰富教学资源

在教学服务方面，为方便教师教学和学生学习，配套提供了制作素材、电子课件、教案示例等教学资源，可通过技工教育网（https://jg.class.com.cn）下载使用。除此之外，在部分教材中还借助二维码技术，针对教材中的重点、难点内容，开发制作了操作演示微视频，可使用移动设备扫描书中二维码在线观看。

致谢

本次修订（新编）工作得到了河北、山西、黑龙江、江苏、山东、河南、湖北、湖南、广东、重庆等省（直辖市）人力资源社会保障厅（局）及有关学校的大力支持，在此我们表示诚挚的谢意。

编者

2025 年 4 月

目　录

CONTENTS

模块一　WPS 文字排版技巧

模块二　WPS 表格数据应用

模块三　WPS 演示动态表达

模块一

WPS 文字排版技巧

项目一
制作学生会竞选稿——WPS 文字的输入

WPS 文字是 WPS Office 中的一个重要组件，是一款文字处理与排版工具，可用于制作各类文档、表格、图文等。本项目主要学习 WPS 文字的基础操作和在文档中输入文本的方法。

- ◆创建与保存文档
- ◆输入文档内容
- ◆编辑文档内容
- ◆查找与替换文本

2021 电气①班学生郭星泽要参加学校学生会生活部部长竞选，在竞选前需要使用 WPS 文字制作一份竞选稿。

“生活部部长竞选稿”效果图，如图 1-1-1 所示。

生活部部长竞选稿

各位老师、同学们，上午好！

我是来自 2021 电气①班的郭星泽，我是一个充满自信的阳光男孩。今天能站在这里参加学生会生活部部长竞选，让我感到无限的荣幸。

我性格开朗，活泼热情，现担任班级学习委员职务。在班级里，我是老师的小助手，同时也是同学们的好榜样。除了班级的工作，我还积极参与学校的各项活动。2022年，我加入了学校学生会生活部，在工作中，我积极努力，认真完成上级交代的任务，努力帮助其他干事完成有难度、有挑战的工作。

在日常的学生会工作中，我利用熟练的计算机操作能力，每天准时完成自己本职的早、中、晚班级量化分的统计工作。在闲余时间，我积极努力地帮助其他干事，完成信息收集和统计工作。

今年 6 月，我利用网络共享文档，完成了学生会各项活动的信息收集工作。在获得准确数据的同时，还获得了老师的好评。

在我心中，每位同学都是学生会的精英，让我们一起努力，为学生会创造更辉煌的明天！谢谢大家！

郭星泽
2021年9月15日

图 1-1-1　“生活部部长竞选稿”效果图

使用 WPS 文字制作竞选稿，先要创建空白文档，然后在文档中输入竞选稿的内容和特殊符号，最后编辑与打印文档，其制作思路如下。

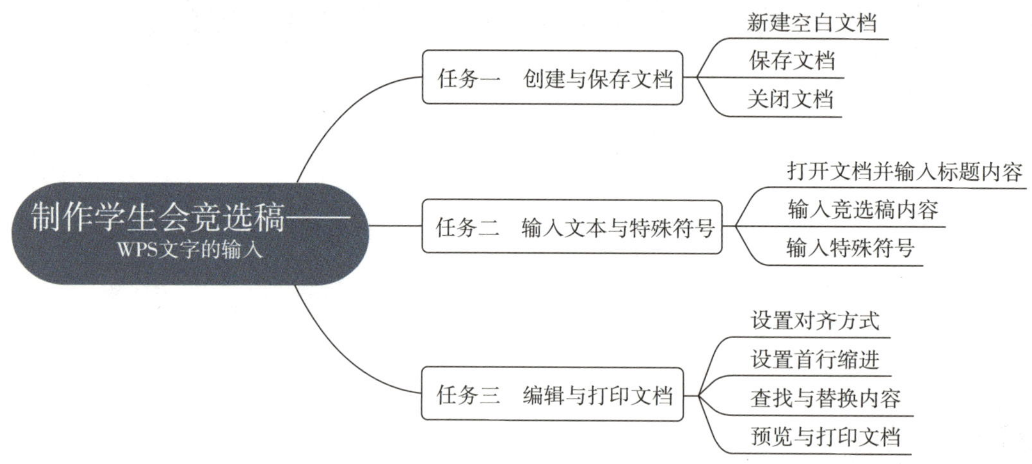

任务一　创建与保存文档

能够创建、保存和关闭文档。

一、新建空白文档

双击桌面上的“WPS Office”程序图标启动程序。在主界面中使用鼠标左键单击

（以下简称单击）“新建”按钮，在弹出的“新建”窗口中选择“Office 文档”栏中的“文字”选项，再单击窗口右侧的“空白文档”按钮，完成空白文档的创建，如图 1-1-2 所示。

a）

b）

图 1-1-2　新建空白文档

a）选择“文字”按钮　b）单击“空白文档”按钮

WPS 文字的工作界面主要包括标题栏、窗口控制区、快速访问工具栏、选项卡、功能区、文字编辑区、状态栏和视图控制区等部分，如图 1-1-3 所示。

二、保存文档

新建的空白文档尚未保存在本地计算机中，应先保存文档后再继续编辑。单击文档窗口左上方快速访问工具栏中的“保存”按钮（见图 1-1-4a），或单击“文件”菜单后选择“保存”命令，在弹出的“另存为”对话框中选择保存位置（如保存到桌面，可选择“我的桌面”选项），将“文件名”设置为“学生会竞选稿”，单击“保存”按钮，如图 1-1-4b 所示。此时，可看到标题栏中的文档标题由“文字文稿 1”变为“学生会竞选稿”，如图 1-1-4c 所示。

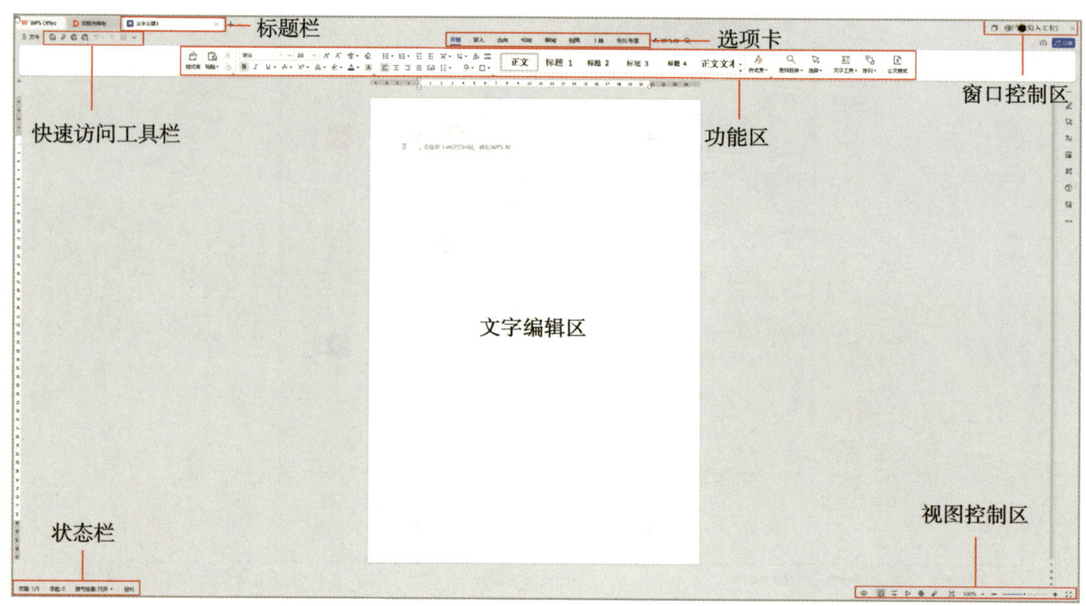

图 1-1-3　WPS 文字的工作界面

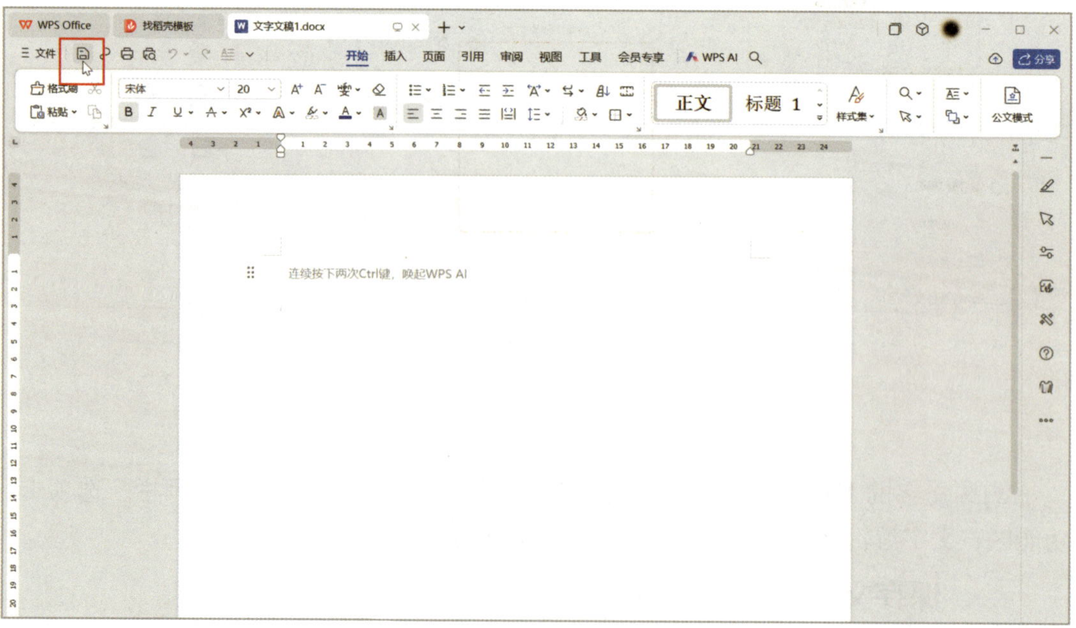

a）

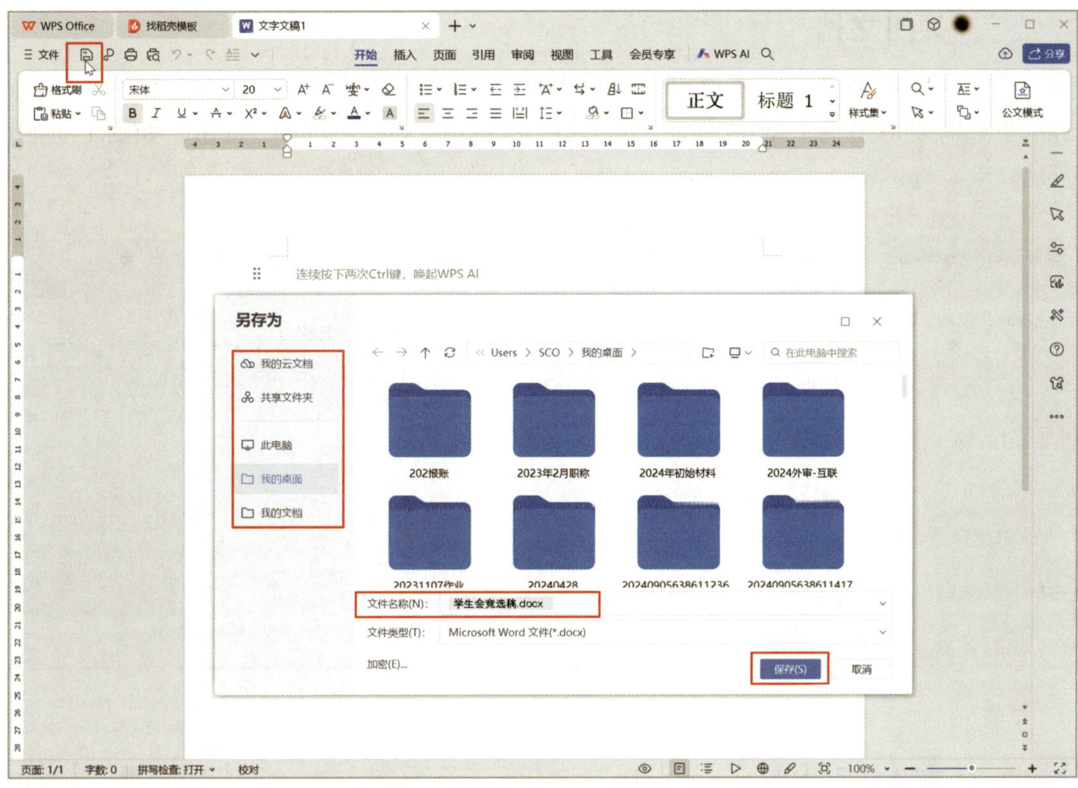

b）

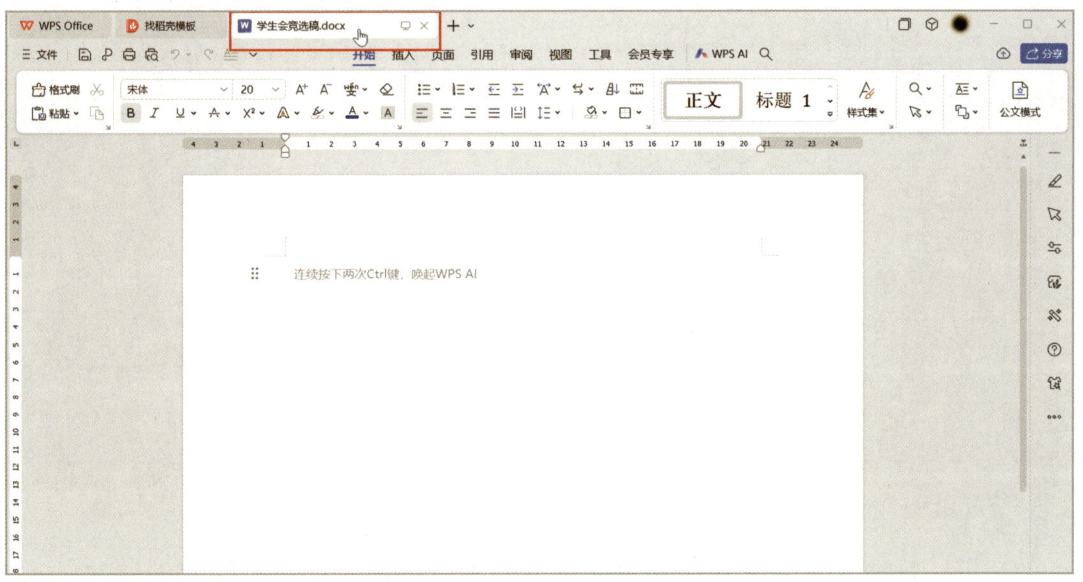

c）

图 1-1-4　保存文档

a）单击“保存”按钮　b）“另存为”对话框　c）完成效果

三、关闭文档

如完成文档编辑后需要退出，可单击标题栏右侧的“关闭”按钮，如图 1-1-5a 所示。如需要退出整个 WPS 程序，可单击窗口控制区的“关闭”按钮，如图 1-1-5b 所示。

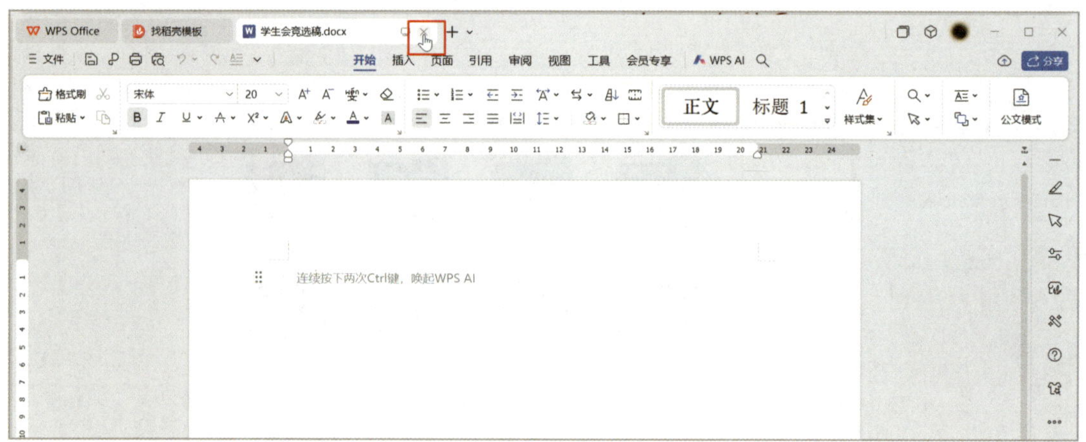

a）

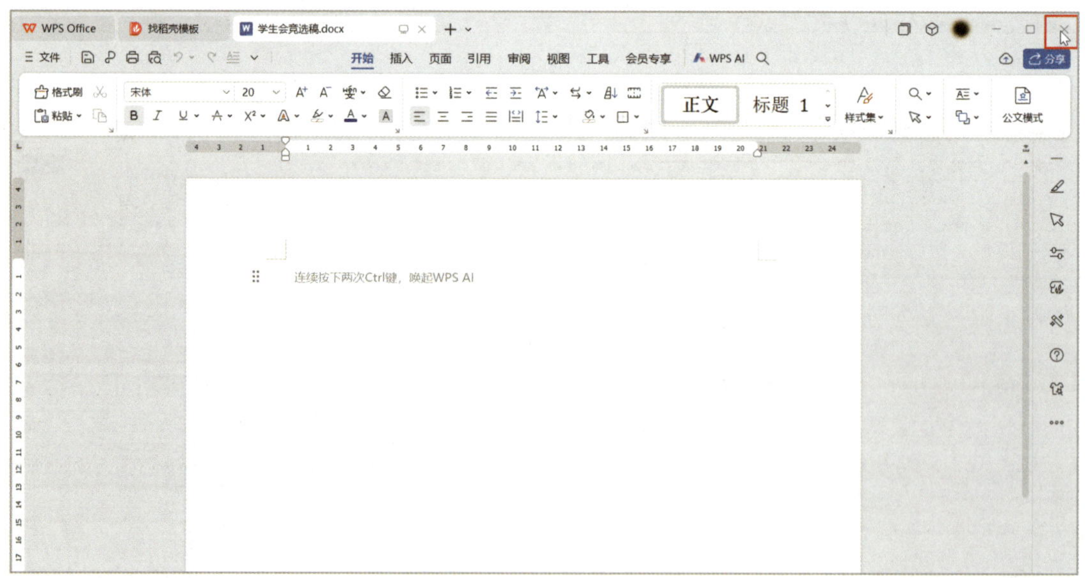

b）

图 1-1-5　关闭当前文档与关闭 WPS 程序

a）关闭当前文档　b）关闭 WPS 程序

WPS 文字使用技巧

1. 除了通过“新建”按钮创建空白文档，还可以先打开任意一个 WPS 文字文件，按组合键 Ctrl+N 完成新文档的快速建立。

2. 在文档编辑过程中，要养成随时保存文档的良好习惯。对已有的文档再次保存时，不会弹出“另存为”对话框，而是直接覆盖原文档。“保存”命令的组合键为 Ctrl+S。

3. WPS 文字除了可以新建空白文档外，还提供了多种多样免费或收费的文档模板。模板是一种已经编辑好格式和内容框架的文档，用户只需要根据模板提示输入相应内容即可快速制作出精美的文档，如图 1-1-6 所示。

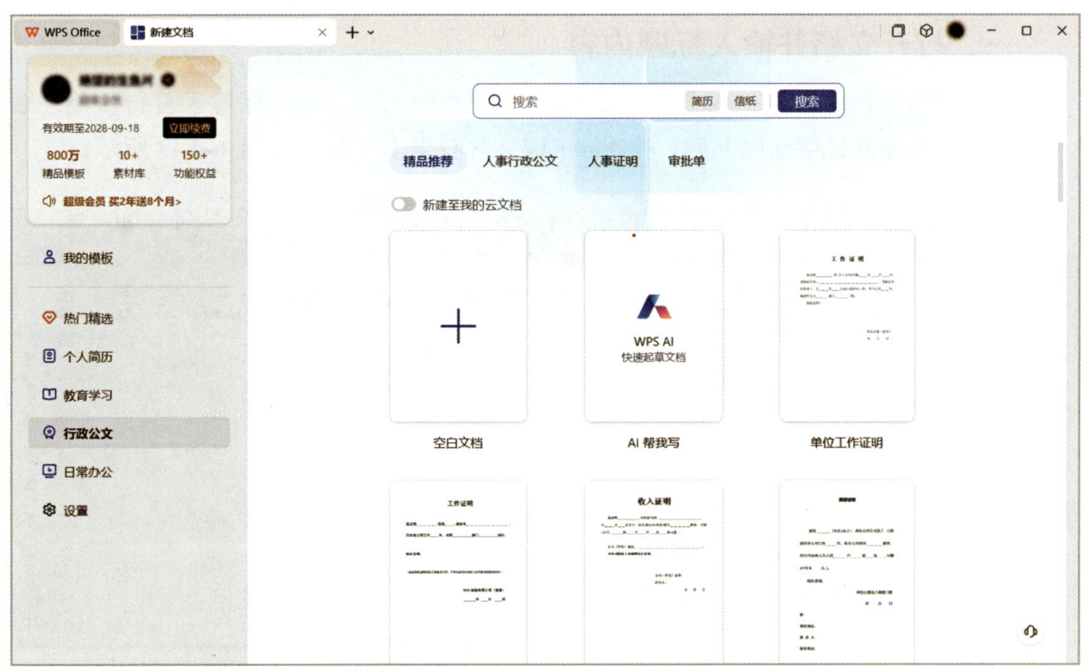

图 1-1-6　使用模板新建文档

任务二　输入文本与特殊符号

能够在文档中输入文本与特殊符号。

在文字编辑区有一根不断闪烁的竖线，称为插入点光标，光标所在的位置即文本输入的位置。在输入文本前，应先切换至合适的输入法，再输入文本内容。

在输入文本内容的过程中，光标会自动向右移动。当输入完一行文本后，光标会自动跳转至下一行。在没有完整输入一行文本时，如需要结束本行的输入，可按 Enter 键跳转至下一行。如需要删除光标前的文本，可按 Backspace 键。

一、打开文档并输入标题内容

打开“学生会竞选稿 .docx”文档，切换至中文输入法，将光标置于首行左侧，输入内容“生活部部长竞选稿”后，按 Enter 键，跳转至下一行，如图 1–1–7 所示。

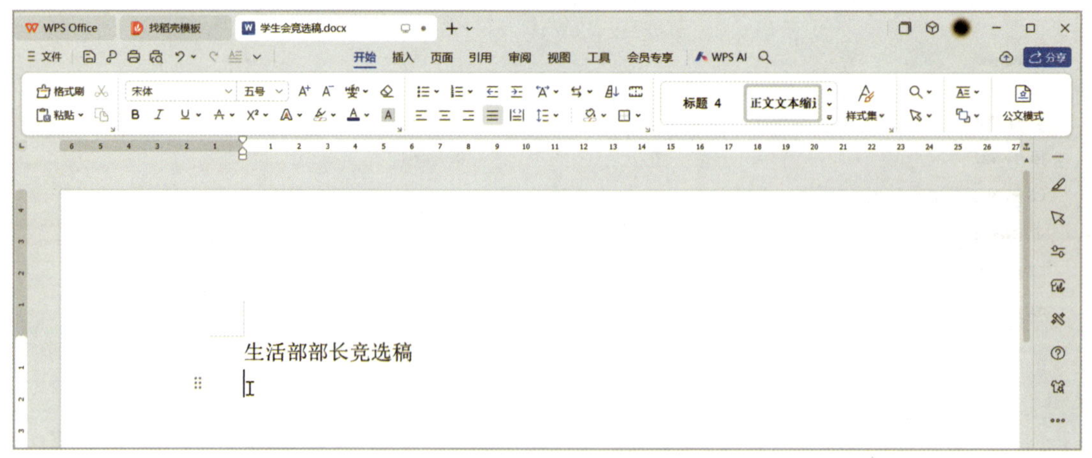

图 1–1–7　输入标题内容

二、输入竞选稿内容

按照相同的方法，完成图 1–1–8 所示竞选稿初稿内容的输入，按 Ctrl+S 组合键保存文档。

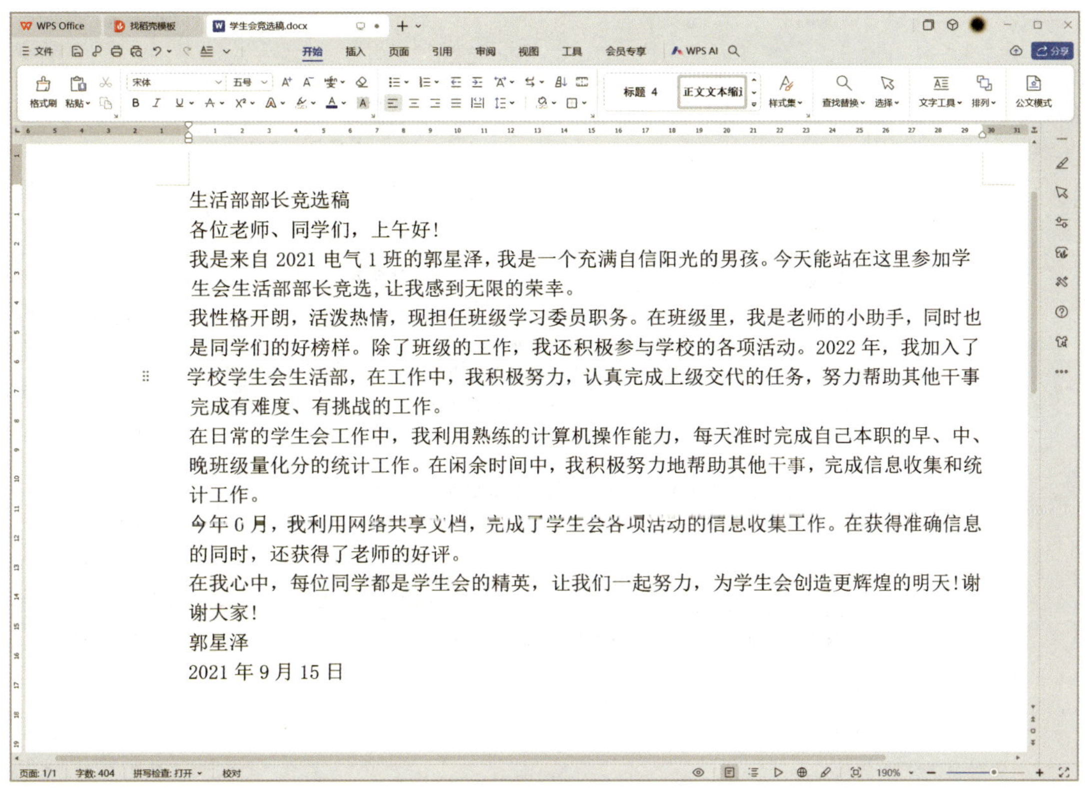
生活部部长竞选稿
各位老师、同学们，上午好！
我是来自 2021 电气 1 班的郭星泽，我是一个充满自信阳光的男孩。今天能站在这里参加学生会生活部部长竞选，让我感到无限的荣幸。
我性格开朗，活泼热情，现担任班级学习委员职务。在班级里，我是老师的小助手，同时也是同学们的好榜样。除了班级的工作，我还积极参与学校的各项活动。2022 年，我加入了学校学生会生活部，在工作中，我积极努力，认真完成上级交代的任务，努力帮助其他干事完成有难度、有挑战的工作。
在日常的学生会工作中，我利用熟练的计算机操作能力，每天准时完成自己本职的早、中、晚班级量化分的统计工作。在闲余时间中，我积极努力地帮助其他干事，完成信息收集和统计工作。
今年 6 月，我利用网络共享文档，完成了学生会各项活动的信息收集工作。在获得准确信息的同时，还获得了老师的好评。
在我心中，每位同学都是学生会的精英，让我们一起努力，为学生会创造更辉煌的明天！谢谢大家！
郭星泽
2021 年 9 月 15 日

图 1-1-8　输入竞选稿初稿内容

三、输入特殊符号

在输入内容过程中，常需输入一些符号，其中逗号“,”、句号“。”、顿号“、”、冒号“:”等常用符号可以通过键盘直接输入；而对于一些特殊符号，如“☑”“①”“★”“→”等，则可从 WPS 文字的字符库中添加到文档中。

1. 打开“符号”对话框

删除内容“2021 电气 1 班”中“1”；在“插入”选项卡中单击“符号”下拉按钮，在下拉列表中选择“其他符号”命令，如图 1-1-9 所示。

2. 选择并插入所需的符号

在弹出的“符号”对话框中，选择“字体”下拉列表中的“Wingdings”选项，如图 1-1-10a 所示；在字符库里找到“①”，单击“插入”按钮，符号插入后的效果，如图 1-1-10b 所示。

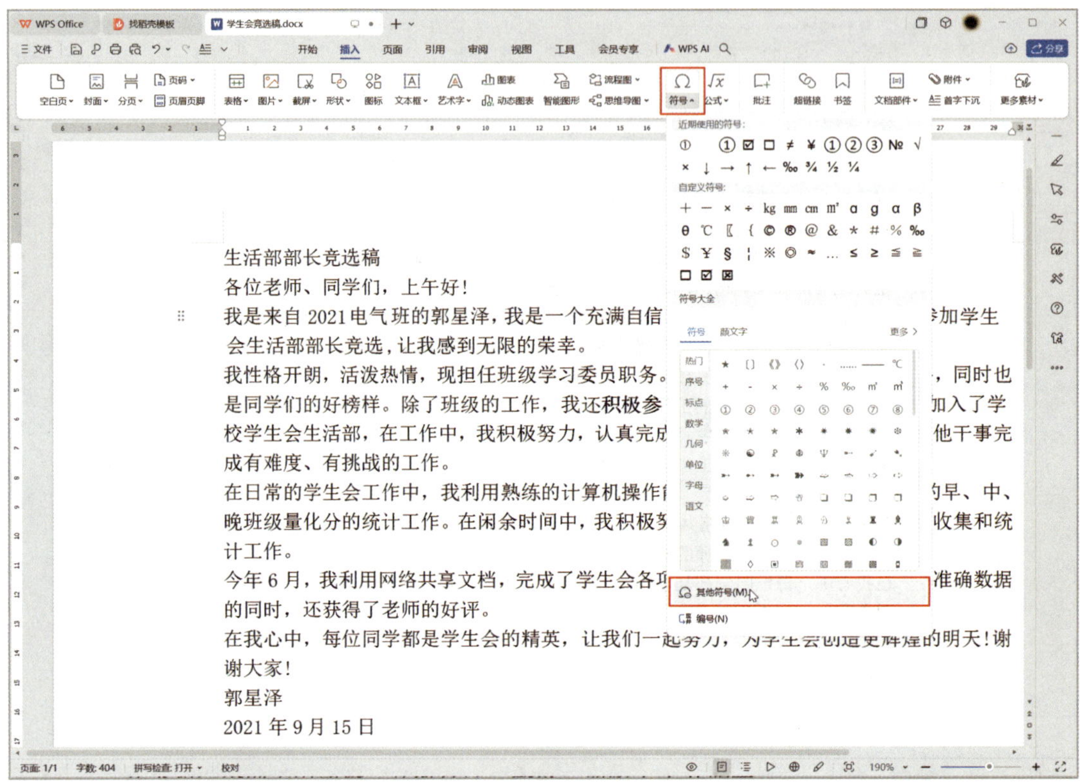

图 1-1-9　选择“其他符号”命令

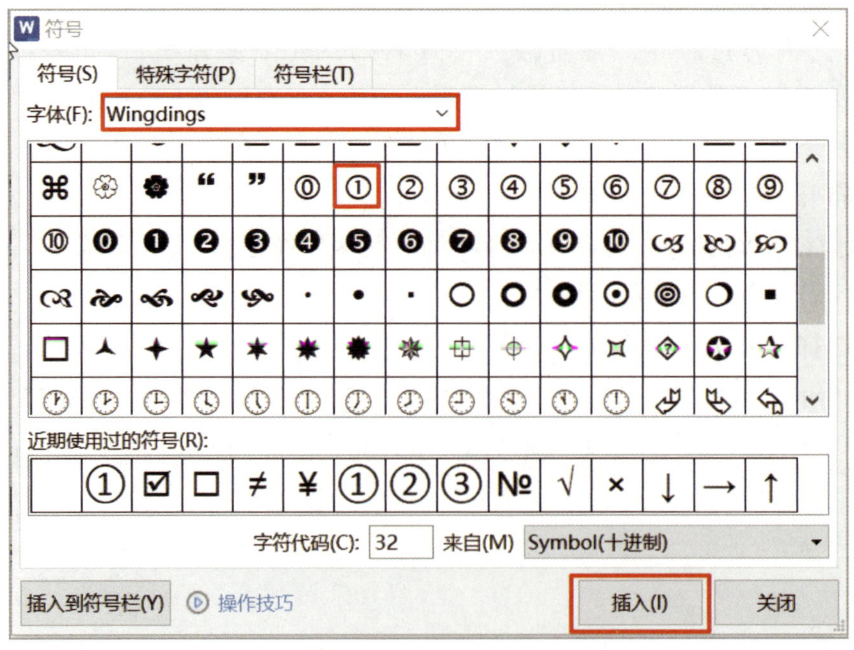

a)

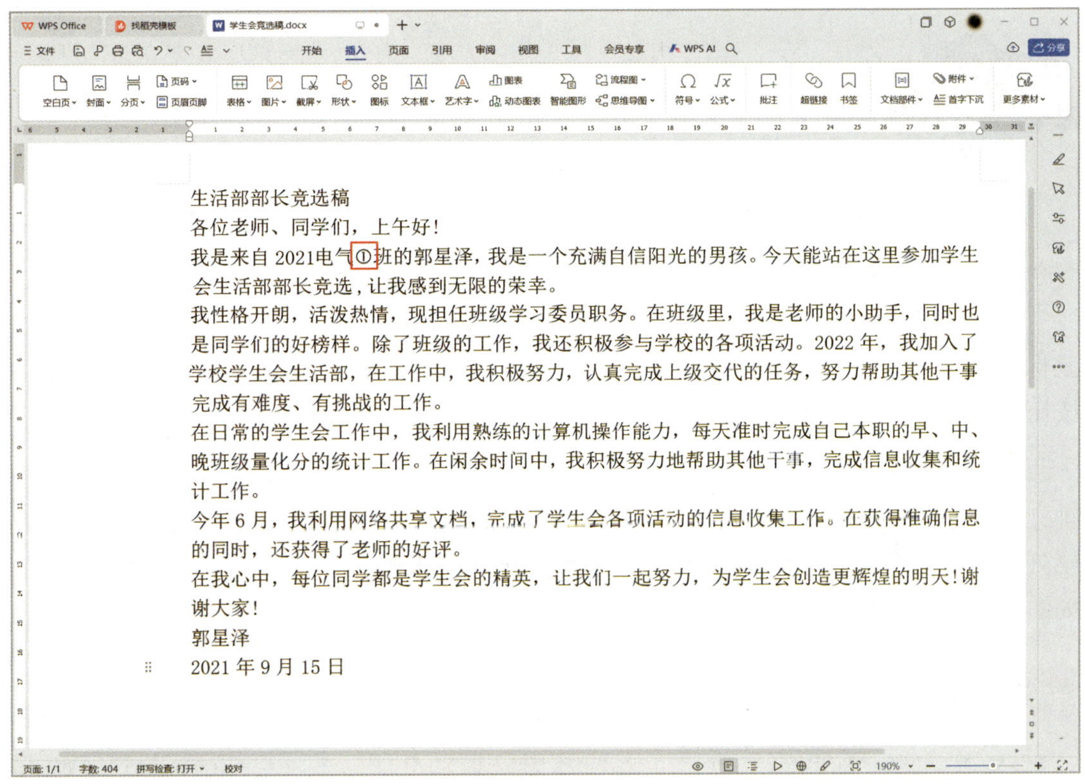

b）

图 1-1-10 选择并插入所需的符号

a）“符号”对话框 b）符号插入后的效果

任务三 编辑与打印文档

能够编辑文档、预览与打印文档。

一、设置对齐方式

1. 设置居中对齐

将鼠标指针移至标题行左边的空白处，当指针变成白色箭头“↗”形状时，单击鼠标左键选定标题行，如图 1–1–11a 所示。在“开始”选项卡中，单击“居中对齐”按钮，如图 1–1–11b 所示。

2. 设置右对齐

将光标插入点置于正文最后的内容“郭”字前，按住鼠标左键向下拖动至日期结尾处释放，选中落款处的人名和日期。在“开始”选项卡中，单击“右对齐”按钮，如图 1–1–12 所示。

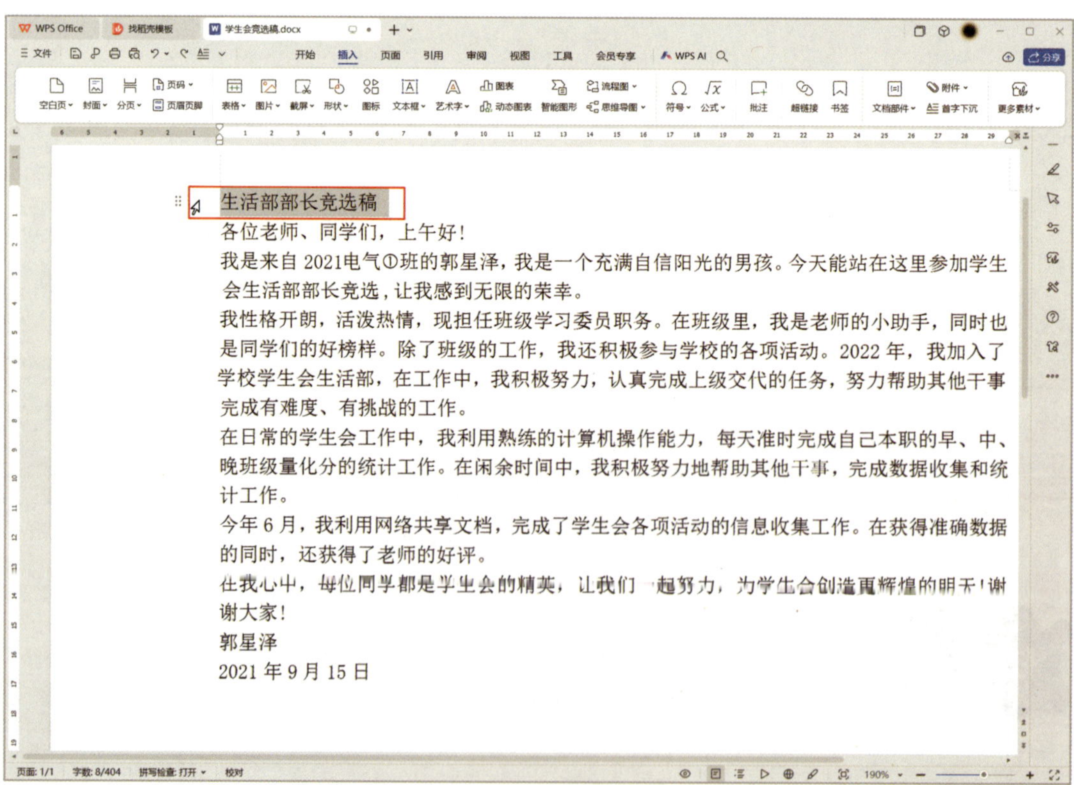

a）

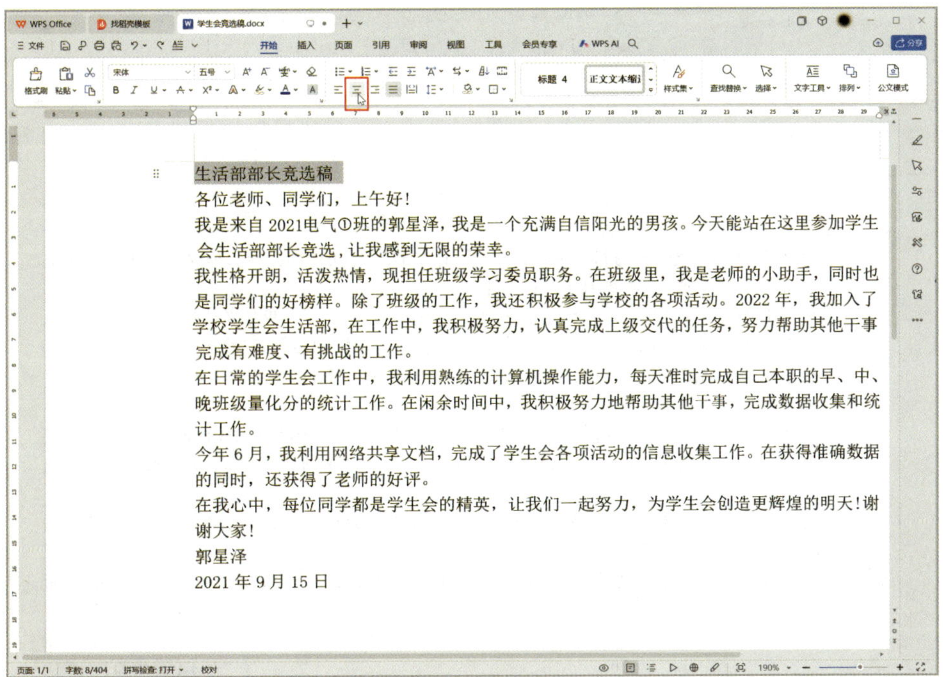

b）

图 1-1-11　设置居中对齐

a）选中标题行　b）单击“居中对齐”按钮

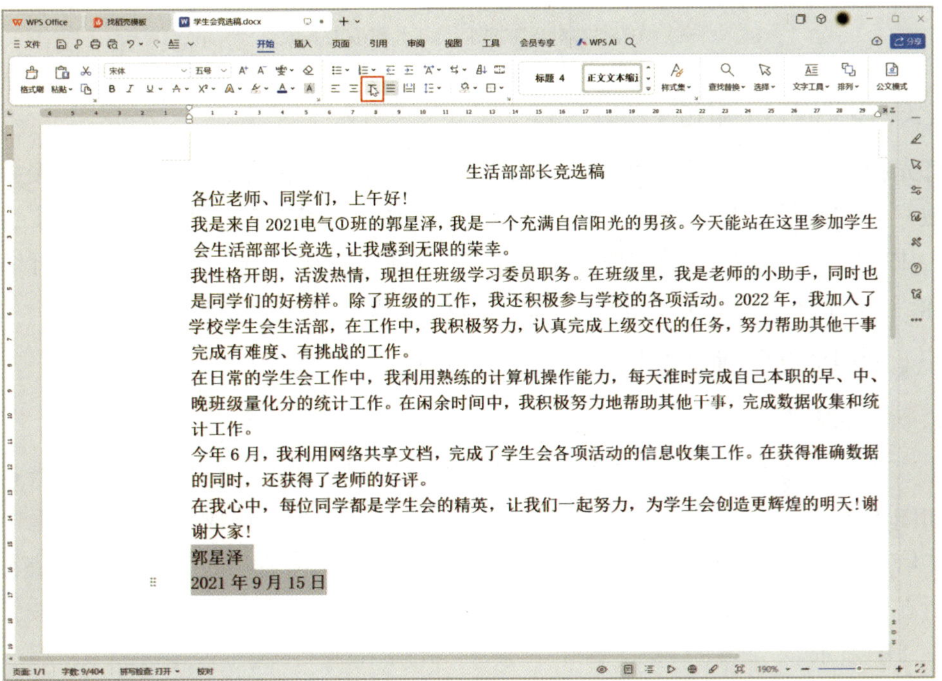

a）

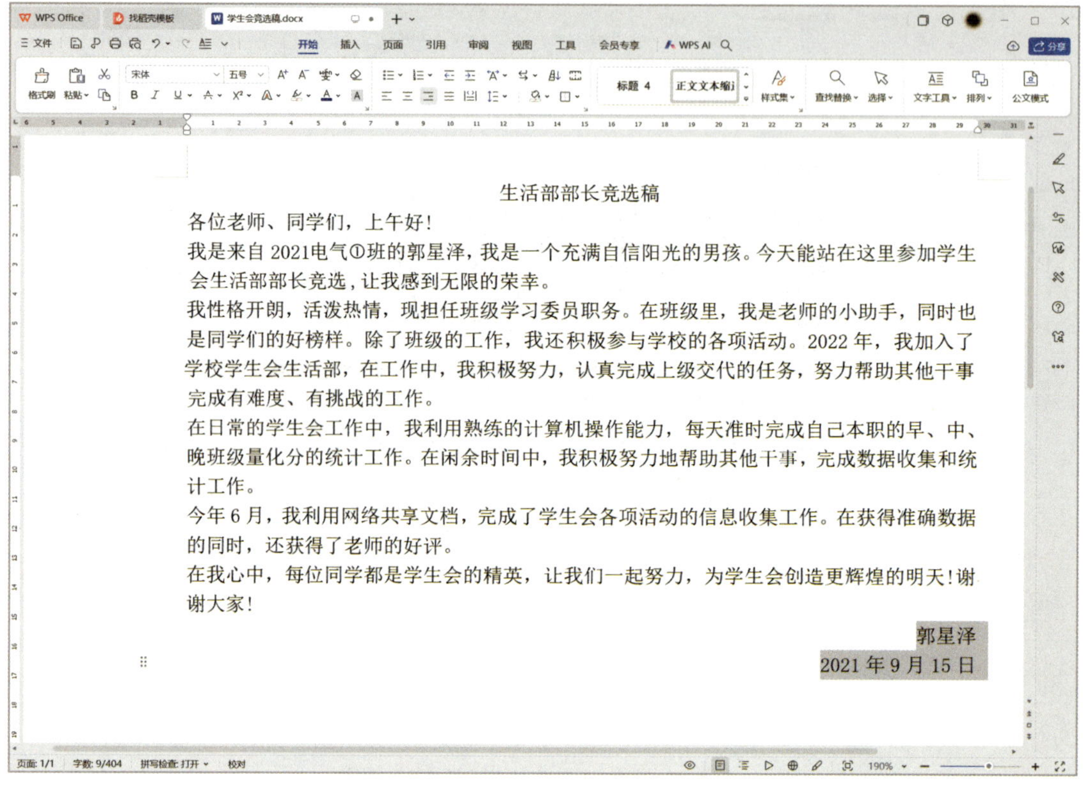
生活部部长竞选稿
各位老师、同学们，上午好！
我是来自 2021电气①班的郭星泽，我是一个充满自信阳光的男孩。今天能站在这里参加学生会生活部部长竞选，让我感到无限的荣幸。
我性格开朗，活泼热情，现担任班级学习委员职务。在班级里，我是老师的小助手，同时也是同学们的好榜样。除了班级的工作，我还积极参与学校的各项活动。2022 年，我加入了学校学生会生活部，在工作中，我积极努力，认真完成上级交代的任务，努力帮助其他干事完成有难度、有挑战的工作。
在日常的学生会工作中，我利用熟练的计算机操作能力，每天准时完成自己本职的早、中、晚班级量化分的统计工作。在闲余时间中，我积极努力地帮助其他干事，完成数据收集和统计工作。
今年 6 月，我利用网络共享文档，完成了学生会各项活动的信息收集工作。在获得准确数据的同时，还获得了老师的好评。
在我心中，每位同学都是学生会的精英，让我们一起努力，为学生会创造更辉煌的明天！谢谢大家！
郭星泽
2021 年 9 月 15 日

b）

图 1-1-12　设置右对齐

a）单击“右对齐”按钮　b）设置右对齐效果

二、设置首行缩进

将光标插入点置于正文第一段“我”字前，按住鼠标左键向下拖动至最后一段处释放。在“开始”选项卡下“段落”功能组中，单击“对话框启动器”按钮，如图 1-1-13a 所示，在弹出的“段落”对话框中将“特殊格式”设置为“首行缩进”，“度量值”设置为“2”字符，单击“确定”按钮，如图 1-1-13b 所示。

三、查找与替换内容

1. 查找内容

在“开始”选项卡中单击“查找替换”下拉按钮，在下拉列表中选择“查找”命令，如图 1-1-14a 所示，弹出“查找和替换”对话框。在“查找内容”文本框中输入文本“信息”，单击“查找下一处”按钮，查找到对应的内容后，光标会自动跳转到该内容所在的位置。如果需要继续查找下一处内容，继续单击“查找下一处”按钮，如图 1-1-14b 所示。

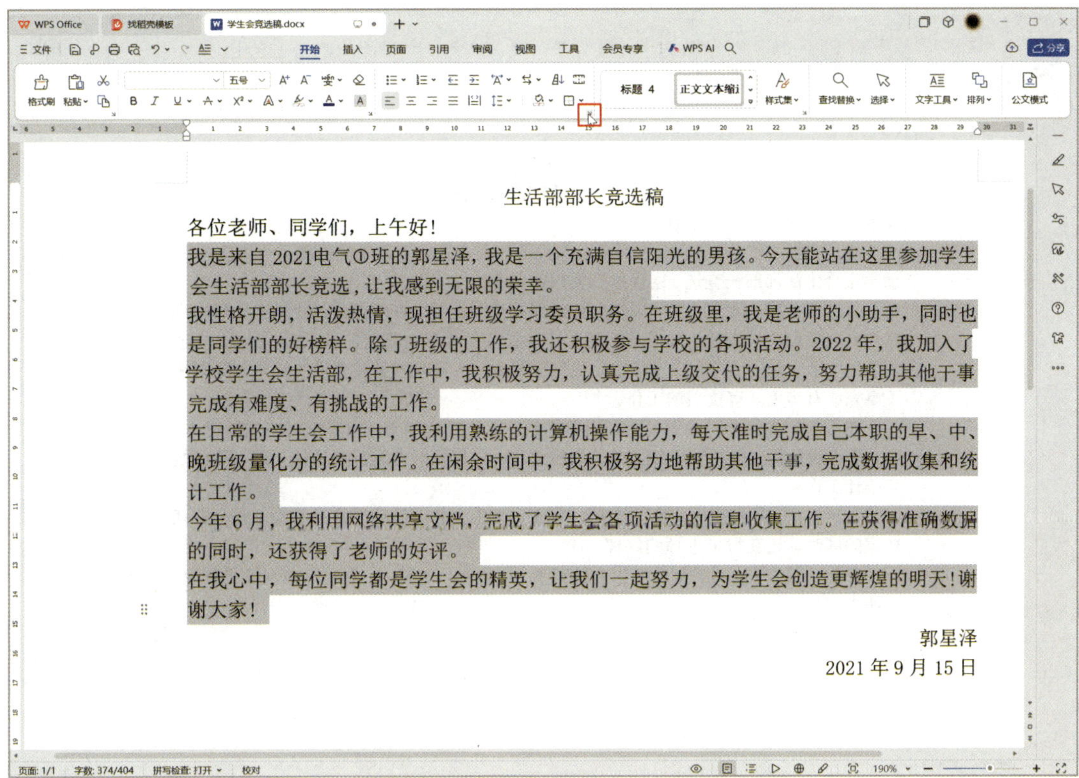

a）

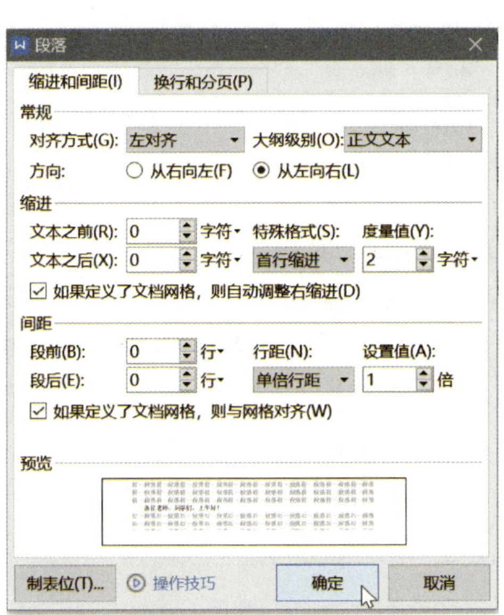

b）

图 1-1-13　设置首行缩进

a）单击“对话框启动器”按钮　b）“段落”对话框

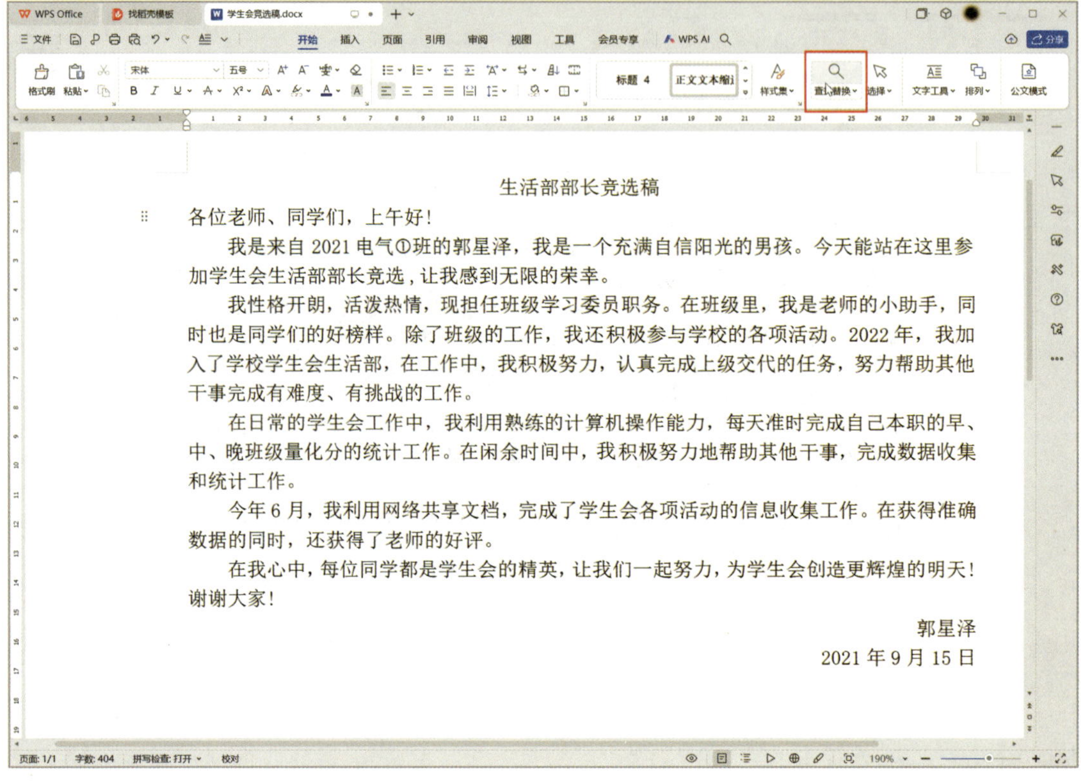

生活部部长竞选稿

各位老师、同学们，上午好！

我是来自 2021 电气①班的郭星泽，我是一个充满自信阳光的男孩。今天能站在这里参加学生会生活部部长竞选，让我感到无限的荣幸。

我性格开朗，活泼热情，现担任班级学习委员职务。在班级里，我是老师的小助手，同时也是同学们的好榜样。除了班级的工作，我还积极参与学校的各项活动。2022 年，我加入了学校学生会生活部，在工作中，我积极努力，认真完成上级交代的任务，努力帮助其他干事完成有难度、有挑战的工作。

在日常的学生会工作中，我利用熟练的计算机操作能力，每天准时完成自己本职的早、中、晚班级量化分的统计工作。在闲余时间中，我积极努力地帮助其他干事，完成数据收集和统计工作。

今年 6 月，我利用网络共享文档，完成了学生会各项活动的信息收集工作。在获得准确数据的同时，还获得了老师的好评。

在我心中，每位同学都是学生会的精英，让我们一起努力，为学生会创造更辉煌的明天！谢谢大家！

郭星泽

2021 年 9 月 15 日

a）

b）

图 1-1-14　查找内容

a）选择“查找替换”命令　b）“查找和替换”对话框

2. 替换内容

在“开始”选项卡中单击“查找替换”下拉按钮，在下拉列表中选择“替换”命令；弹出“查找和替换”对话框，在“查找内容”文本框中输入文本“信息”，在“替换为”文本框中输入文本“数据”，如图 1-1-15a 所示；单击“全部替换”按钮，会弹出提示对话框显示替换结果，单击“确定”按钮，替换结果，如图 1-1-15b 所示。

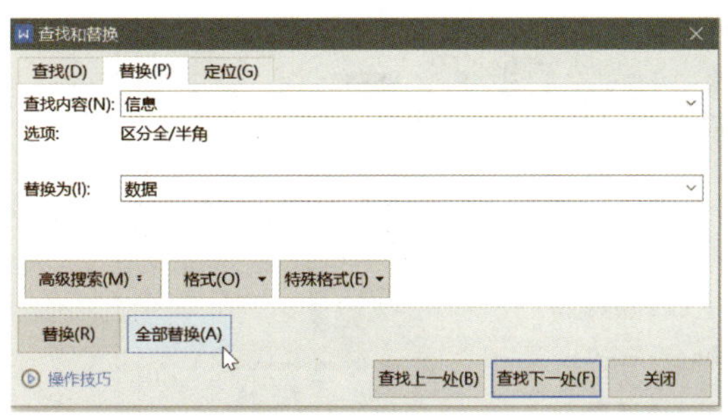

a）

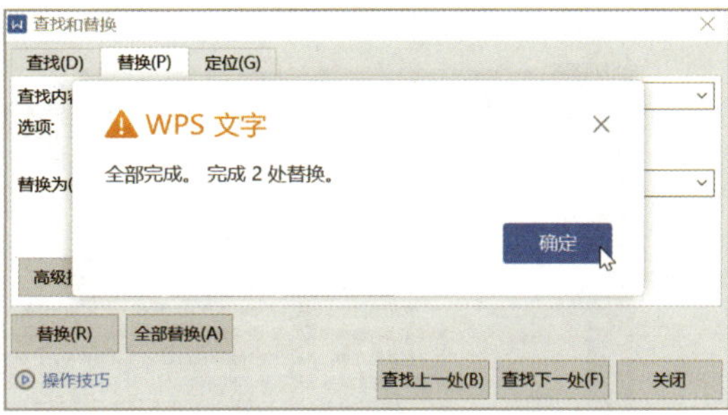

b）

图 1-1-15　替换内容

a）“查找和替换”对话框　b）替换结果

四、预览与打印文档

1. 打印前预览文档

在文档左上角快速访问工具栏中，单击“打印预览”按钮，如图 1-1-16a 所示；弹出“打印预览”窗口，可预览打印效果，如图 1-1-16b 所示；单击“退出预览”按钮退出打印预览。

2. 打印文档

连接好打印机后，在文档左上角快速访问工具栏中，单击“打印”按钮，如图 1-1-17a 所示；弹出“打印”对话框，将“页码范围”设置为“当前页”，“份数”设置为“1”，单击“确定”按钮，如图 1-1-17b 所示，即可完成打印输出。

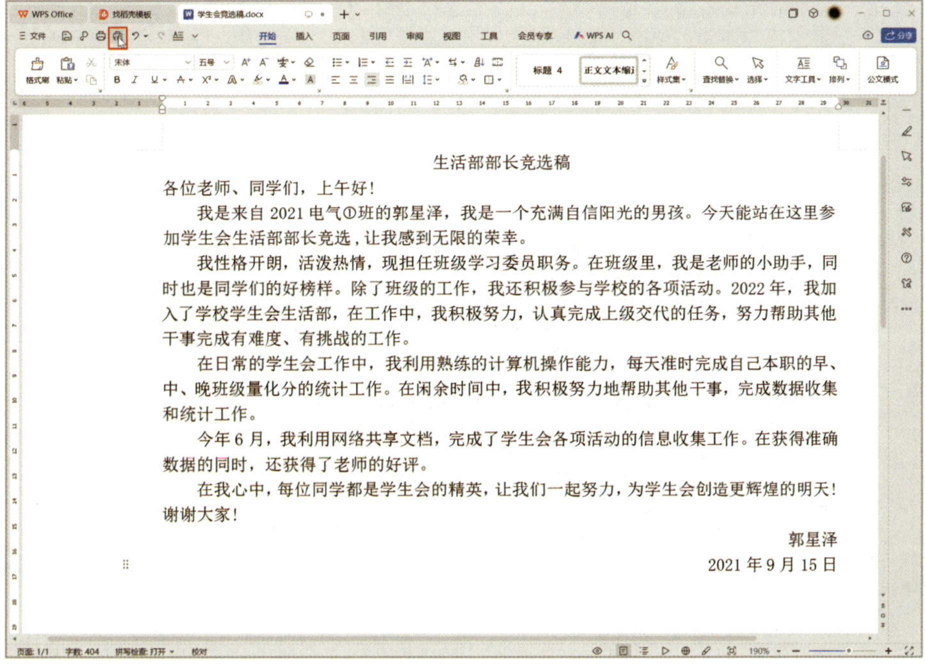

生活部部长竞选稿

各位老师、同学们，上午好！

我是来自 2021 电气①班的郭星泽，我是一个充满自信阳光的男孩。今天能站在这里参加学生会生活部部长竞选，让我感到无限的荣幸。

我性格开朗，活泼热情，现担任班级学习委员职务。在班级里，我是老师的小助手，同时也是同学们的好榜样。除了班级的工作，我还积极参与学校的各项活动。2022 年，我加入了学校学生会生活部，在工作中，我积极努力，认真完成上级交代的任务，努力帮助其他干事完成有难度、有挑战的工作。

在日常的学生会工作中，我利用熟练的计算机操作能力，每天准时完成自己本职的早、中、晚班级量化分的统计工作。在闲余时间中，我积极努力地帮助其他干事，完成数据收集和统计工作。

今年 6 月，我利用网络共享文档，完成了学生会各项活动的信息收集工作。在获得准确数据的同时，还获得了老师的好评。

在我心中，每位同学都是学生会的精英，让我们一起努力，为学生会创造更辉煌的明天！

谢谢大家！

郭星泽

2021 年 9 月 15 日

a）

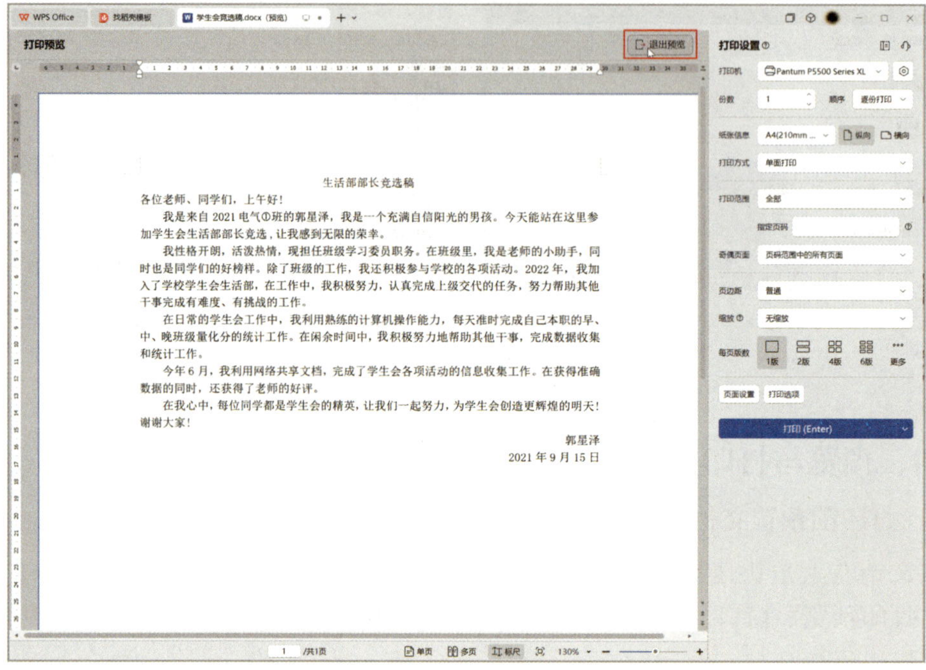

b）

图 1-1-16　打印前预览文档

a）单击“打印预览”按钮　b）预览效果

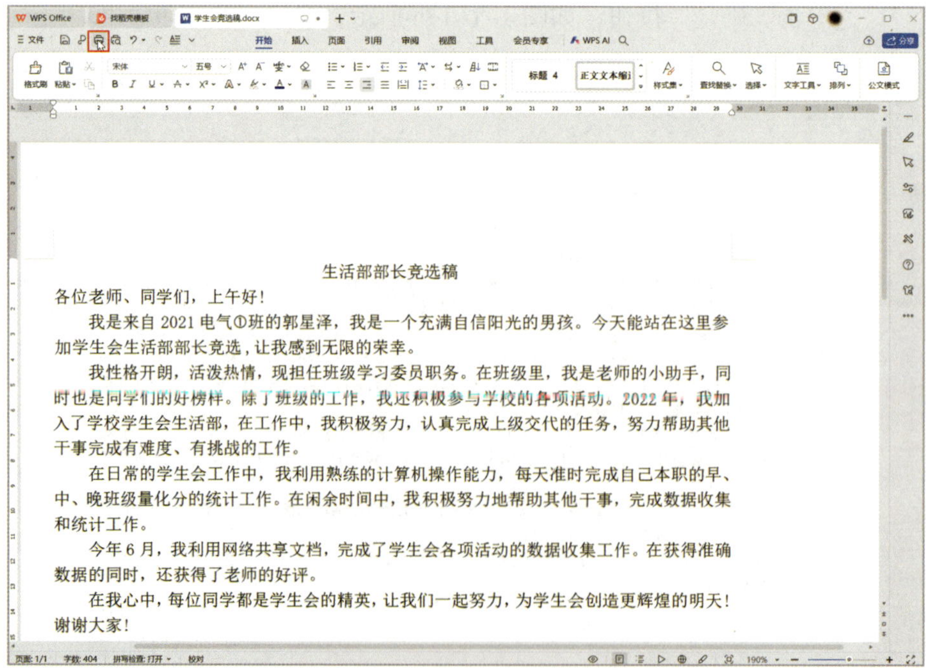

a）

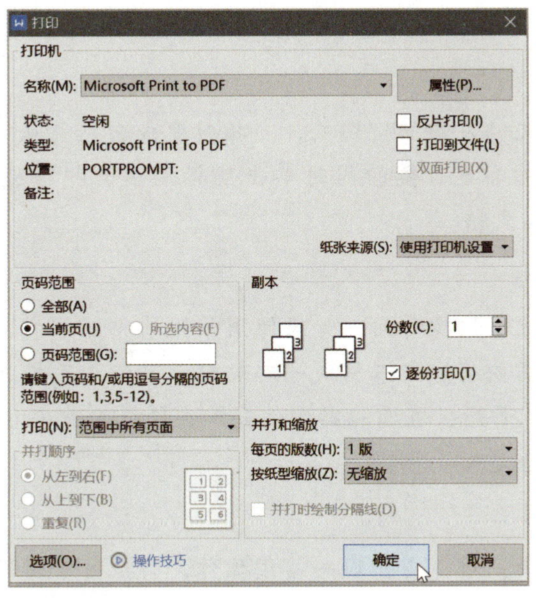

b）

图 1-1-17　打印文档

a）单击“打印”按钮　b）“打印”对话框

文本的相关操作

1. 选定文本

在文档中录入文本后，常需要对文本进行复制、移动、粘贴、删除等操作，进行以上操作时，要先选定文本，再对文本进行相应操作。选定文本有以下几种方法。

（1）选定连续文本

将光标插入点置于需要选择的文本起始处，然后按住鼠标左键进行拖动，直到需要选择的文本结尾处释放鼠标。

（2）选定一行

将鼠标指针移至某行左边的空白处，当指针变成白色箭头“↗”形状时，单击鼠标左键即可选定一行文本。

（3）选定一段

将鼠标指针移至某段左边的空白处，当指针变成白色箭头“↗”形状时，双击鼠标左键即可选定一段文本。

（4）选定整篇文档

将鼠标指针移至文档左边的空白处，当指针变成白色箭头“↗”形状时，连续单击鼠标左键 3 次（或按住 Ctrl 键的同时单击鼠标左键）即可选定整篇文档，也可按 Ctrl+A 组合键选定整篇文档。

2. 无格式粘贴文本

对文本完成复制或剪切操作后，如果使用常规的粘贴方式，会将原文本的相关格式一起粘贴。如果不需要将原文本格式一起粘贴，可使用无格式粘贴功能，方法是对文本进行复制或剪切操作后，在需粘贴的位置单击鼠标右键（右击），在弹出的右键快捷菜单中选择“只粘贴文本”命令。

3. 撤销与恢复文本

在编辑文档过程中，难免会出现一些误操作，当执行了错误的操作后，可以通过撤销功能将错误的操作撤销，恢复到误操作之前的状态，方法是单击快速访问工具栏中的“撤销”按钮↶，或按 Ctrl+Z 组合键，完成撤销上一步操作。单击“恢复”按钮↷，或按 Ctrl+Y 组合键，可恢复被撤销的操作。

请对本项目的学习内容进行小结，完成表 1–1–1 的填写。

表 1–1–1　项目小结

目标	操作方法
新建空白文档	
保存文档	
输入文本	

续表

目标	操作方法
输入特殊符号	
查找和替换	
选定文本	
编辑文档	
预览文档	
打印文档	

项目二
制作黑板报、手抄报活动文档——WPS 文字的编辑

文档的文字和段落排版合理、结构清晰，可使阅读者在阅读时感到赏心悦目。本项目主要介绍 WPS 文字的字体格式、段落格式、页面格式等相关排版编辑知识。

◆设置字体格式　　◆设置段落格式
◆设置页面布局　　◆设置页眉页脚
◆设置特殊版式美化文档　　◆打印文档

郭星泽同学接到学生会刘老师的任务，需要制作一份以“劳动创造美好生活”为主题的黑板报、手抄报大赛评比活动宣传文档，制作完成后打印并分发到各个班级供同学们查看。要求宣传文档版式美观，结构清晰，能体现活动内容、活动主题、评比时间和奖项分配等相关信息，黑板报、手抄报大赛评比活动宣传文档效果图，如图 1-2-1 所示。

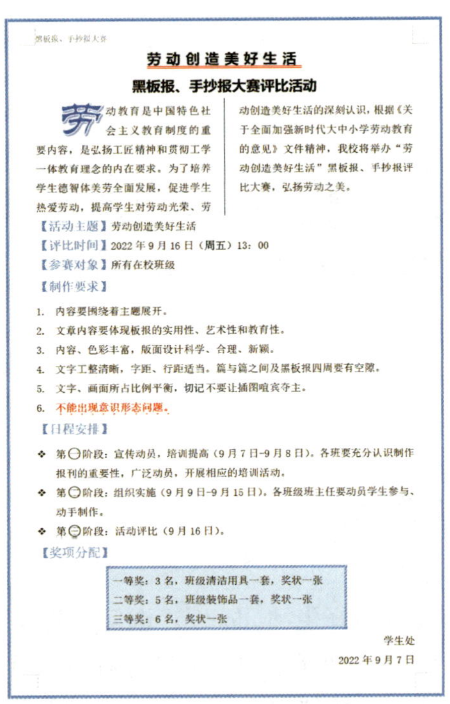

黑板报、手抄报大赛

劳动创造美好生活

黑板报、手抄报大赛评比活动

劳动教育是中国特色社会主义教育制度的重要内容，是弘扬工匠精神和贯彻工学一体教育理念的内在要求。为了培养学生德智体美劳全面发展，促进学生热爱劳动，提高学生对劳动光荣、劳动创造美好生活的深刻认识，根据《关于全面加强新时代大中小学劳动教育的意见》文件精神，我校将举办“劳动创造美好生活”黑板报、手抄报评比大赛，弘扬劳动之美。

【活动主题】劳动创造美好生活

【评比时间】2022 年 9 月 16 日（周五）13：00

【参赛对象】所有在校班级

【制作要求】

1. 内容要围绕着主题展开。
2. 文章内容要体现板报的实用性、艺术性和教育性。
3. 内容、色彩丰富，版面设计科学、合理、新颖。
4. 文字工整清晰，字距、行距适当。篇与篇之间及黑板报四周要有空隙。
5. 文字、画面所占比例平衡，切记不要让插图喧宾夺主。
6. 不能出现意识形态问题。

【日程安排】

- 第㈠阶段：宣传动员，培训提高（9 月 7 日-9 月 8 日）。各班要充分认识制作报刊的重要性，广泛动员，开展相应的培训活动。
- 第㈡阶段：组织实施（9 月 9 日-9 月 15 日）。各班级班主任要动员学生参与、动手制作。
- 第㈢阶段：活动评比（9 月 16 日）。

【奖项分配】

一等奖：3 名，班级清洁用具一套，奖状一张
二等奖：5 名，班级装饰品一套，奖状一张
三等奖：6 名，奖状一张

学生处

2022 年 9 月 7 日

图 1-2-1　黑板报、手抄报大赛评比活动宣传文档效果图

郭星泽同学在制作黑板报、手抄报大赛活动宣传文档时，先对文档内容进行字体格式和段落格式的编排，再对文档进行页面布局编排，最后美化与打印文档。其制作思路如下。

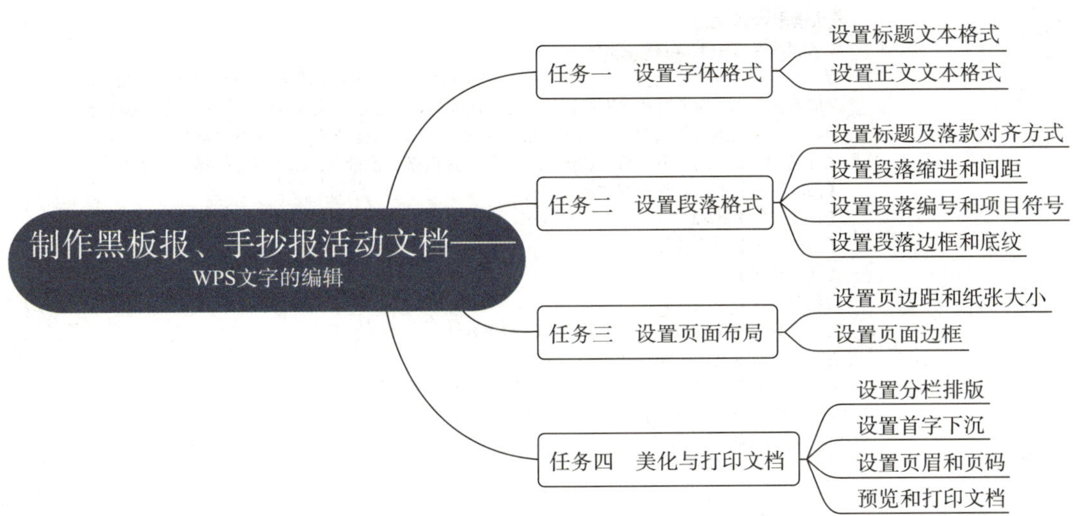

任务一 设置字体格式

能够设置文档文本的字体、字形、字号、下划线等字体格式。

一、设置标题文本格式

1. 设置字体、字形、字号

打开素材文件“劳动创造美好生活.docx”；选定标题文本“劳动创造……评比活动”，在“开始”选项卡“字体”功能组中，单击“对话框启动器”按钮，如图 1-2-2a 所示；弹出“字体”对话框，设置“中文字体”为“微软雅黑”，“字形”为“加粗”，“字号”为“三号”，单击“确定”按钮，如图 1-2-2b 所示。

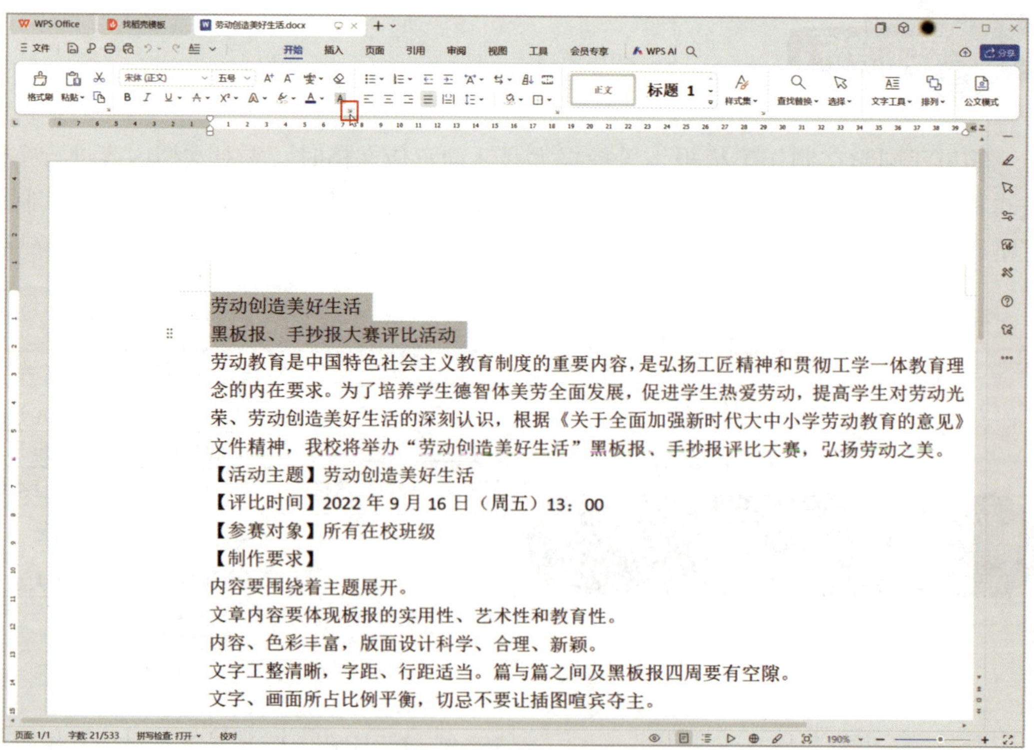

a）

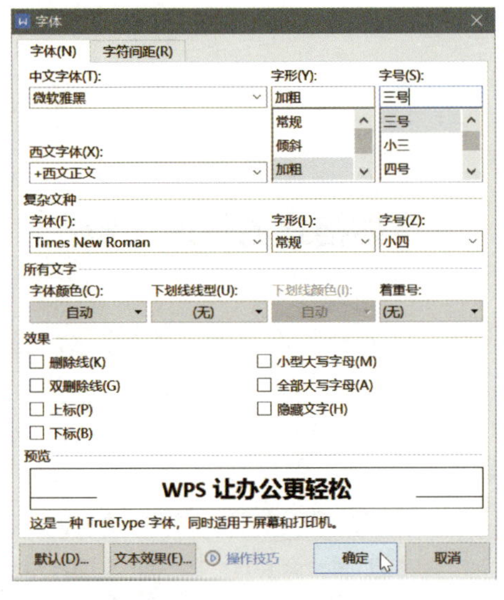

b）

图 1-2-2　设置标题文本格式

a）单击“对话框启动器”按钮　b）“字体”对话框

2. 设置下划线和字符间距

选定标题文本中的“劳动创造美好生活”，在“开始”选项卡“字体”功能组中，单击“对话框启动器”按钮；弹出“字体”对话框，设置“下划线线型”为“双实线”，“下划线颜色”为标准色的“红色”，如图 1–2–3a 所示；切换至“字符间距”选项卡，将“间距”设置为“加宽”，值为“0.1 厘米”，如图 1–2–3b 所示；单击“确定”按钮完成设置。

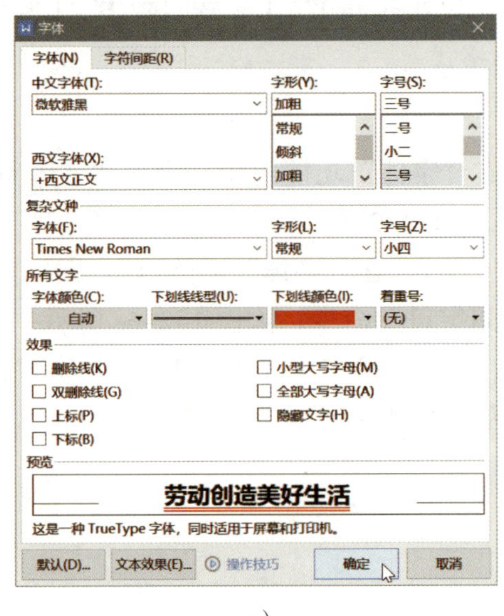

a）

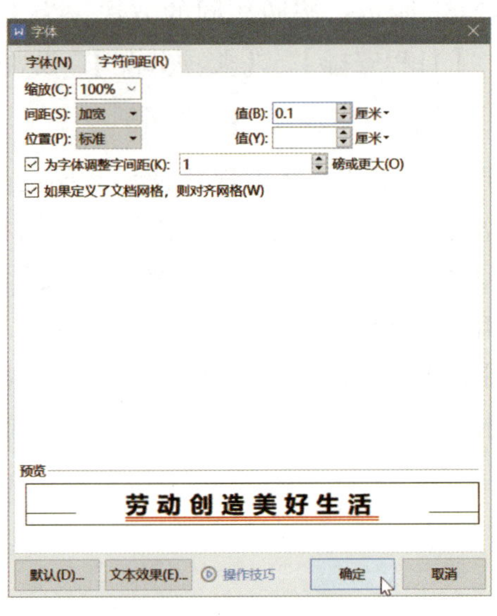

b）

图 1-2-3　设置标题文本格式

a）设置“字体”选项卡　b）设置“字符间距”选项卡

字体格式的快速设置

设置字体格式时，可直接在“开始”选项卡“字体”功能组中进行设置，如图 1–2–4 所示。

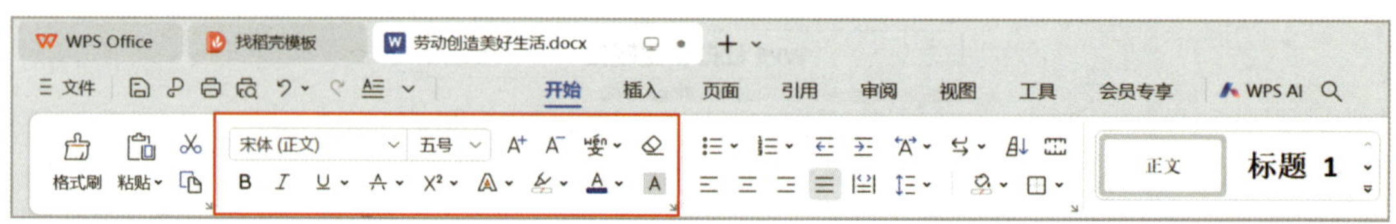

图 1-2-4 “开始”选项卡“字体”功能组

二、设置正文文本格式

1. 设置字体、字形、字号

选定除标题以外的文本，在“字体”功能组中，设置“字体”为“宋体”，“字号”为“小四”，如图 1–2–5a 所示；选定文本“【活动主题】”，在“字体”功能组中，设置“字体”为“宋体”，“字号”为“四号”，“字体颜色”为“矢车菊蓝，着色 1”，如图 1–2–5b 所示；按照相同的方法，为文本“【评比时间】”“【参赛对象】”“【制作要求】”“【日程安排】”“【奖项分配】”设置字体格式。

2. 设置着重号、带圈字符

选定文本“不能出现意识形态问题。”，在“字体”功能组中，设置“字体颜色”为标准色中的“红色”，“字形”为“加粗”，如图 1–2–6a 所示；添加“着重号”，如图 1–2–6b 所示；选定文本“第一阶段”中的“一”，在“字体”功能组中，单击“其他选项”下拉按钮，在下拉菜单中选择“带圈字符”命令，如图 1–2–6c 所示；弹出“带圈字符”对话框，选择“增大圈号”样式，单击“确定”按钮，如图 1–2–6d 所示。按照相同的方法，将文字“二”“三”也设置为“带圈字符”。

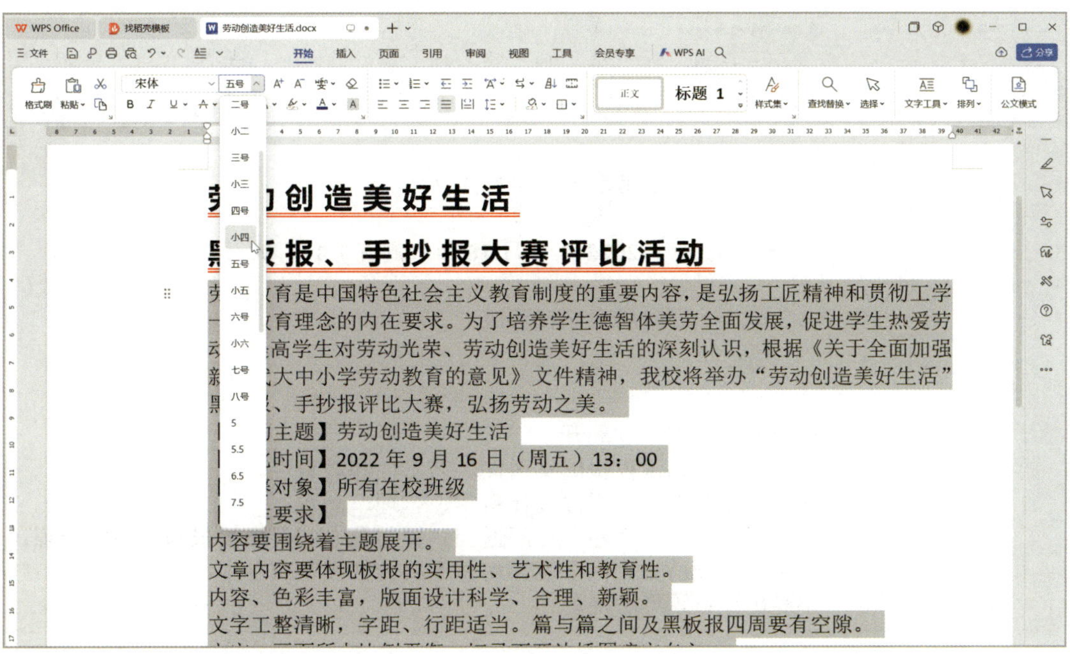

a）

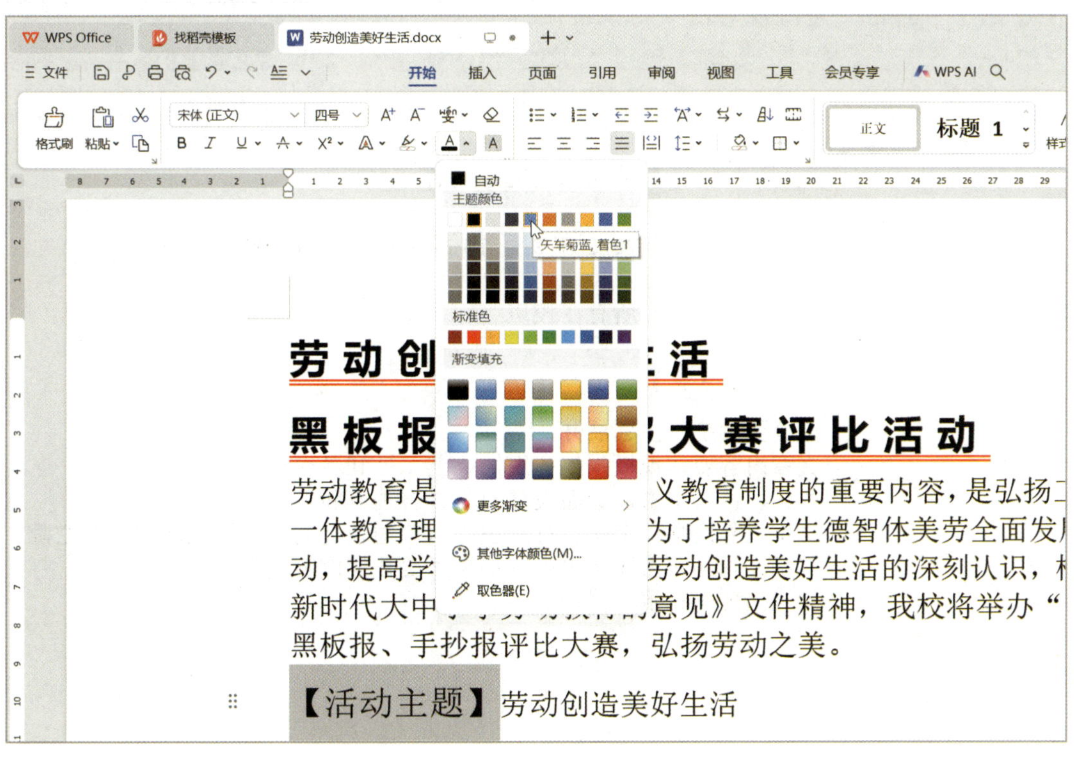

b）

图 1-2-5　设置文本格式
a）设置字号　b）设置字体颜色

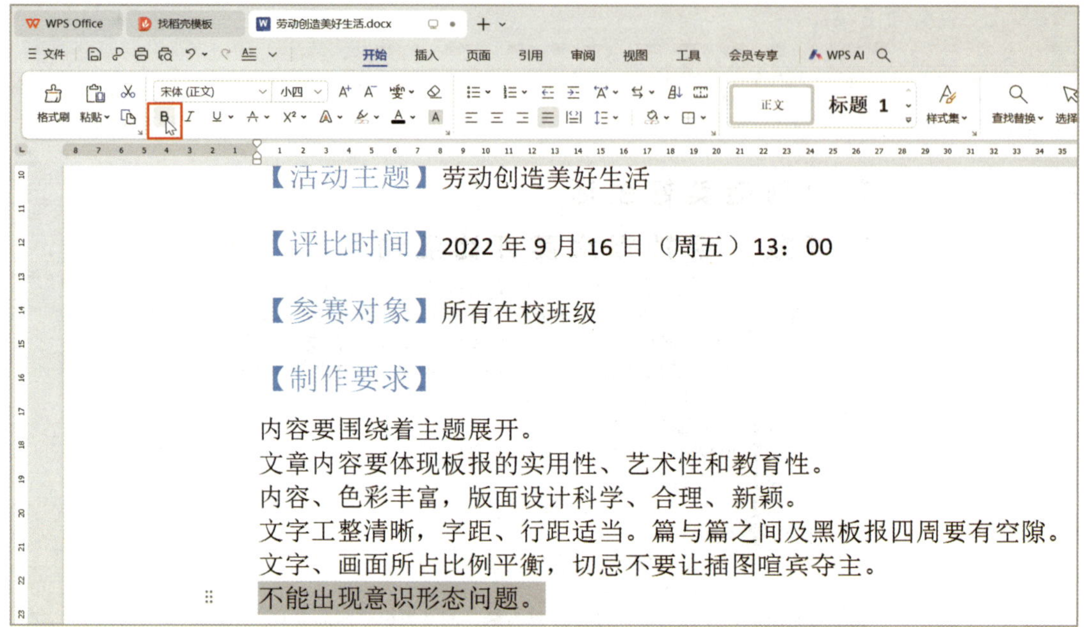
【活动主题】劳动创造美好生活
【评比时间】2022 年 9 月 16 日（周五）13：00
【参赛对象】所有在校班级
【制作要求】
内容要围绕着主题展开。
文章内容要体现板报的实用性、艺术性和教育性。
内容、色彩丰富，版面设计科学、合理、新颖。
文字工整清晰，字距、行距适当。篇与篇之间及黑板报四周要有空隙。
文字、画面所占比例平衡，切忌不要让插图喧宾夺主。
不能出现意识形态问题。

a）

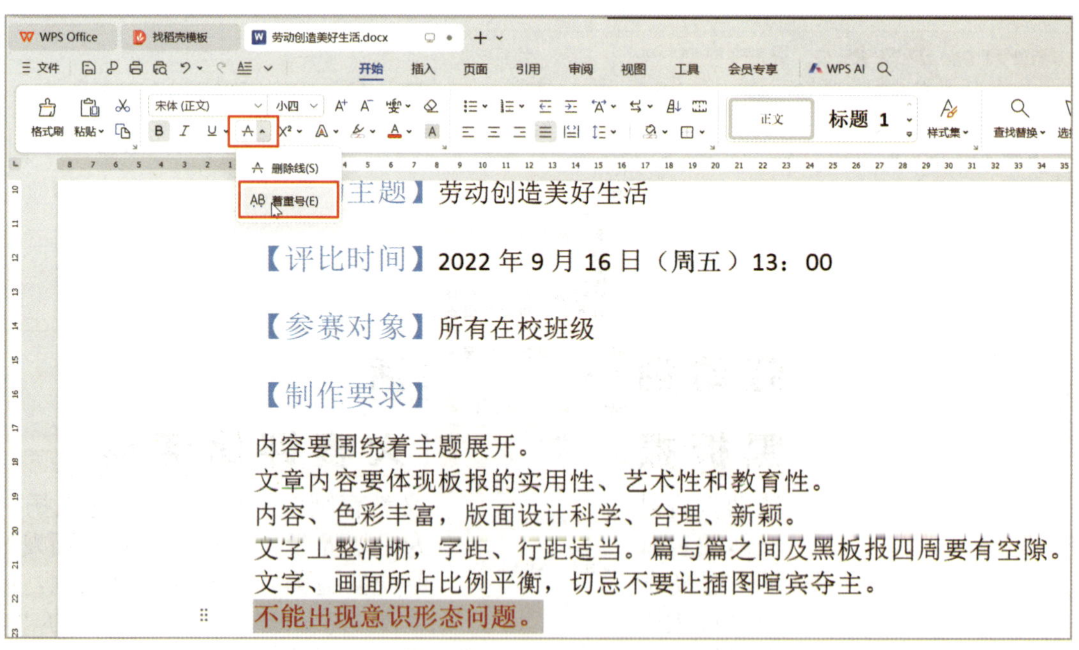
删除线(S)
着重号(E)
【评比时间】2022 年 9 月 16 日（周五）13：00
【参赛对象】所有在校班级
【制作要求】
内容要围绕着主题展开。
文章内容要体现板报的实用性、艺术性和教育性。
内容、色彩丰富，版面设计科学、合理、新颖。
文字工整清晰，字距、行距适当。篇与篇之间及黑板报四周要有空隙。
文字、画面所占比例平衡，切忌不要让插图喧宾夺主。
不能出现意识形态问题。

b）

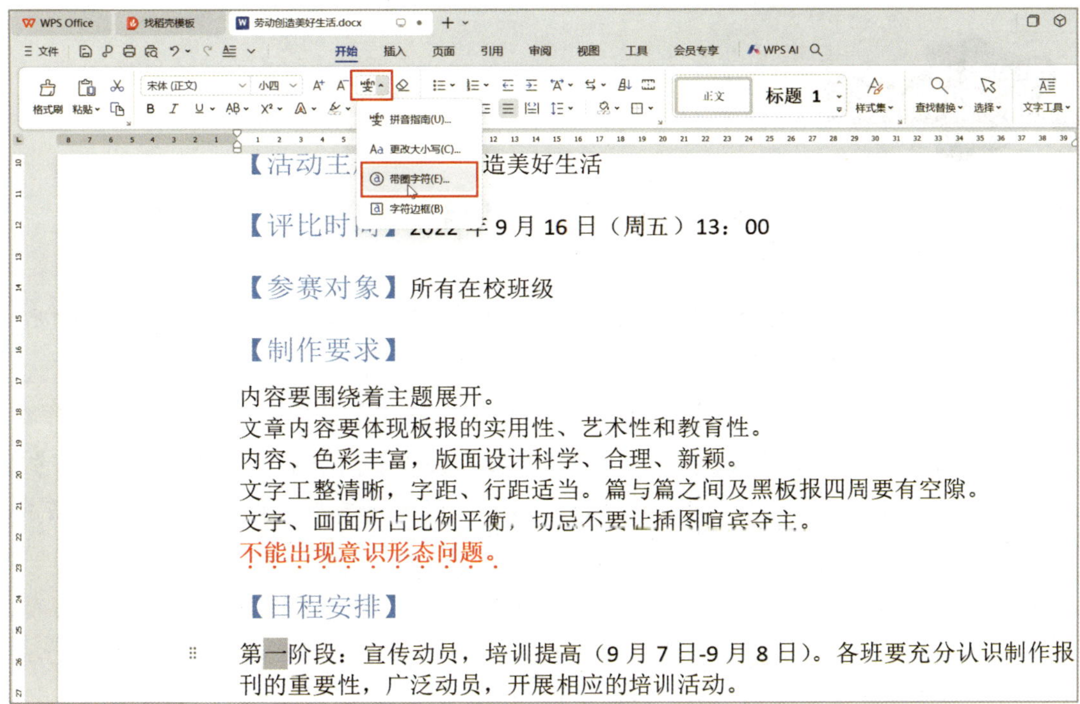

c）

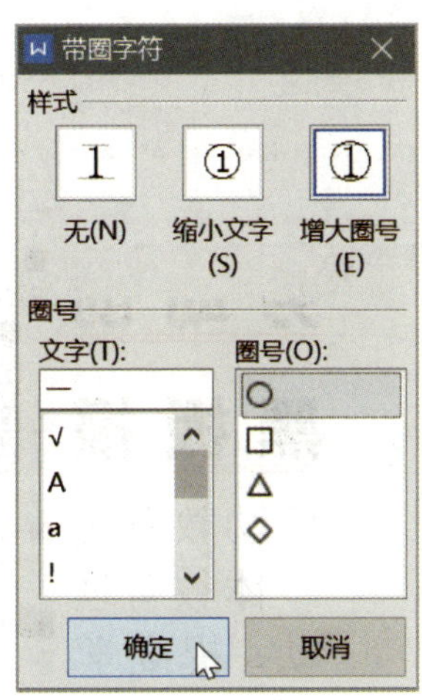

d）

图 1-2-6　设置文本格式

a）单击“加粗”按钮　b）单击“着重号”命令　c）单击“带圈字符”命令

d）“带圈字符”对话框

格式刷的使用

在编排文档时，可能会遇到对较多内容使用相同的字体格式和段落格式的情况，此时可使用格式刷功能快速编排文本。

在任务一中，编排文本“【活动主题】”“【评比时间】”“【参赛对象】”“【制作要求】”“【日程安排】”“【奖项分配】”字体格式时，要设置“字体”为“宋体”，“字号”为“四号”，“字体颜色”为“矢车菊蓝，着色 1”。使用格式刷快速编排文本的操作步骤如下。

1. 设置文本字体格式

选定文本“【活动主题】”，在“字体”功能组中，设置“字体”为“宋体”，“字号”为“四号”，“字体颜色”为“矢车菊蓝，着色 1”，如图 1-2-7 所示。

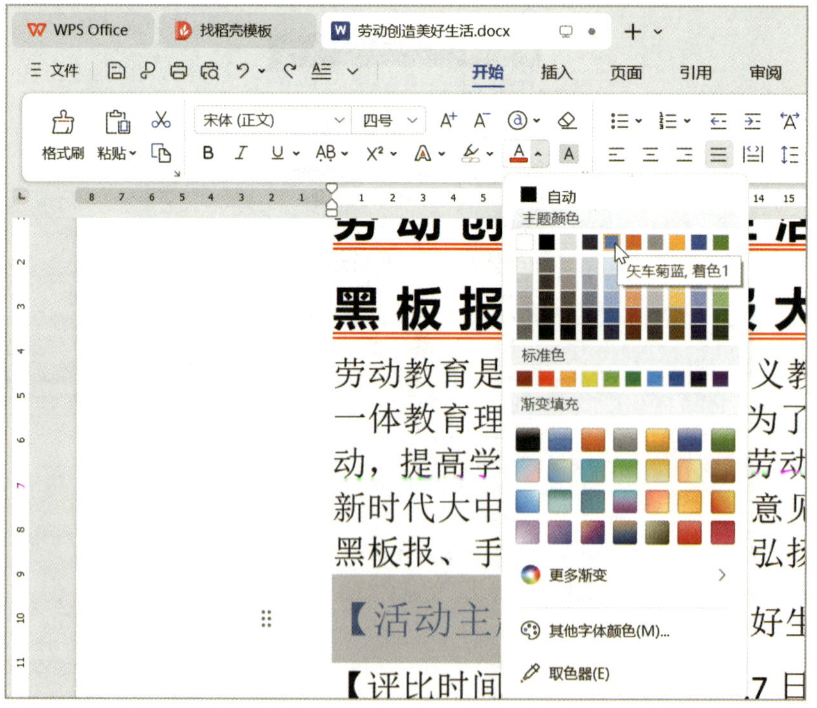

图 1-2-7 设置目标文本的字体格式

2. 使用格式刷

选定文本“【活动主题】”，双击“开始”选项卡中的“格式刷”按钮；待指针变成“🖌I”形状后，按住鼠标左键进行拖动，逐一选中目标文本“【评比时间】”“【参赛对象】”“【制作要求】”“【日程安排】”“【奖项分配】”，即可自动更改其格式，如图 1-2-8 所示。完成后单击“格式刷”按钮，取消格式刷功能。

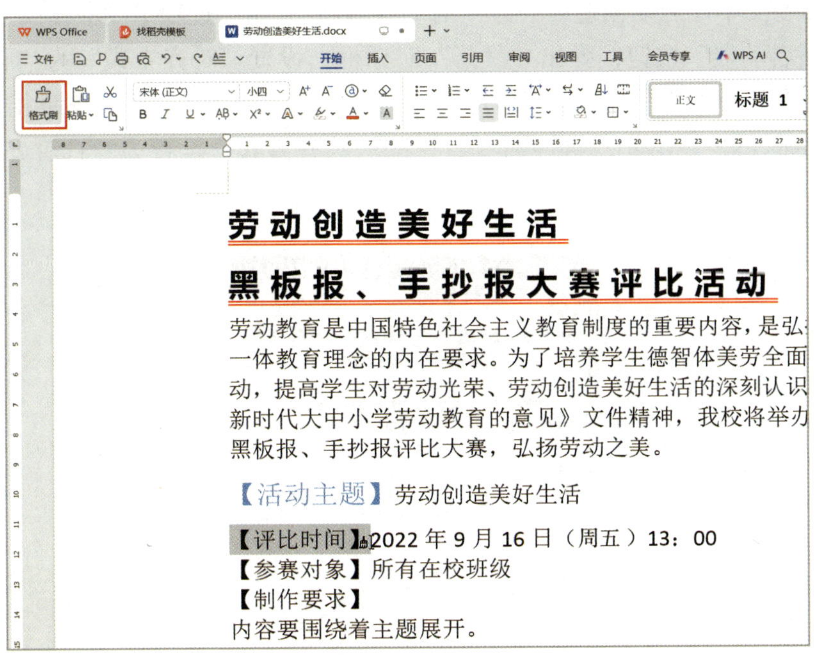

图 1-2-8　使用格式刷

任务二　设置段落格式

能够设置对齐方式、缩进、间距、编号和项目符号等段落格式。

一、设置标题及落款对齐方式

选定标题文本“劳动创造……评比活动”；在“开始”选项卡“段落”功能组中单击“对话框启动器”按钮；弹出“段落”对话框，设置“对齐方式”为“居中对齐”，“行距”为“1.5 倍行距”，单击“确定”按钮，如图 1–2–9a 所示。按照相同的方法，将落款处文本“学生处 2022 年 9 月 7 日”的“对齐方式”设置为“右对齐”，完成后的效果，如图 1–2–9b 所示。

a）

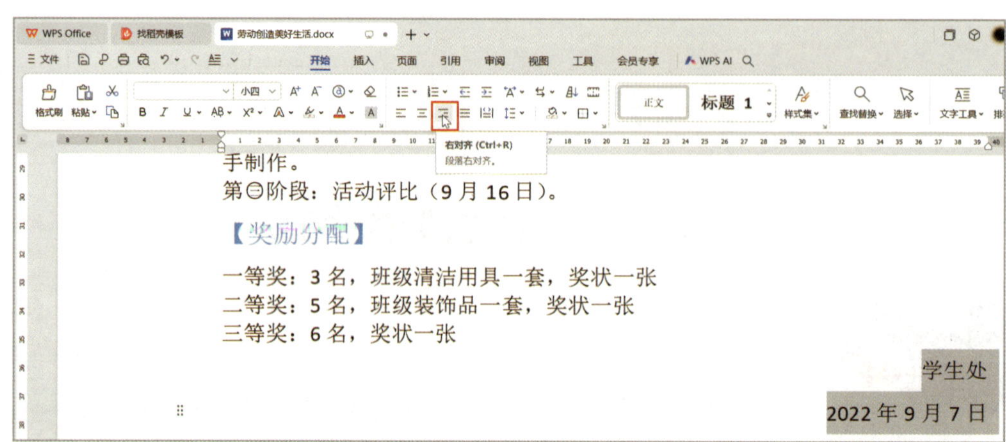

b）

图 1–2–9　设置段落格式

a）“段落”对话框　b）完成后的效果

二、设置段落缩进和间距

1. 设置段落缩进

选定正文第 1 段文本“劳动教育是……弘扬劳动之美。”，在“开始”选项卡“段落”功能组中单击“对话框启动器”按钮；弹出“段落”对话框，设置“特殊格式”为“首行缩进”，“度量值”为“2”字符，单击“确定”按钮，如图 1–2–10a 所示；按照相同的方法，选定文本“一等奖……”“二等奖……”“三等奖……”，在“段落”对话框中，将“缩进”中的“文本之前”“文本之后”均设置为“8”字符，单击“确定”按钮，如图 1–2–10b 所示。

2. 设置段落行距

选定除标题以外的文本“劳动教育是……2022 年 9 月 7 日”，用同样的方法打开“段落”对话框；在“段落”对话框中，将“行距”设置为“固定值”，“设置值”为“22”磅，如图 1–2–11 所示；单击“确定”按钮。

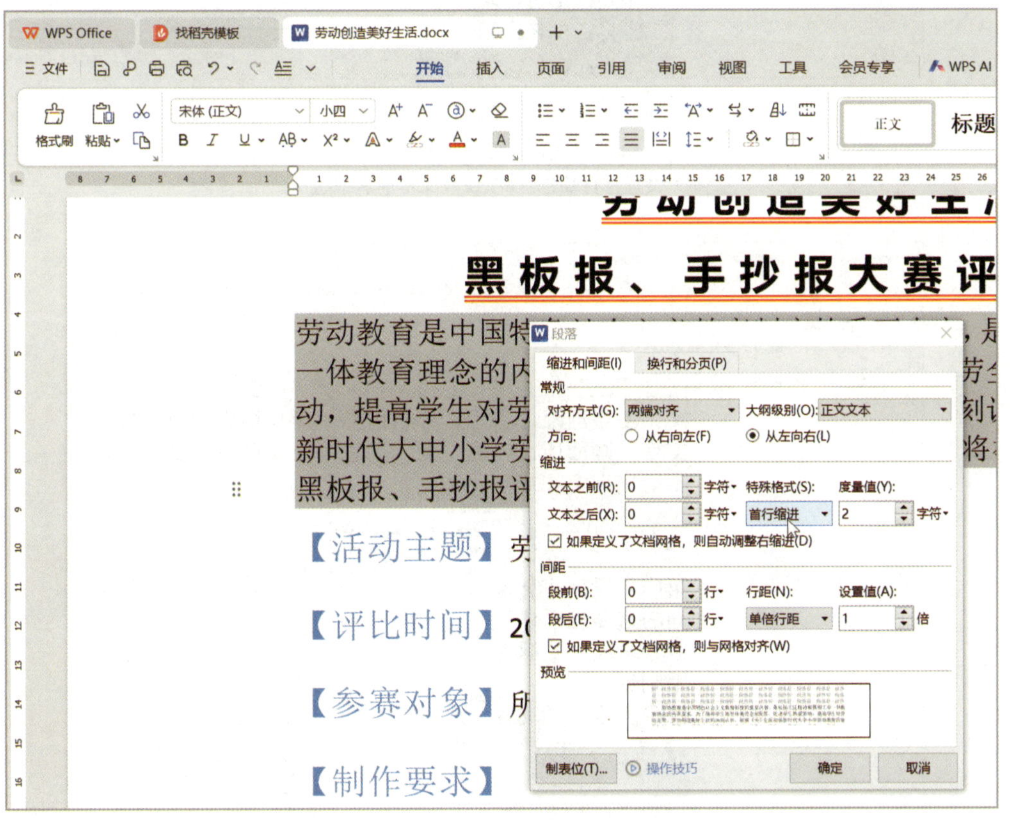

a）

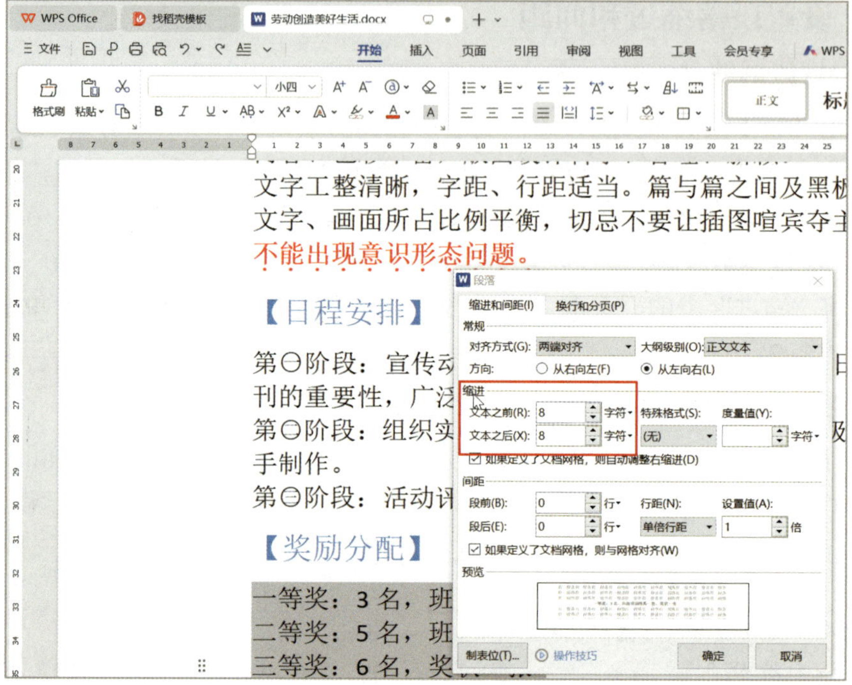

b）

图 1-2-10　设置段落缩进

a）设置首行缩进　b）设置文本前后缩进

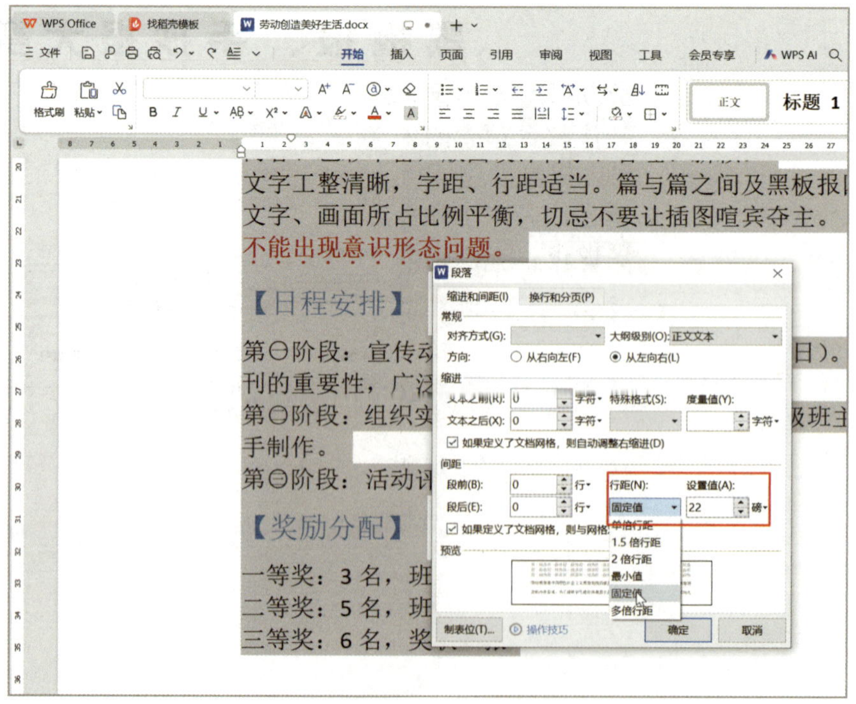

图 1-2-11　设置段落行距

段落格式的快速设置

设置段落格式时，可直接在“开始”选项卡“段落”功能组中进行，如图 1–2–12 所示。

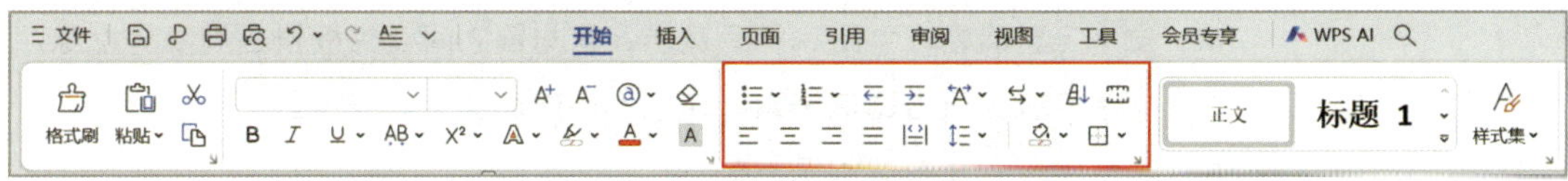

图 1–2–12　“开始”选项卡“段落”功能组

三、设置段落编号和项目符号

1. 设置段落编号

选定正文“【制作要求】”下的文本“内容要围绕……意识形态问题。”；在“段落”功能组中，单击“编号”按钮，在下拉列表中单击选择第 1 排第 4 个编号样式，如图 1–2–13a 所示。设置后的效果，如图 1–2–13b 所示。

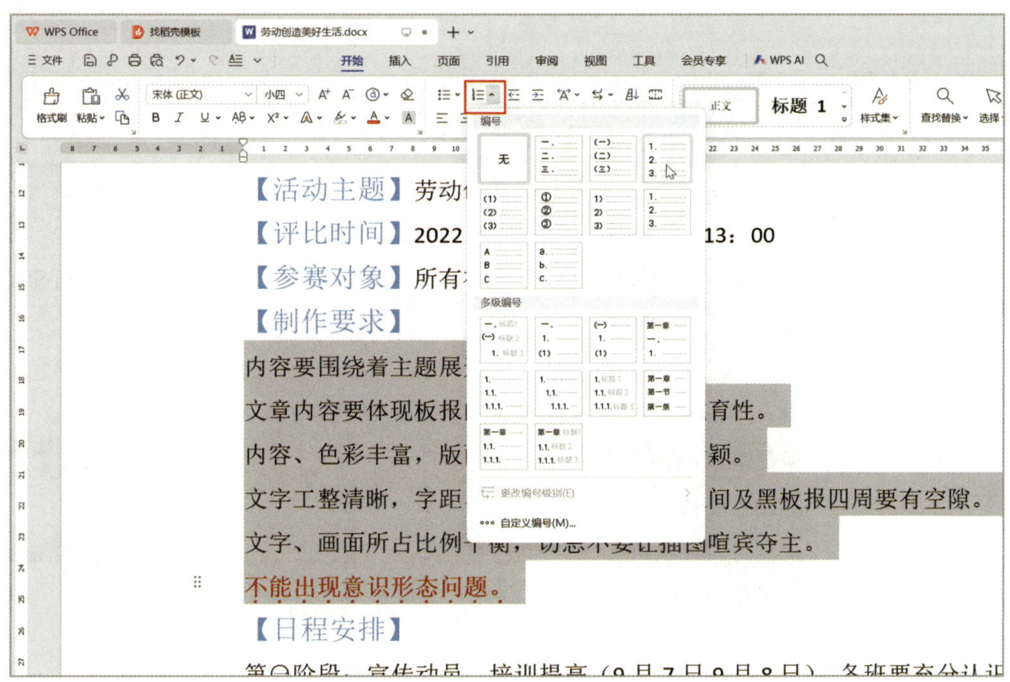

a）

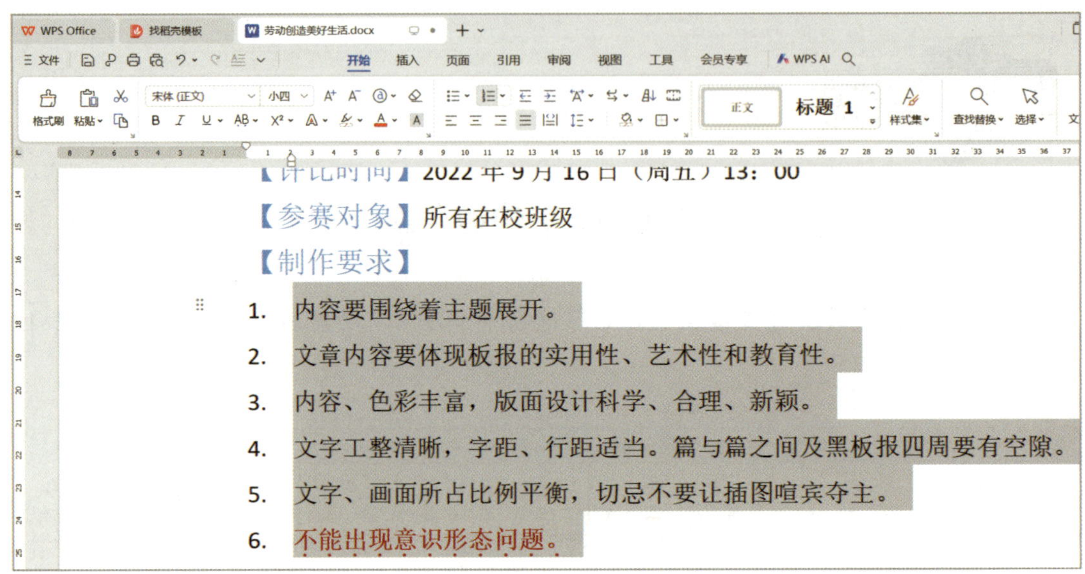

b）

图 1-2-13　设置段落编号

a）单击“编号”按钮　b）设置后的效果

2. 设置项目符号

选定正文文本“第㊀阶段……，第㊁阶段……，第㊂阶段……”；在“段落”功能组中，单击“项目符号”按钮，在下拉列表中单击第 1 排第 5 个项目符号，如图 1-2-14a 所示。设置后的效果，如图 1-2-14b 所示。

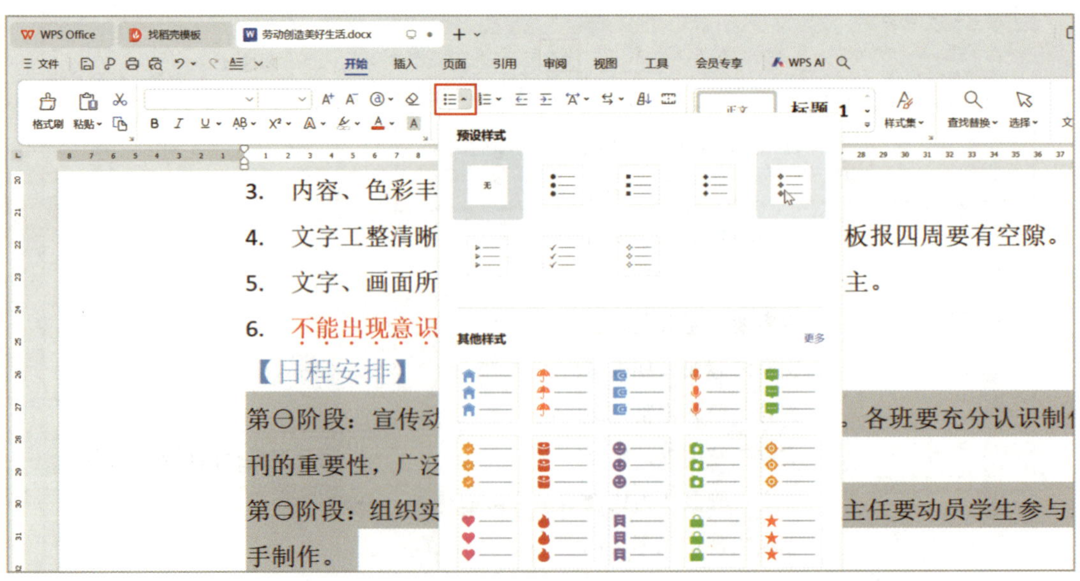

a）

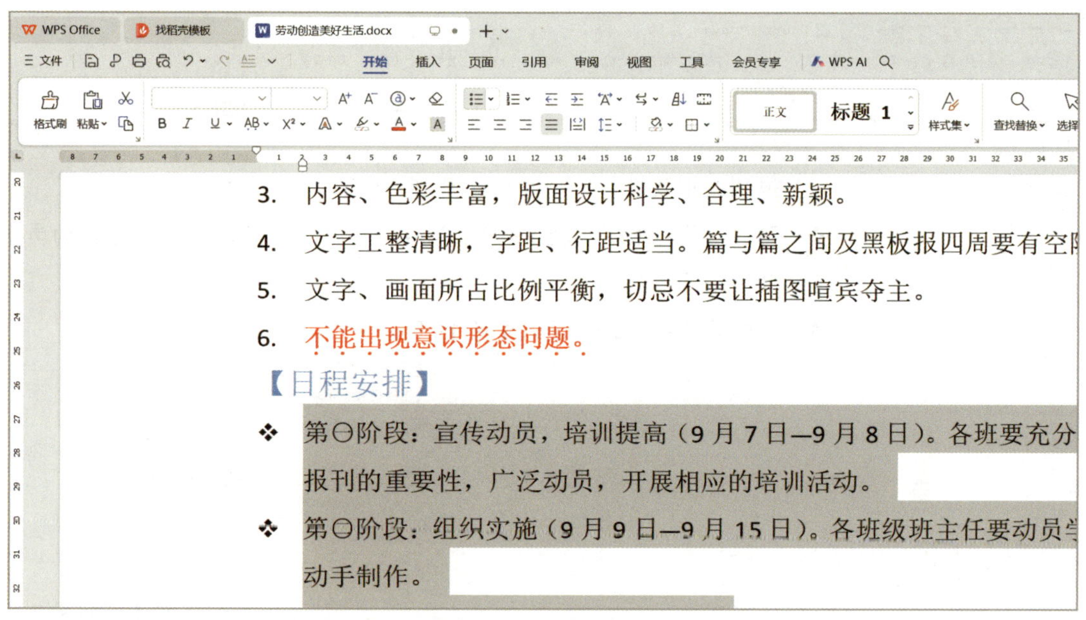

b）

图 1-2-14 设置段落项目符号

a）单击“项目编号”按钮 b）设置后的效果

四、设置段落边框和底纹

1. 设置段落边框

选定文本“一等奖……”“二等奖……”“三等奖……”；在“段落”功能组中单击“边框”下拉按钮，在下拉列表中选择“边框和底纹”命令，如图 1-2-15a 所示；弹出“边框和底纹”对话框，单击“边框”选项卡，选择“设置”为“方框”，“线型”为“”，“颜色”为“矢车菊蓝，着色 1”，“宽度”为“3 磅”，“应用于”为“段落”，单击“确定”按钮，如图 1-2-15b 所示。

2. 设置段落底纹

选定文本“一等奖……”“二等奖……”“三等奖……”；打开“边框和底纹”对话框，切换至“底纹”选项卡，将“填充”设置为主题颜色的“矢车菊蓝，着色 1，浅色 80%”，“应用于”设置为“段落”，单击“确定”按钮，如图 1-2-16a 所示。设置后的效果，如图 1-2-16b 所示。

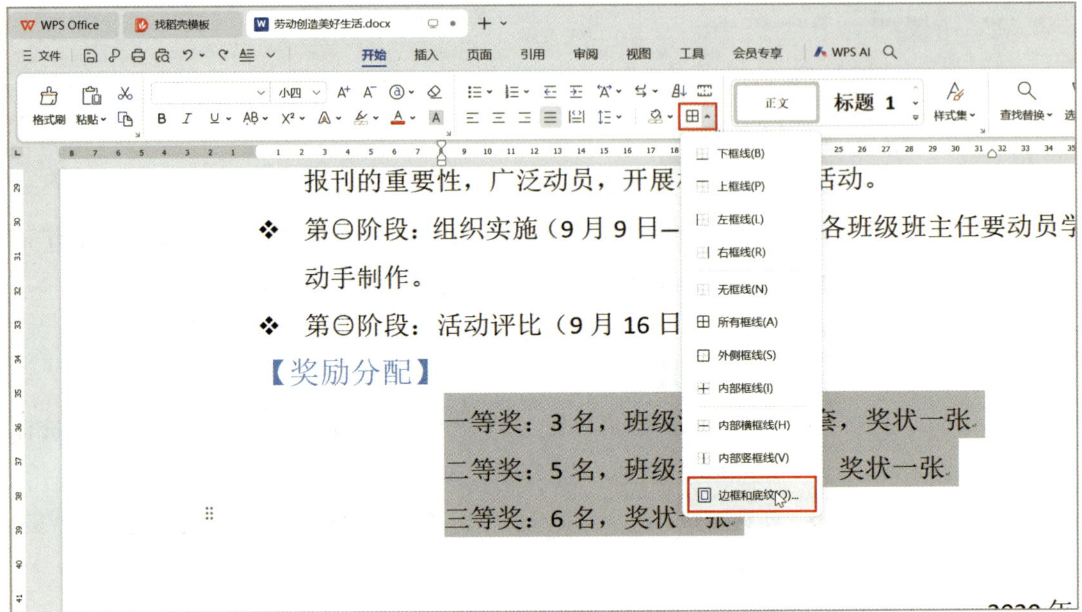

a）

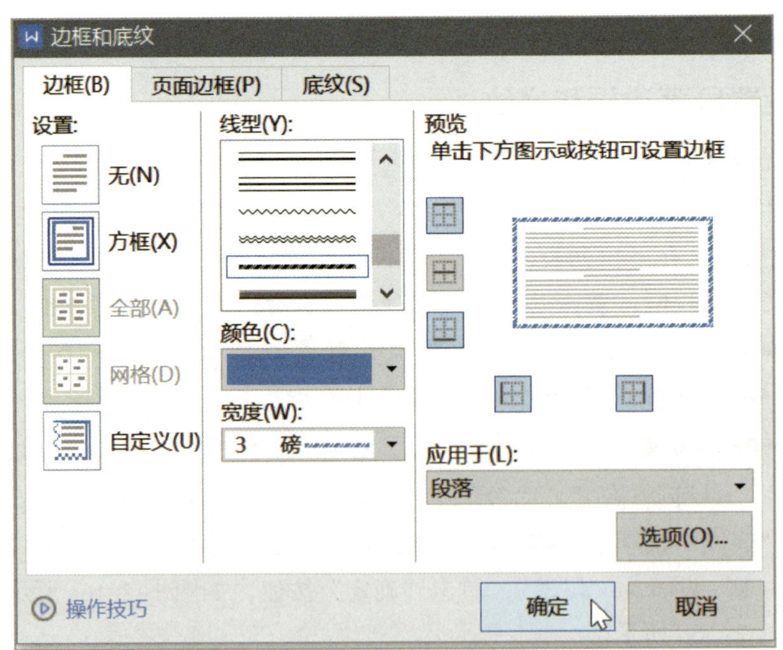

b）

图 1-2-15 设置段落边框

a）单击“边框”下拉按钮 b）“边框和底纹”对话框“边框”选项卡

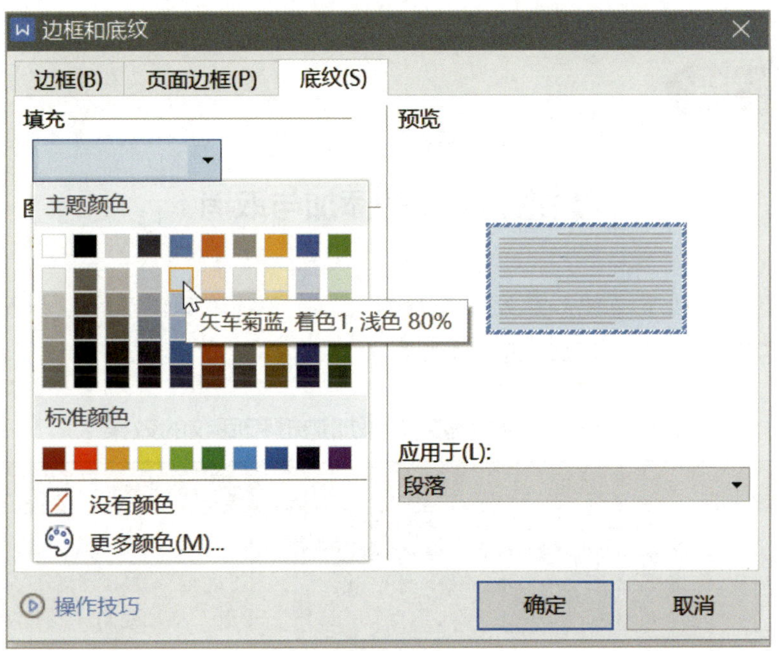

a）

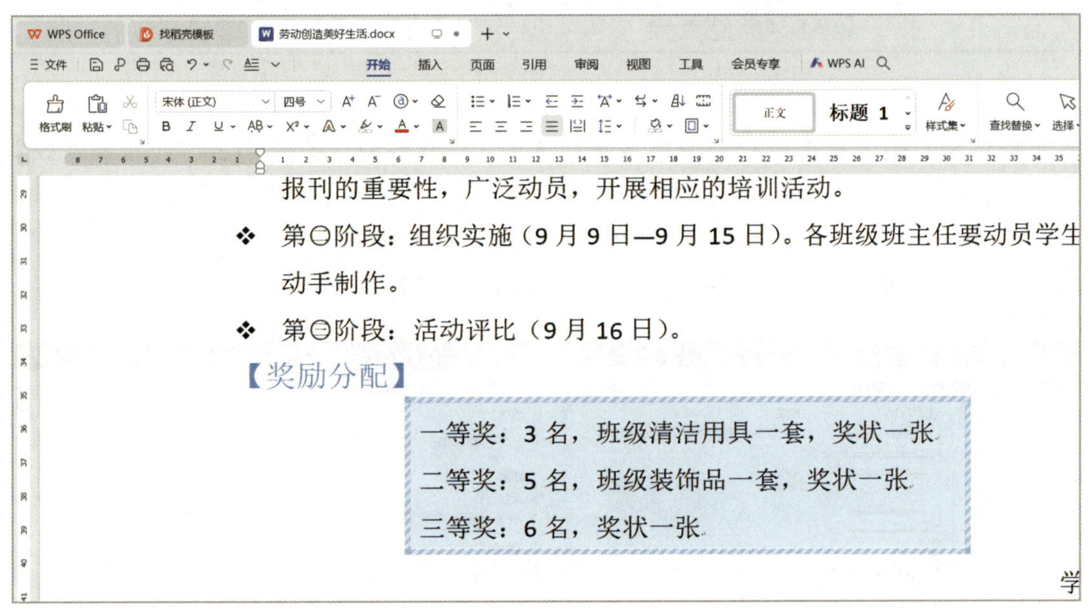

b）

图 1-2-16　设置段落底纹

a）“边框和底纹”对话框“底纹”选项卡　b）设置后的效果

边框和底纹的添加与取消

1. 为段落文本设置边框和底纹有两种形式，一种是添加段落边框和段落底纹，一种是添加文本边框和文本底纹，其效果见表 1-2-1。

表 1-2-1　为段落文本添加边框和底纹的效果

类型	效果图	操作方法
段落边框和段落底纹	一等奖：3 名，班级清洁用具一套，奖状一张 二等奖：5 名，班级装饰品一套，奖状一张 三等奖：6 名，奖状一张	打开“边框和底纹”对话框，在“边框”选项卡和“底纹”选项卡中，将“应用于”设置为“段落”
文本边框和文本底纹	一等奖：3 名，班级清洁用具一套，奖状一张 二等奖：5 名，班级装饰品一套，奖状一张 三等奖：6 名，奖状一张	打开“边框和底纹”对话框，在“边框”选项卡和“底纹”选项卡中，将“应用于”设置为“文字”

2. 设置边框和底纹后，如需要更换边框或底纹，可以先去掉原有的边框或底纹，再重新添加。删除段落边框和段落底纹的方法是选定段落文本，打开“边框和底纹”对话框，在“边框”选项卡中选择“设置”为“无”，“应用于”为“段落”，单击“确定”按钮，如图 1-2-17a 所示；在“底纹”选项卡中，设置“填充”为“没有颜色”，“应用于”为“段落”，单击“确定”按钮，如图 1-2-17b 所示。

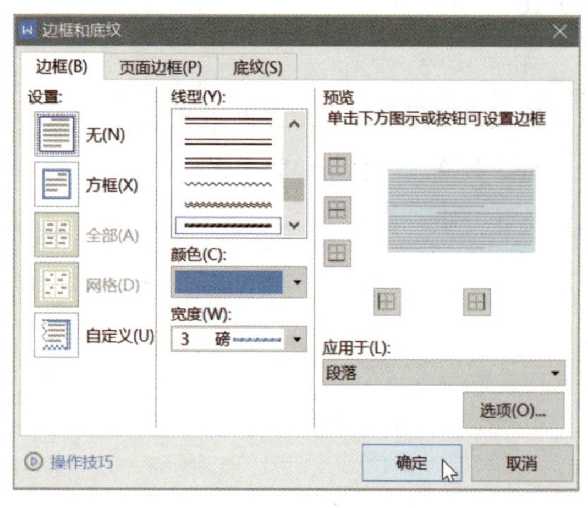

a）

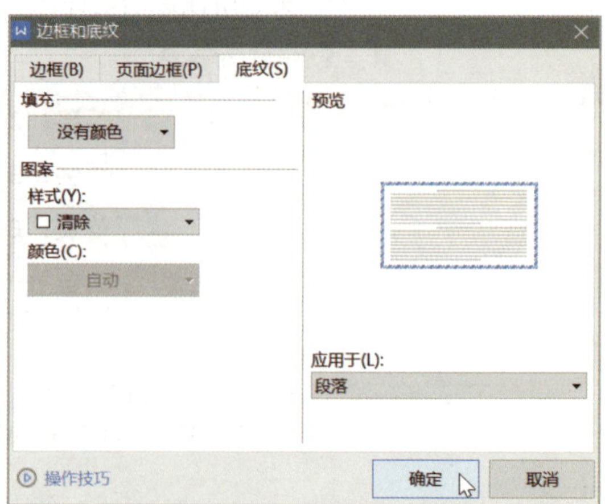

b）

图 1-2-17　删除段落边框和底纹

a）“边框”选项卡的设置　b）“底纹”选项卡的设置

任务三　设置页面布局

能够设置文档页边距、纸张的大小，以及添加页面边框等。

一、设置页边距和纸张大小

在“页面”选项卡中单击“页边距”按钮；在弹出的下拉列表中选择“自定义页边距”命令，弹出“页面设置”对话框，设置“页边距”的“上”“下”各为“2”厘米，“左”“右”各为“3”厘米，“应用于”为“整篇文档”，如图 1–2–18a 所示；切换至“纸张”选项卡，将“纸张大小”设置为“A4”，单击“确定”按钮，如图 1–2–18b 所示。

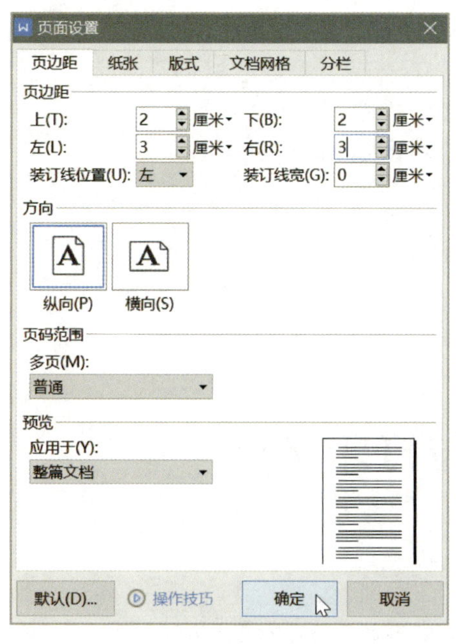

a）

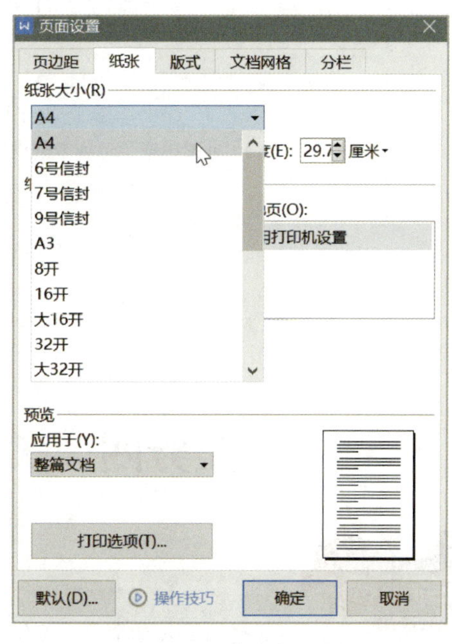

b）

图 1–2–18　设置页边距和纸张大小

a）“页边距”选项卡的设置　b）“纸张”选项卡的设置

二、设置页面边框

在“页面”选项卡中单击“页面边框”按钮，弹出“边框和底纹”对话框，单击“页面边框”选项卡，选择“设置”为“方框”，“线型”为“ ”，“颜色”为主题颜色“矢车菊蓝，着色 1”，“宽度”为“3”磅，“应用于”为“整篇文档”，如图 1-2-19a 所示；单击“选项”按钮，弹出“边框和底纹选项”对话框，将“距正文”的“上”“下”“左”“右”均设置为“30”磅，单击“确定”按钮，如图 1-2-19b 所示。

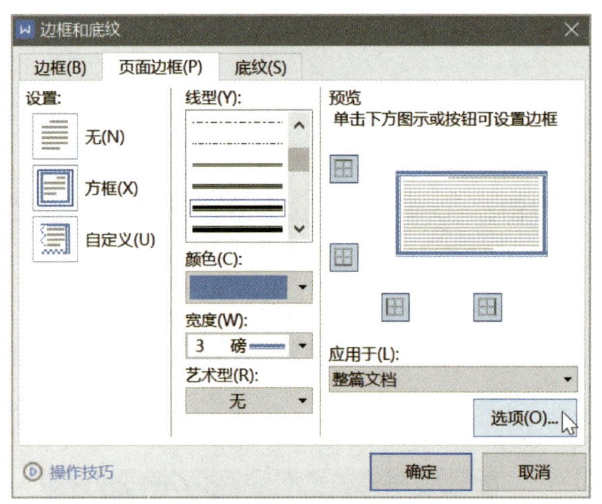

a）

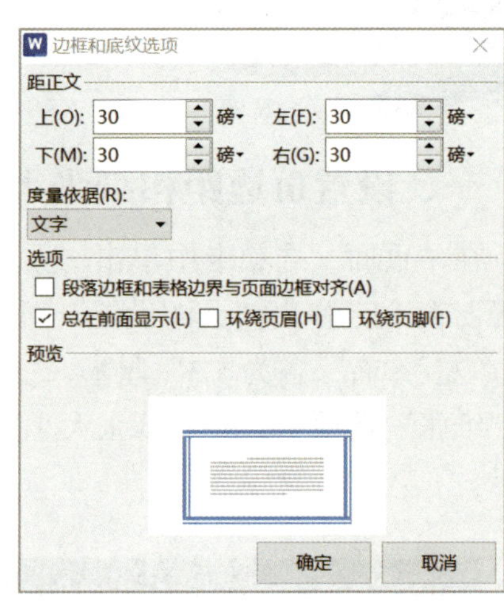

b）

图 1-2-19　设置页面边框

a）“页面边框”选项卡的设置　b）“边框和底纹选项”对话框

任务四　美化与打印文档

能够设置分栏排版、首字下沉，以及添加页眉页脚等特殊版式。

一、设置分栏排版

选定正文第 1 段文本“劳动教育是……弘扬劳动之美。”；在“页面”选项卡中单击“分栏”按钮，在下拉列表中，选择“更多分栏”命令，如图 1-2-20a 所示；弹出“分栏”对话框，设置“预设”为“两栏”，“间距”为“3”字符，勾选“分隔线”复选框，单击“确定”按钮，如图 1-2-20b 所示。

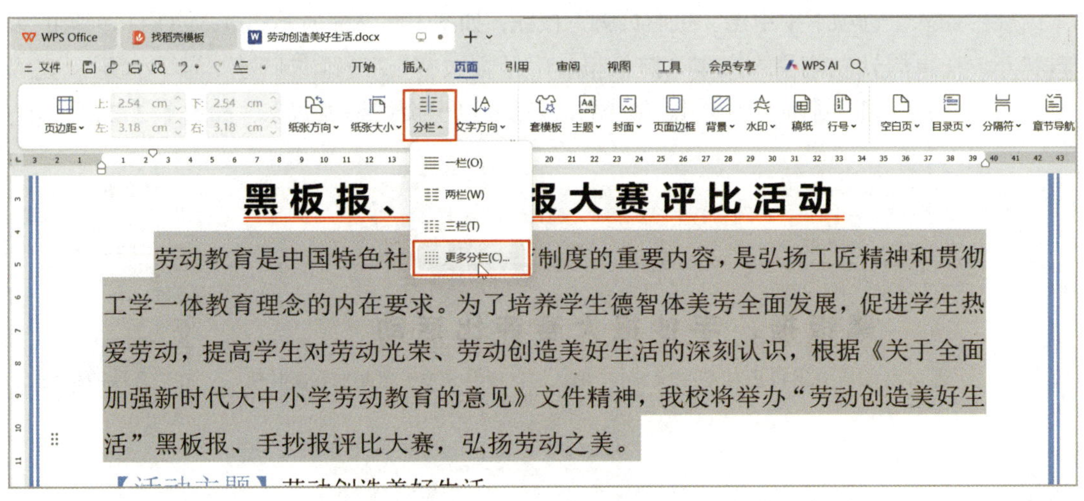

a）

b）

图 1-2-20　设置分栏排版

a）选择“更多分栏”命令　b）“分栏”对话框

二、设置首字下沉

选定正文第 1 段文本“劳”；在“插入”选项卡中单击“首字下沉”按钮，如图 1–2–21a 所示；弹出“首字下沉”对话框，设置“位置”为“下沉”，“字体”为“华文隶书”，“下沉行数”为“2”，单击“确定”按钮，如图 1–2–21b 所示；选定文本“劳”，单击“字体”功能组中的“文字效果”下拉按钮，在下拉列表中选择“艺术字”子菜单中的“填充 – 钢蓝，着色 5，轮廓 – 背景 1，清晰阴影 – 着色 5”，如图 1–2–21c 所示，完成后的效果，如图 1–2–21d 所示。

三、设置页眉和页码

1. 设置页眉

在“插入”选项卡中单击“页眉页脚”按钮，如图 1–2–22a 所示；进入页眉和页脚的编辑状态，在页眉处左侧录入文本“黑板报、手抄报大赛”，设置“字号”为“小五”；完成后，在“页眉页脚”选项卡中单击“关闭”按钮，退出页眉编辑状态，如图 1–2–22b 所示。

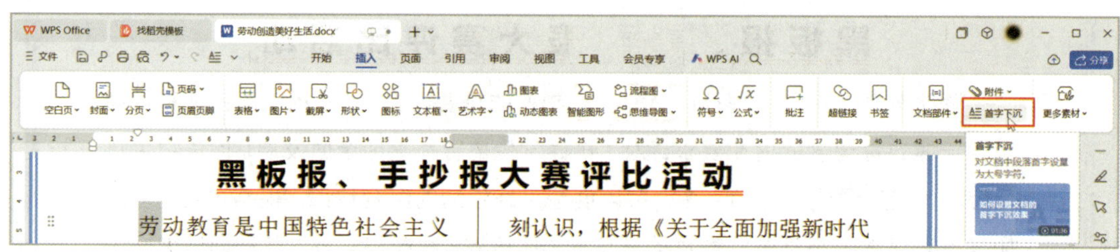

a）

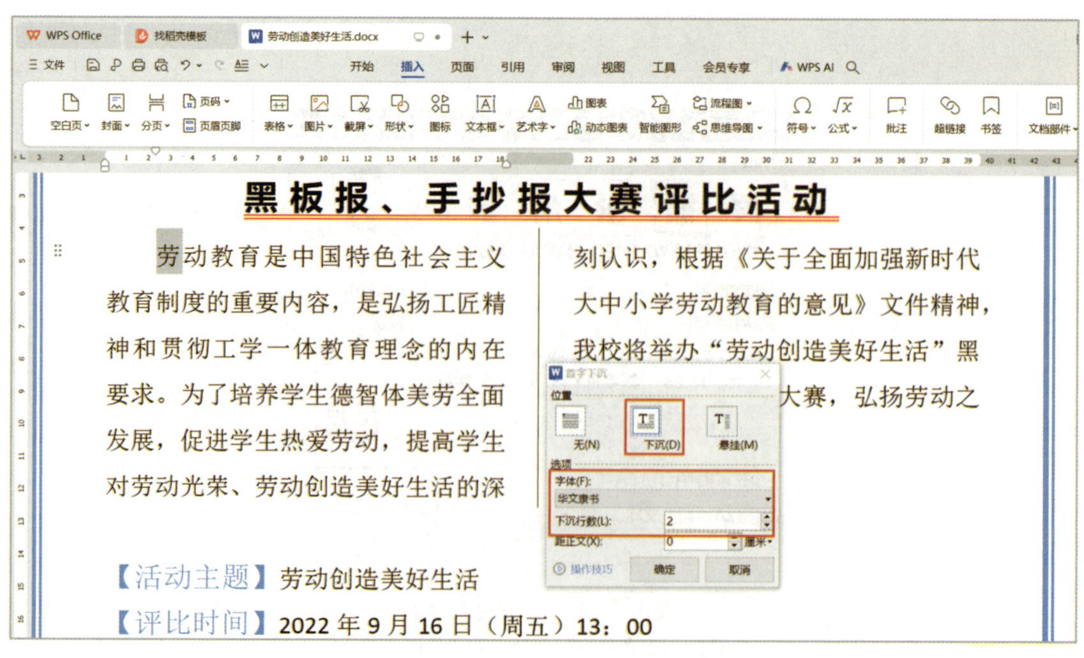

b）

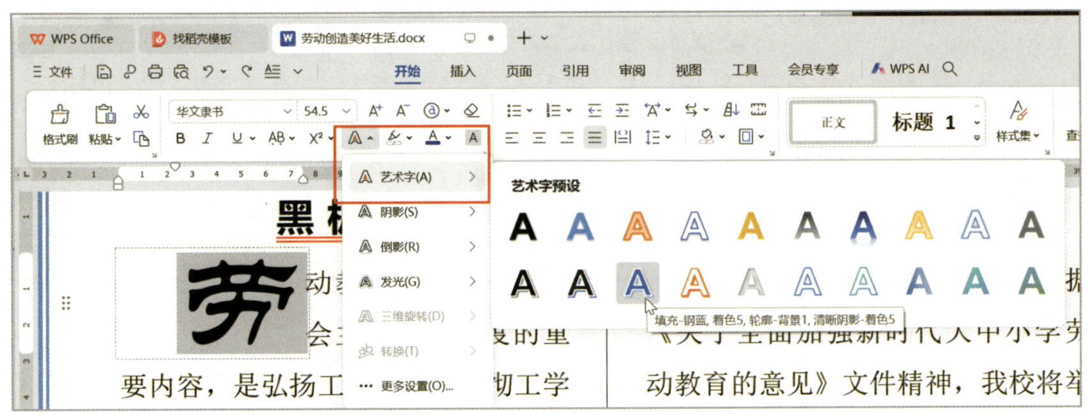

c）

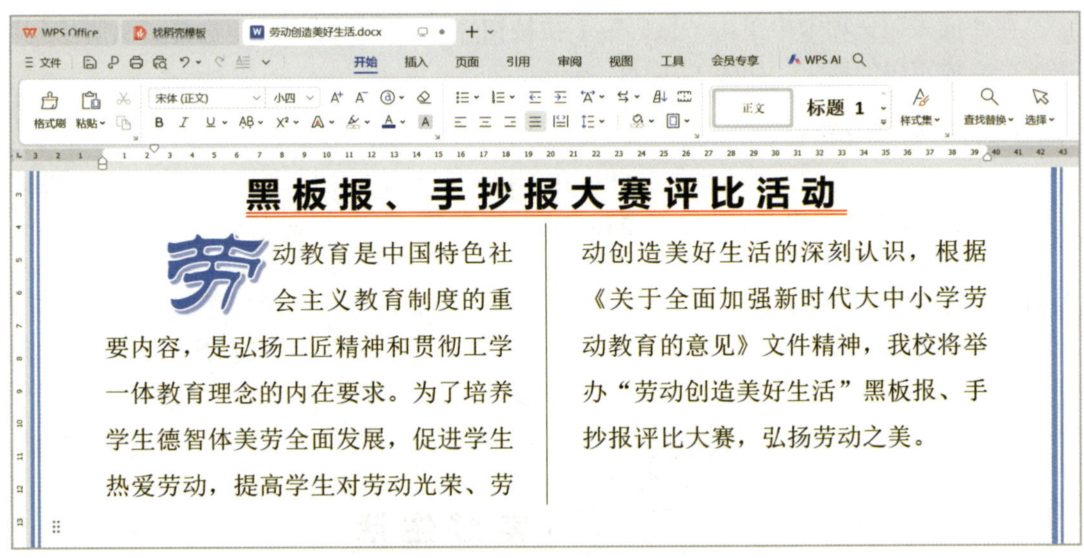

d）

图 1-2-21　设置首字下沉和文字效果
a）单击“首字下沉”按钮　b）“首字下沉”对话框
c）单击“文字效果”按钮　d）完成后的效果

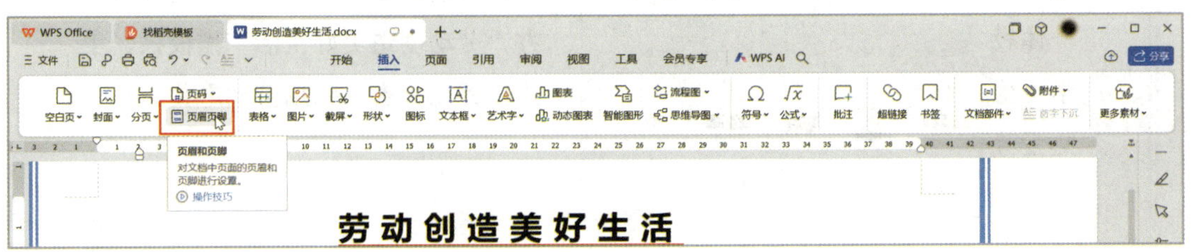

a）

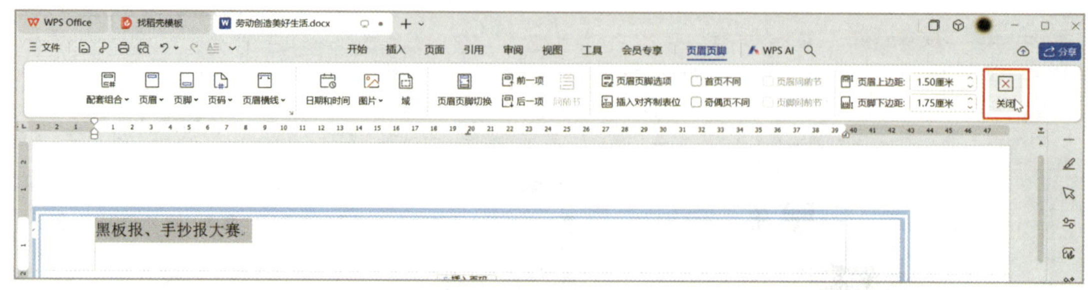

b）

图 1-2-22 设置页眉

a）单击“页眉页脚”按钮 b）关闭页眉和页脚编辑状态

2. 插入页码

在“插入”选项卡中单击“页码”下拉按钮，在“预设样式”中选择“页脚中间”选项，完成页码的插入，如图 1-2-23a 所示。

3. 设置页码格式

单击页码上方的“页码设置”按钮，在下拉列表中设置“样式”为“第 1 页 共 × 页”，单击“确定”按钮，如图 1-2-23b 所示。

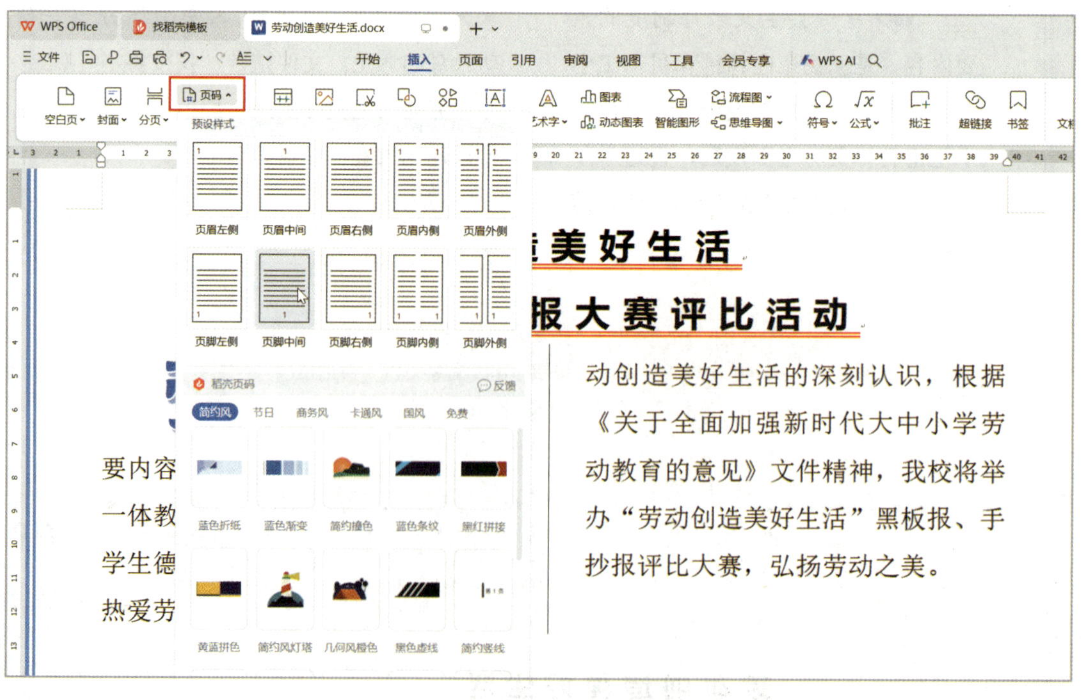

a）

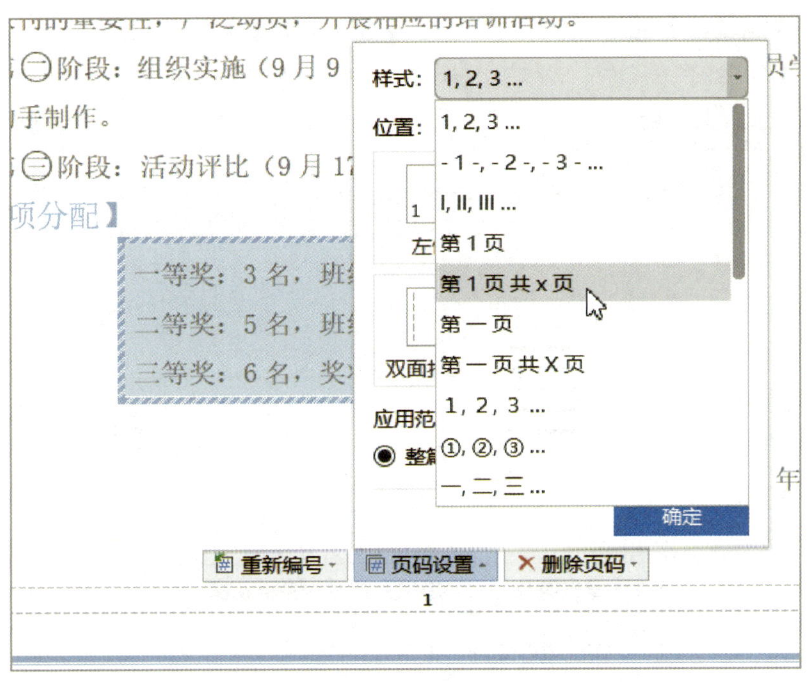

b）

图 1-2-23　设置页码

a）单击“页码”下拉按钮　b）页码样式设置

页眉页脚设置技巧

1. 删除多余的页眉横线。在 WPS 文档中插入页眉后，页眉处可能会出现一条横线。当不需要这条横线时，可将其删除。方法是双击页眉处，打开“页眉页脚”选项卡，单击“页眉横线”按钮，在下拉列表中选择“删除横线”命令，如图 1–2–24 所示。

2. 多样式编辑页码。插入页码后，在页码上方显示“重新编号”“页码设置”“删除页码”按钮。单击“重新编号”按钮，可重新设置该页的起始页码，如图 1–2–25a 所示；单击“页码设置”按钮，可设置页码样式、位置和应用范围；单击“删除页码”按钮，可删除已添加的页码，如图 1–2–25b 所示。

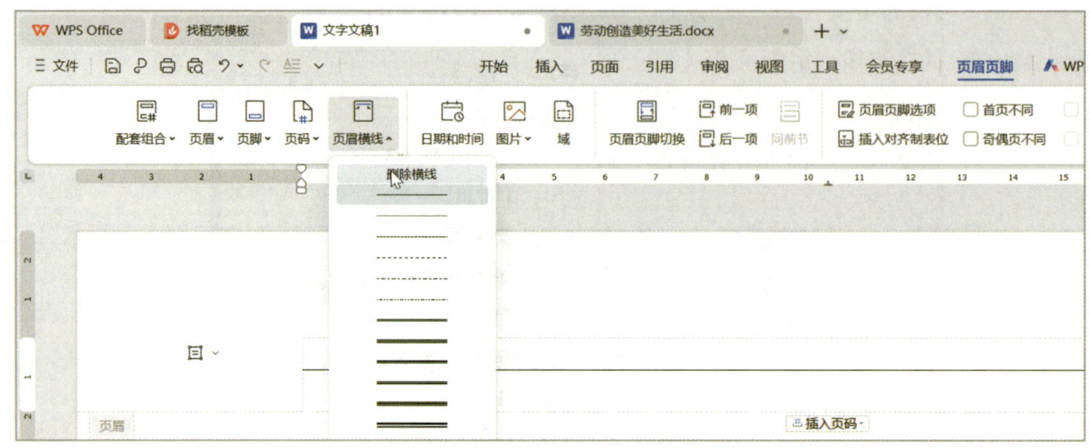

图 1-2-24 删除页眉横线

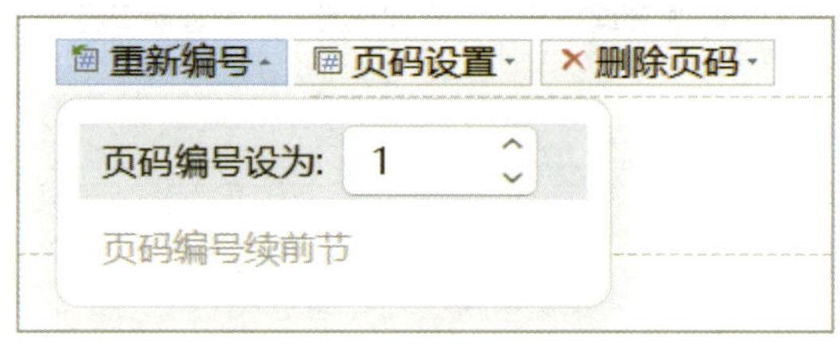

a）

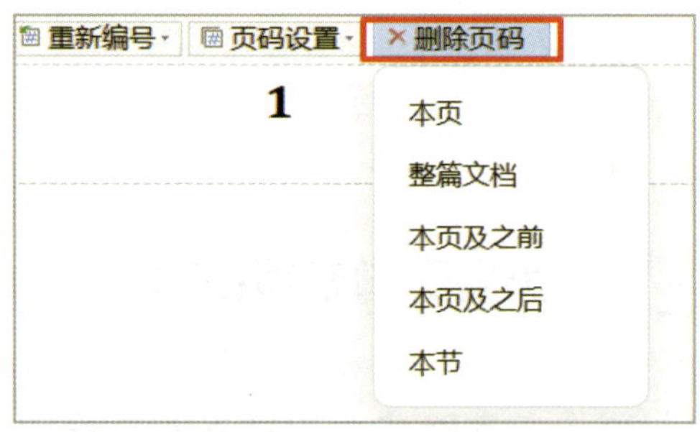

b）

图 1-2-25 多样式编辑页码

a）单击“重新编号”按钮 b）单击“删除页码”按钮

四、预览和打印文档

1. 预览文档

在“快速访问工具栏”中，单击“打印预览”按钮，如图 1-2-26a 所示，弹出“打印预览”窗口，可预览打印效果，如图 1-2-26b 所示。单击“退出预览”按钮可退出打印预览。

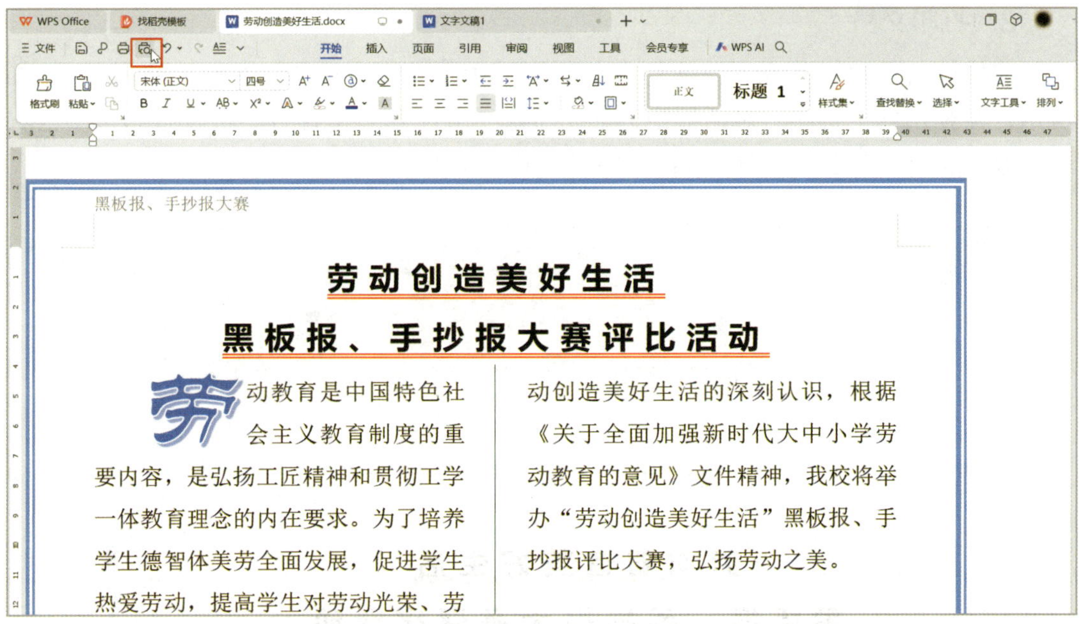

a）

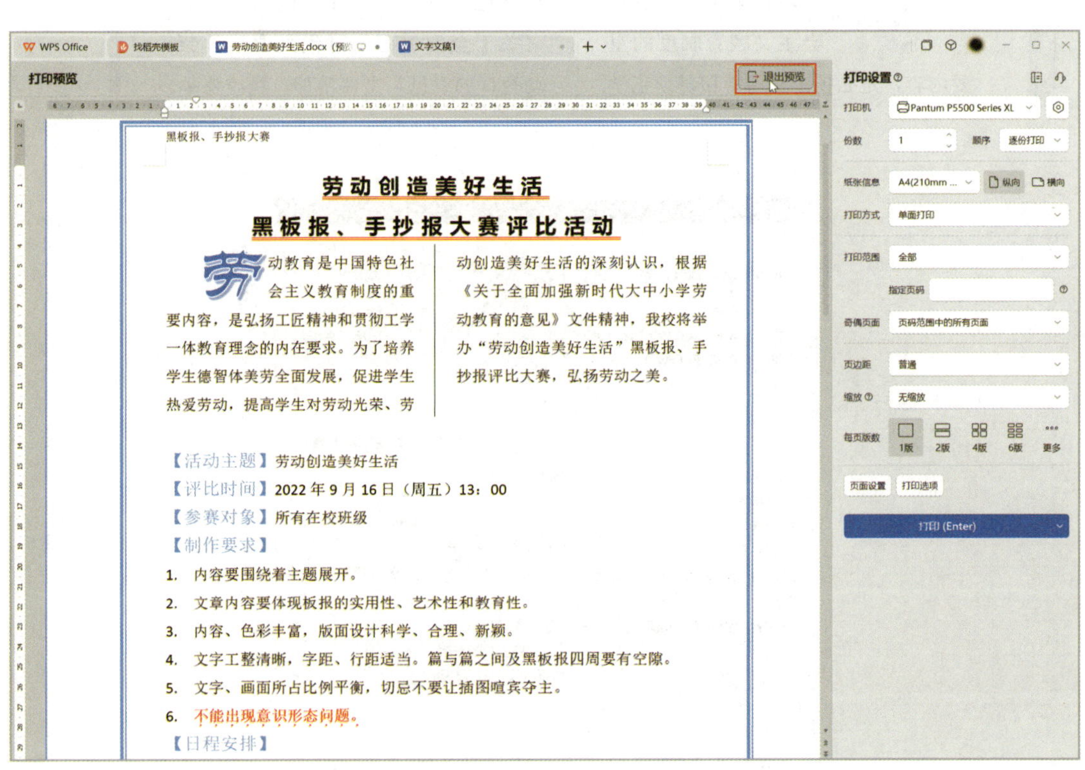

b）

图 1-2-26　打印预览

a）单击“打印预览”按钮　b）预览打印效果

2. 打印文档

连接好打印机后，在“快速访问工具栏”中，单击“打印”按钮，如图 1–2–27a 所示，在弹出的“打印”对话框中，如图 1–2–27b 所示，设置打印机及打印范围、打印份数等参数，单击“确定”按钮，即可完成打印操作。

a）

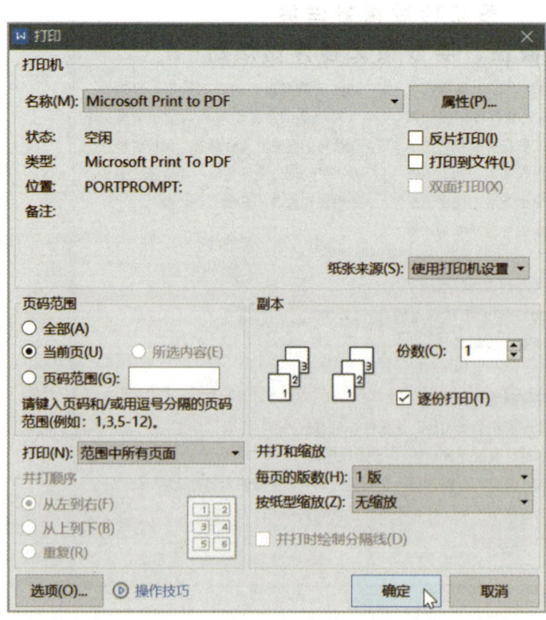

b）

图 1–2–27　打印文档

a）单击“打印”按钮　b）“打印”对话框

项目小结

请对本项目的学习内容进行小结，完成表 1-2-2 的填空。

表 1-2-2　项目小结

目标	操作方法
设置字体格式	
设置段落格式	
设置页面布局	
特殊版式美化文档	

项目三
制作班级宣传海报——WPS 文字的图文混排

在 WPS 文字排版时，可插入艺术字、图片、形状图形等对象编排和美化文档，使文档更加精美。本项目主要介绍使用 WPS 文字中艺术字、图片、形状图形、文本框、智能图形等工具美化文档的方法。

- ◆插入并修饰图片
- ◆插入与编辑艺术字
- ◆插入与编辑形状图形
- ◆使用文本框
- ◆使用智能图形

郭星泽参加了学生会组织的班级宣传海报比赛。经过构思后，郭星泽决定围绕班级介绍、班级架构、班徽等方面的内容制作班级宣传海报。

“班级宣传海报”效果图如图 1-3-1 所示。

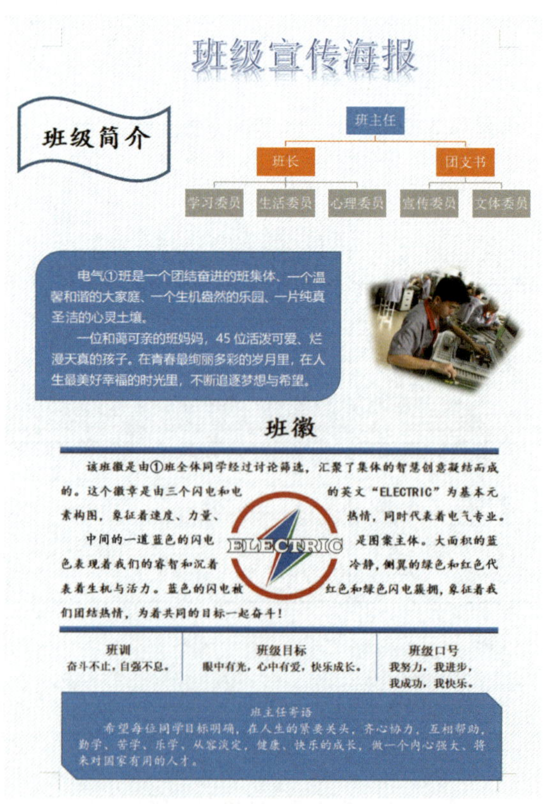

图 1-3-1 “班级宣传海报”效果图

为了完成班级宣传海报的制作，郭星泽同学使用了图片、艺术字、文本框、智能图形等工具编排文档，让班级宣传海报更精美，其制作思路如下。

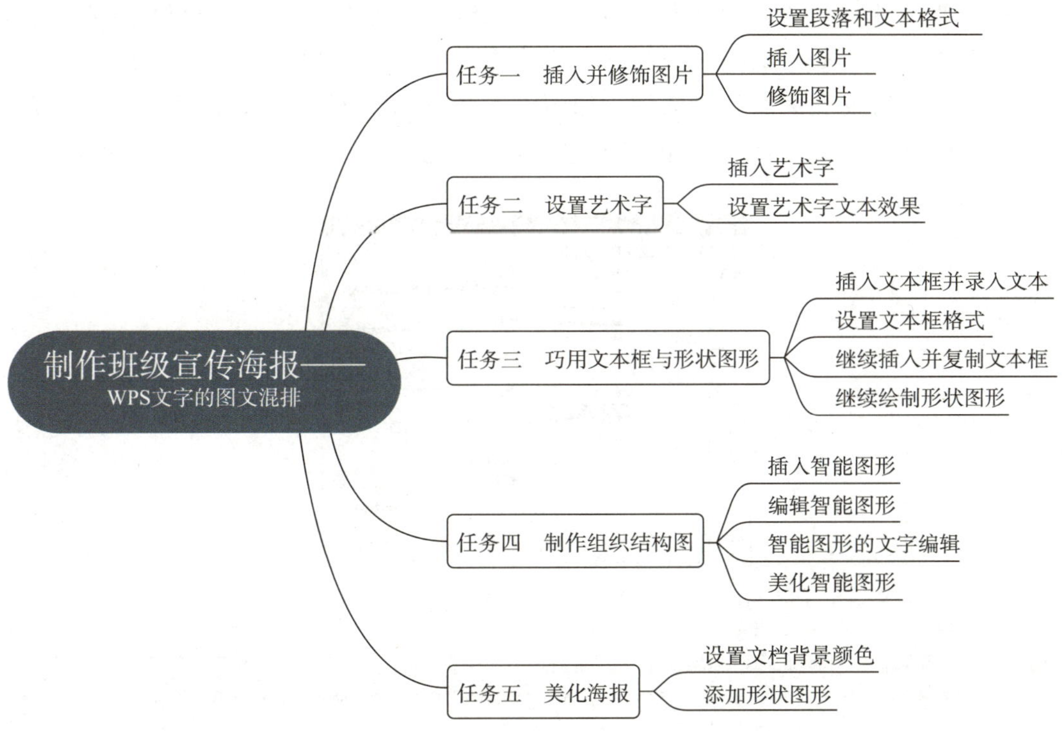

任务一 插入并修饰图片

能够在文档中插入和设置图片的格式。

一、设置段落和文本格式

1. 设置段落边框

打开素材文件“班级宣传海报.docx”；选定班徽介绍内容“该班徽……一起奋斗！”；在“开始”选项卡中单击“边框”下拉按钮，在下拉列表中选择“边框和底纹”命令；弹出“边框和底纹”对话框，如图 1-3-2a 所示，设置边框的“线型”“颜色”“宽度”，取消左、右边框线，单击“确定”按钮；完成后的效果如图 1-3-2b 所示。

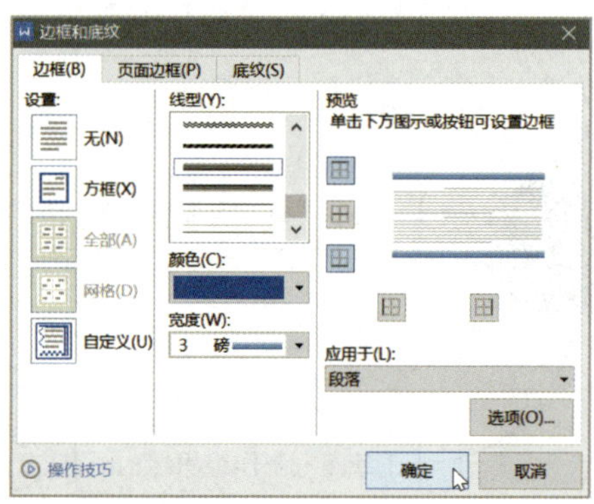

a）

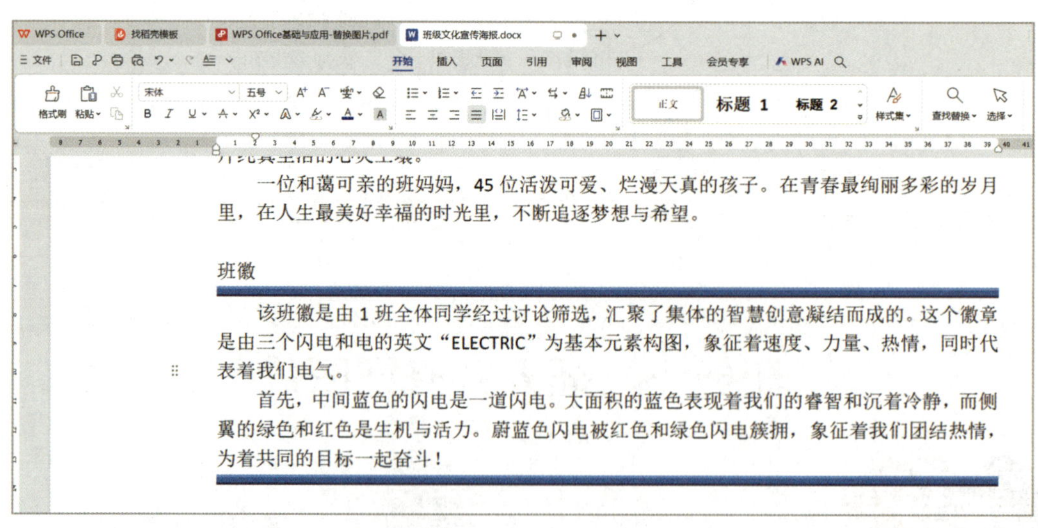

一位和蔼可亲的班妈妈，45 位活泼可爱、烂漫天真的孩子。在青春最绚丽多彩的岁月里，在人生最美好幸福的时光里，不断追逐梦想与希望。

班徽

该班徽是由 1 班全体同学经过讨论筛选，汇聚了集体的智慧创意凝结而成的。这个徽章是由三个闪电和电的英文“ELECTRIC”为基本元素构图，象征着速度、力量、热情，同时代表着我们电气。

首先，中间蓝色的闪电是一道闪电。大面积的蓝色表现着我们的睿智和沉着冷静，而侧翼的绿色和红色是生机与活力。蔚蓝色闪电被红色和绿色闪电簇拥，象征着我们团结热情，为着共同的目标一起奋斗！

b）

图 1-3-2　设置段落边框

a）“边框和底纹”对话框　b）完成后的效果

2. 设置文本和段落格式

选定班徽介绍内容“该班徽……一起奋斗！”；在“开始”选项卡下的“字体”功能组中设置“字体”为“楷体”，“字号”为“小四”，“字形”为“加粗”；单击“段落”功能组中的“对话框启动器”按钮，弹出“段落”对话框，将“行距”设置为“1.5 倍”，单击“确定”按钮，完成后的效果如图 1–3–3 所示。

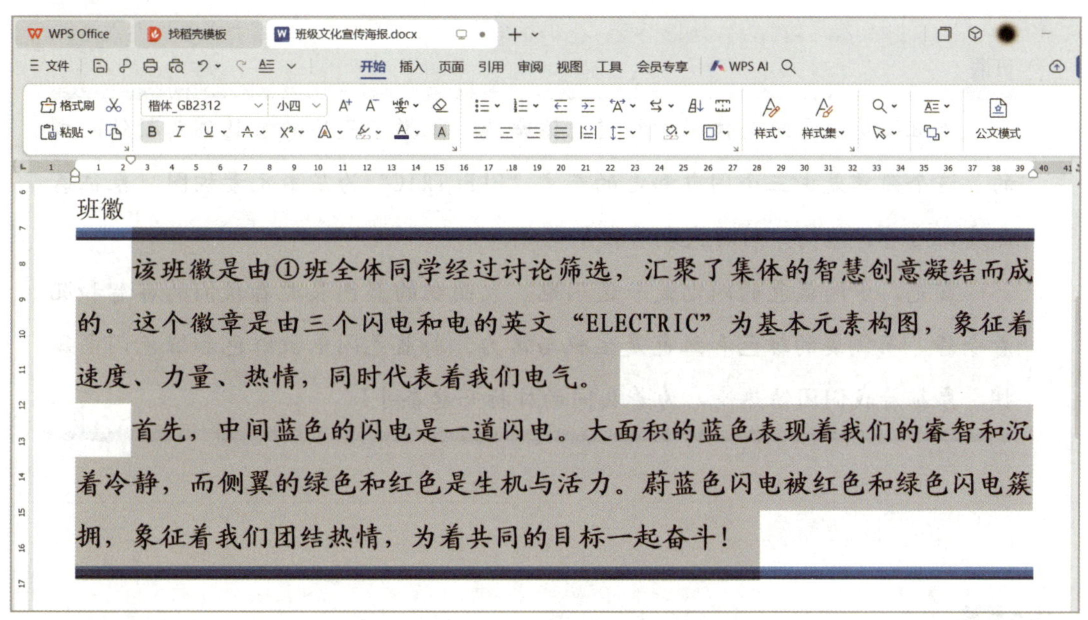

图 1–3–3　完成后的效果

二、插入图片

将光标插入点置于“该班徽……电气专业。”这一段中适宜的位置，在“插入”选项卡中，单击“图片”按钮，如图 1–3–4a 所示；选择“本地图片”选项后，弹出“插入图片”对话框，选择素材图片“班徽 .png”，单击“打开”按钮，如图 1–3–4b 所示。

三、修饰图片

1. 设置图片环绕方式

选定“班徽”图片，单击“图片工具”选项卡下的“环绕”下拉按钮，在下拉列表中选择“紧密型环绕”命令，如图 1–3–5a 所示；并将图片移动到该段文本的中间位置，设置效果如图 1–3–5b 所示。

2. 抠除图片背景色

选定“班徽”图片，在“图片工具”选项卡中单击“智能抠图”下拉按钮，在下拉列表中选择“设置透明色”命令，如图 1–3–6a 所示；当鼠标指针变成吸管形状“🖉”时，单击图片背景，抠除图片背景色，如图 1–3–6b 所示。

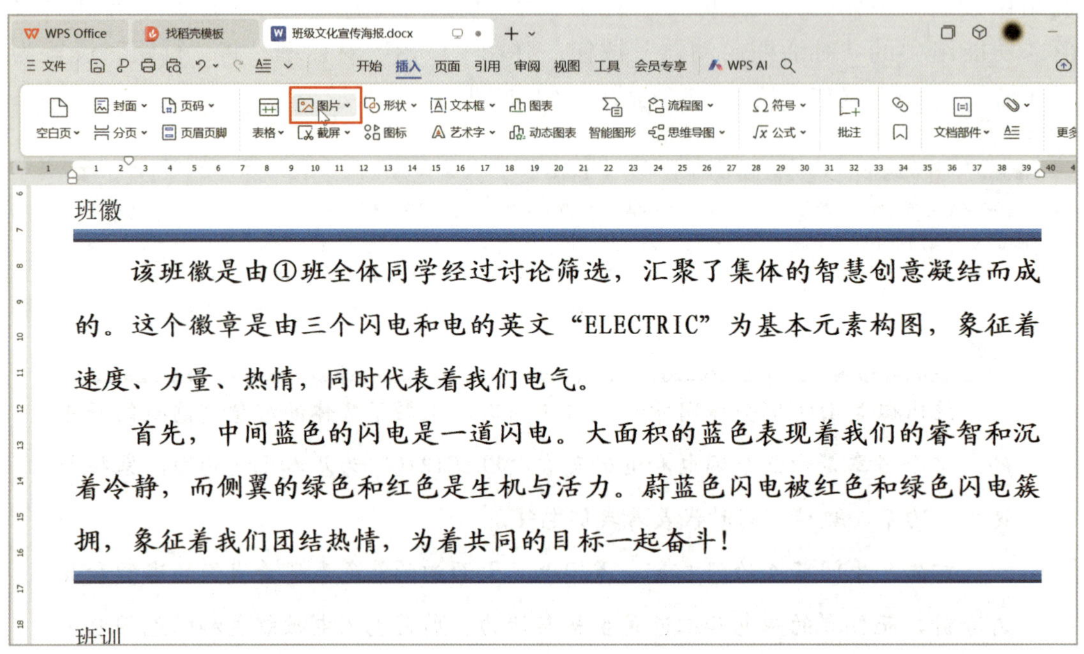

a）

b）

图 1–3–4　插入图片

a）单击“图片”按钮　b）“插入图片”对话框

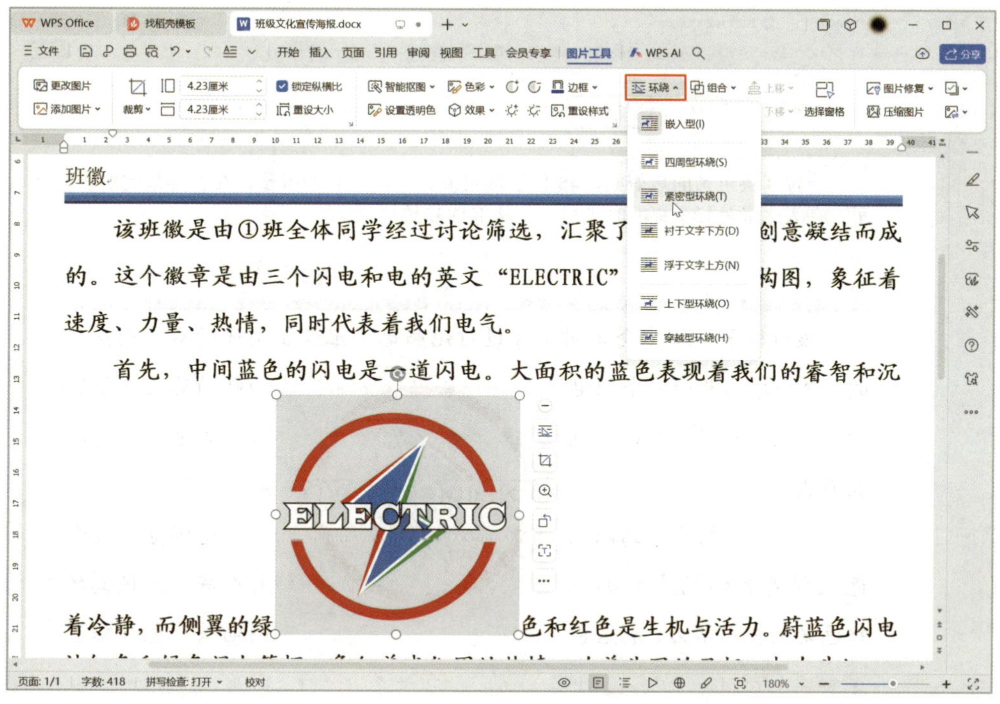

a）

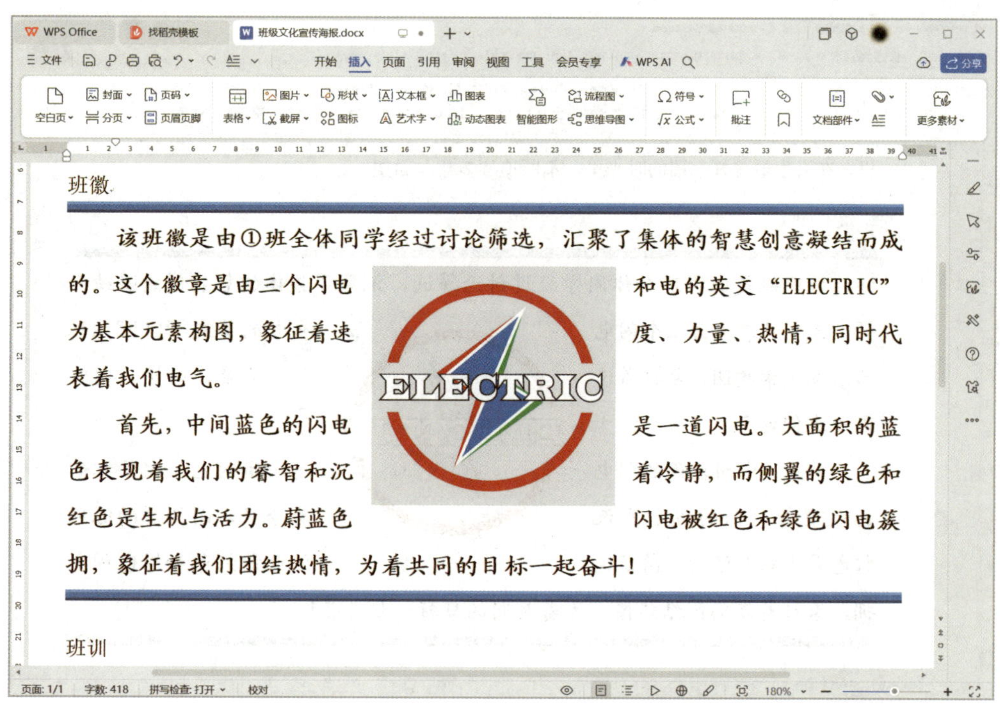

b）

图 1-3-5　设置图片环绕方式

a）选择“紧密型环绕”命令　b）设置效果

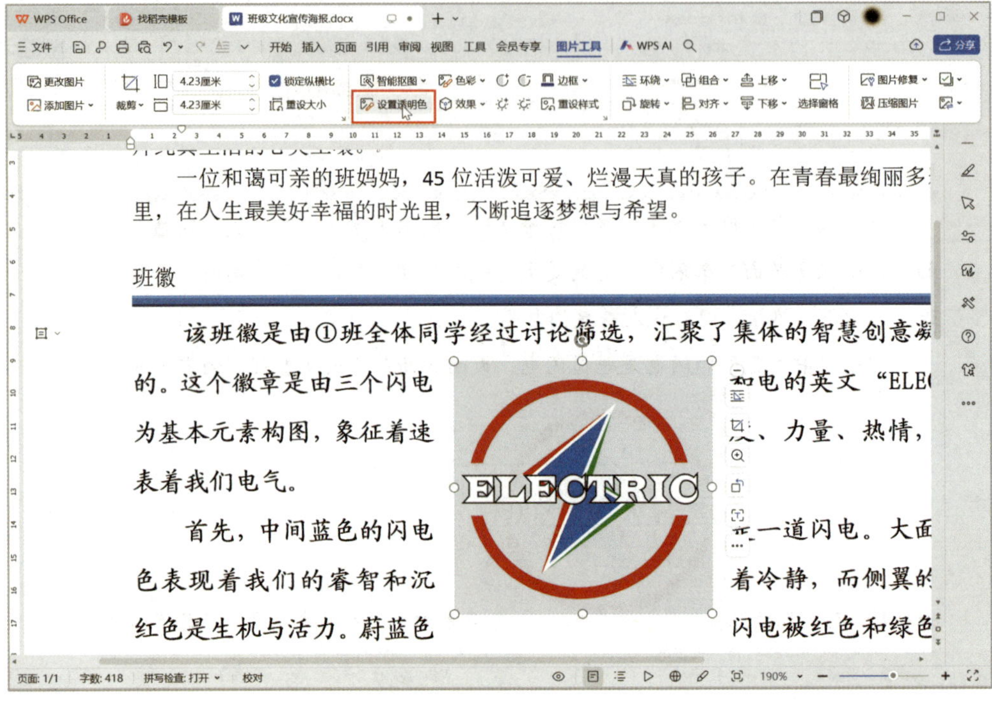

a）

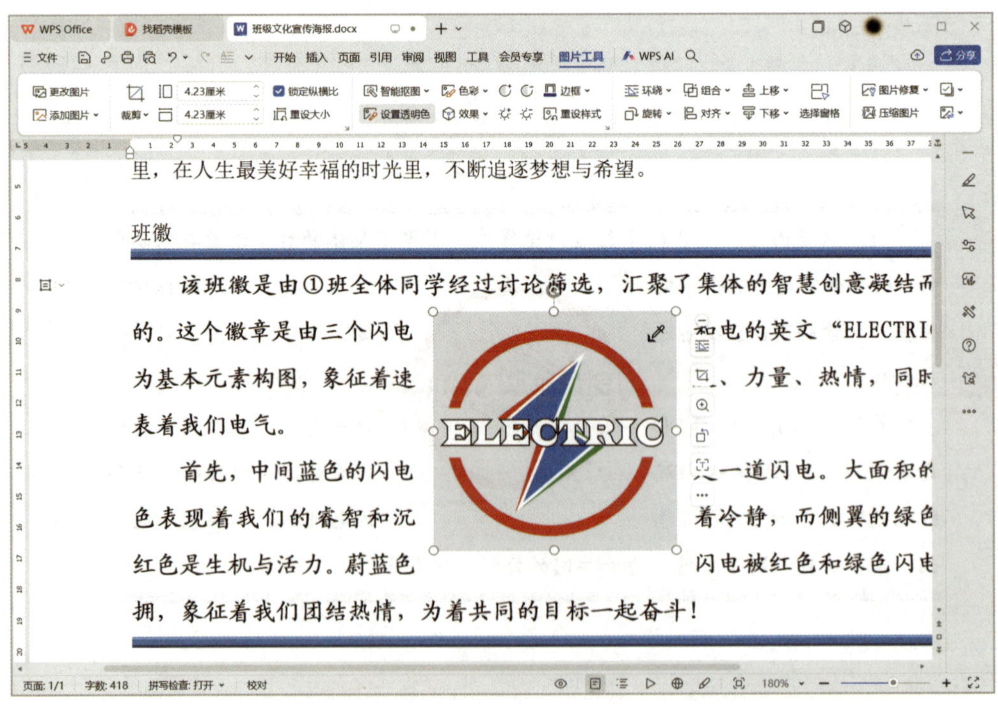

b）

图 1-3-6　抠除图片背景色

a）选择“设置透明色”命令　b）选取背景色

3. 插入并裁剪图片

按照相同的方法，在文档中插入素材图片“班级图 .png”，设置“图片环绕方式”为“紧密型环绕”；选定该图片，在“图片工具”选项卡中单击“裁剪”下拉按钮，在下拉列表中选择“正五边形”选项，如图 1–3–7a 所示；此时图片四周出现控制点，单击控制点并拖动到合适位置后按下键盘上的“Enter”键，图片被裁剪，完成后的效果如图 1–3–7b 所示。

4. 设置图片效果

选定“班级图”图片，单击图片上方的旋转图标“◉”，向右旋转大约 20°，如图 1–3–8a 所示；选定图片，在“图片工具”选项卡中单击“效果”下拉按钮，在下拉列表中用鼠标指针指向“柔化边缘”，在弹出的子菜单中选择“10 磅”命令，如图 1–3–8b 所示；选定图片，勾选“图片工具”选项卡下的“锁定纵横比”复选框，设置形状宽度为“6 厘米”，如图 1–3–8c 所示；完成后的效果如图 1–3–8d 所示。

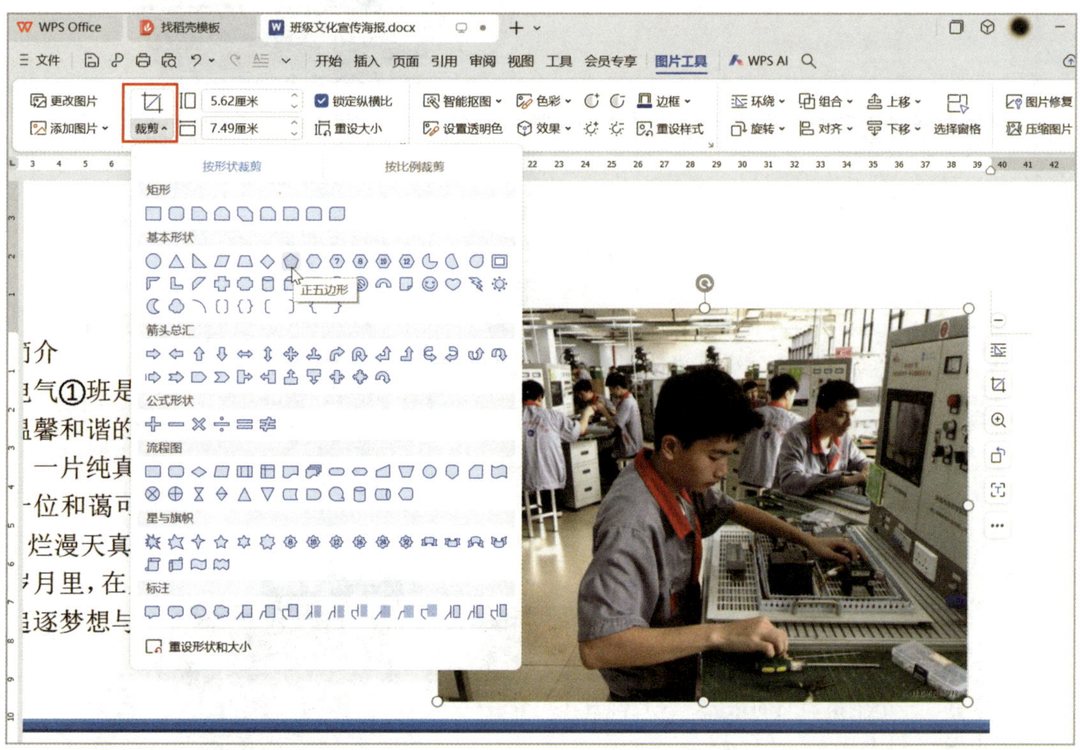

a）

b）

图 1-3-7　裁剪图片

a）选择“正五边形”选项　b）完成后的效果

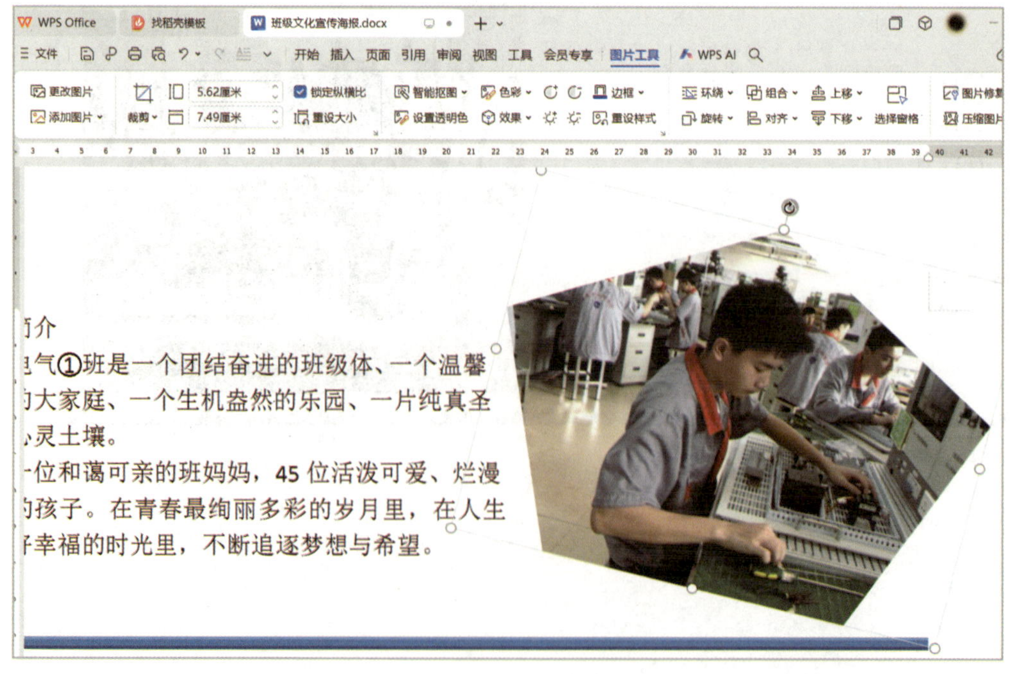

a）

WPS Office
找稻壳模板
班级文化宣传海报.docx
文件
开始 插入 页面 引用 审阅 视图 工具 会员专享 图片工具 WPS AI
更改图片
添加图片
裁剪
5.62厘米
7.49厘米
锁定纵横比
重设大小
智能抠图
设置透明色
色彩
效果
边框
重设样式
环绕
旋转
组合
对齐
上移
下移
选择窗格
图片修复
压缩图片
阴影(S)
倒影(R)
发光(G)
柔化边缘(E)
三维旋转(D)
更多设置(O)...
无柔化边缘
1 磅
2.5 磅
5 磅
10 磅
25 磅
50 磅
简介
电气①班是一个团结奋进的班级体、一个温馨
的大家庭、一个生机盎然的乐园、一片纯真圣
心灵土壤。
一位和蔼可亲的班妈妈，45 位活泼可爱、烂漫
的孩子。在青春最绚丽多彩的岁月里，在人生
好幸福的时光里，不断追逐梦想与希望。

b）

WPS Office
找稻壳模板
班级文化宣传海报.docx
文件
开始 插入 页面 引用 审阅 视图 工具 会员专享 图片工具 WPS AI
更改图片
添加图片
裁剪
4.50厘米
6.00厘米
锁定纵横比
重设大小
智能抠图
设置透明色
色彩
效果
边框
重设样式
环绕
旋转
组合
对齐
上移
下移
选择窗格
简介
电气①班是一个团结奋进的班级体、一个温馨和谐
家庭、一个生机盎然的乐园、一片纯真圣洁的心灵
一位和蔼可亲的班妈妈，45 位活泼可爱、烂漫天真的
在青春最绚丽多彩的岁月里，在人生最美好幸福的
里，不断追逐梦想与希望。

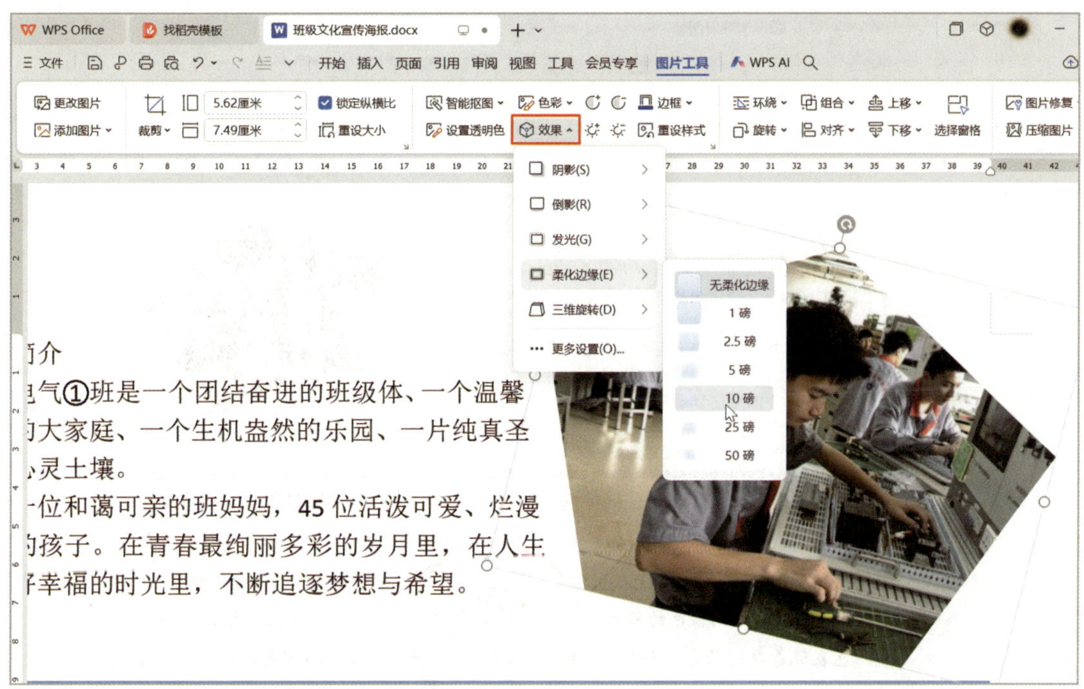

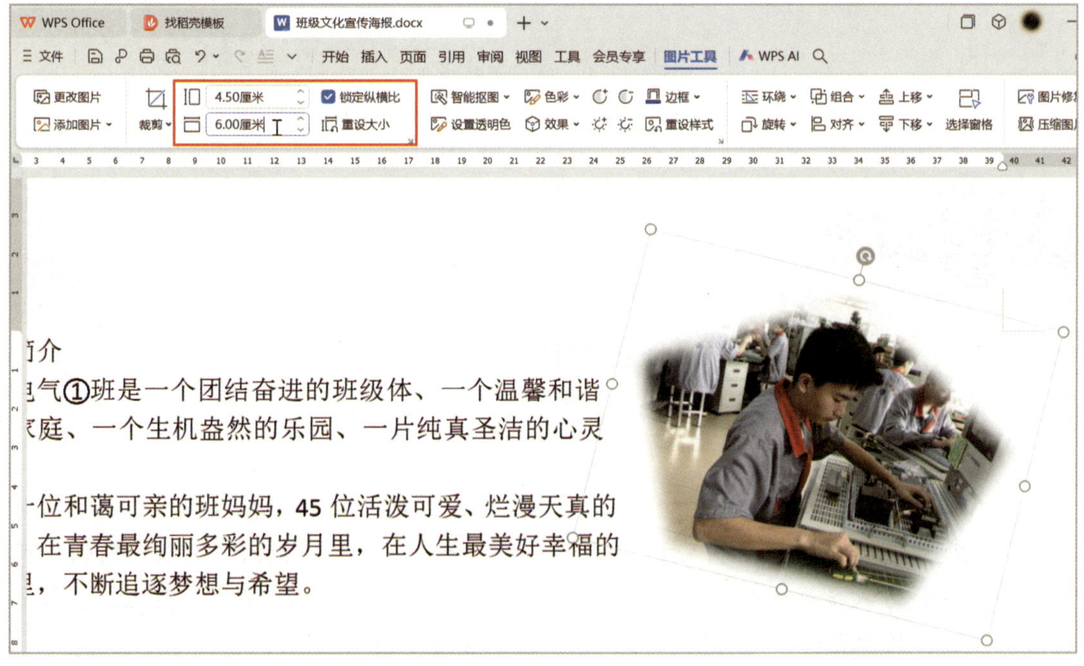

c）

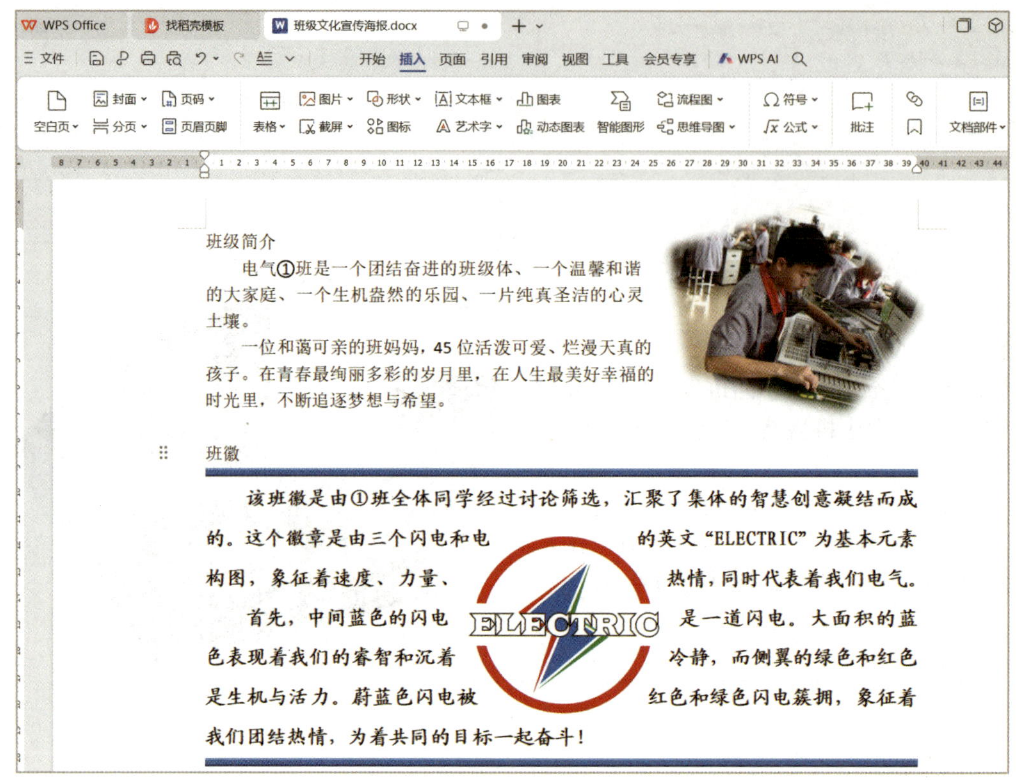

d）

图 1-3-8　设置图片效果

a）旋转　b）柔化边缘　c）调整大小　d）完成后的效果

图片的设置

1. 图片环绕方式

图片环绕方式是指文字在图片周围的排列方式，包括“嵌入型”“四周型环绕”“紧密型环绕”“衬于文字下方”“浮于文字上方”等 7 种。插入图片后，默认情况下的图片环绕方式是嵌入型。嵌入型图片在文档中不能被灵活地移动。因此，当需要灵活调整图片的位置时，可将图片的环绕方式设置为非嵌入型的环绕方式。

2. 设置图片效果

插入图片后，可为图片设置很多特殊效果，如为图片添加边框、阴影、倒影，设置发光、柔化边缘等效果。

任务二　设置艺术字

能够添加艺术字，并设置艺术字的效果。

一、插入艺术字

在“插入”选项卡中单击“艺术字”下拉按钮，在下拉列表中选择“填充 - 钢蓝，着色 5，轮廓 - 背景 1，清晰阴影 - 着色 5”预设样式，如图 1–3–9a 所示；弹出艺术字文本框，在文本框中录入内容“班级宣传海报”，完成后的效果如图 1–3–9b 所示。

二、设置艺术字文本效果

选定艺术字文本“班级宣传海报”，在“文本工具”选项卡中单击“效果”下拉按钮，在下拉列表中将鼠标指针指向“倒影”，在弹出的子菜单中选择“紧密倒影，接触”选项，如图 1–3–10a 所示。完成后的效果如图 1–3–10b 所示。

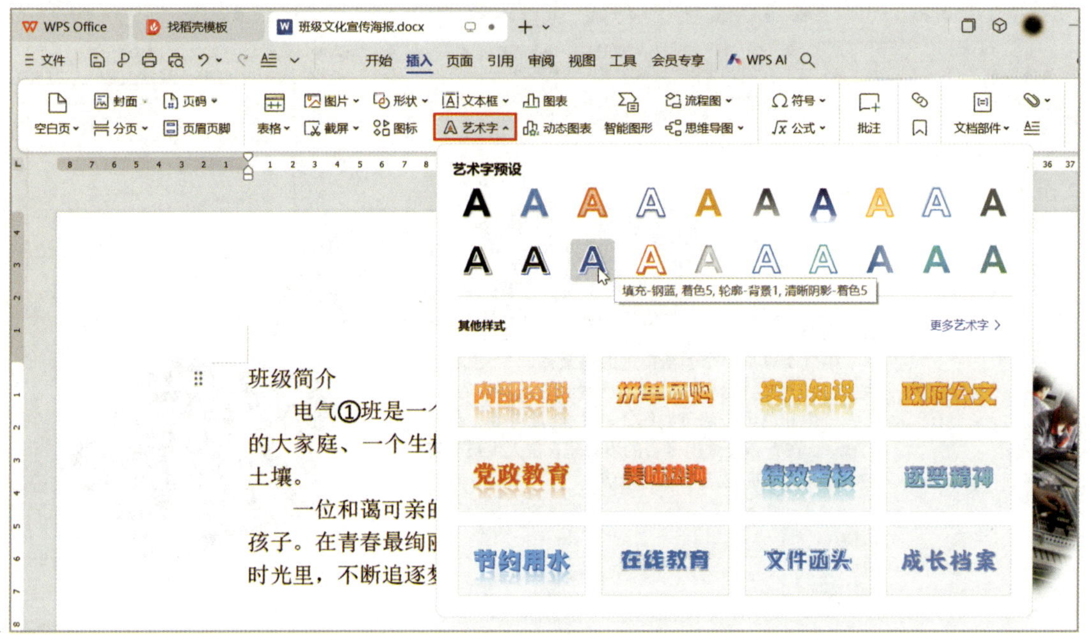

a）

b）

图 1-3-9　插入艺术字

a）单击“艺术字”下拉按钮　b）完成后的效果

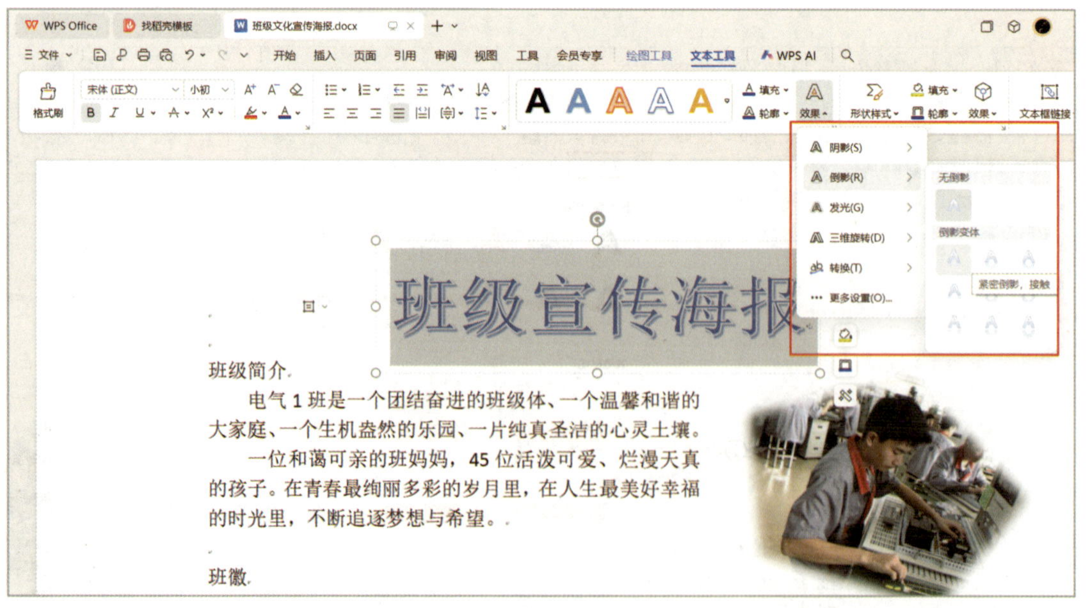

a）

b）

图 1-3-10　设置艺术字文本效果

a）选择“紧密倒影”选项　b）完成后的效果

艺术字设置

艺术字是 WPS 文字中具有特殊效果的字体，属于图形对象，可以设置艺术字的环绕方式、形状样式等效果，还可以对艺术字文本内容设置文本效果、字体和字号等。其操作方法与设置图形对象相同。

1. 设置艺术字样式

插入艺术字后，如对当前艺术字样式不满意可更改艺术字样式。方法是选定艺术字，选择“文本工具”选项卡下的艺术字预设样式框内的任意一种预设样式。

2. 设置艺术字形状属性

单击艺术字文本框右上角的相关按钮可对艺术字的形状属性进行设置，如“布局选项”按钮、艺术字“形状样式”按钮、艺术字“形状填充”按钮、艺术字形状轮廓按钮等。此外，也可选择“绘图工具”选项卡中的相关命令进行设置。

3. 设置艺术字文本效果

选定艺术字，在“绘图工具”选项卡中单击“效果”下拉按钮，然后根据需要在下拉列表中选择添加“阴影”“倒影”“发光”“柔化边缘”等效果对应的命令。

任务三　巧用文本框与形状图形

能够使用形状图形和文本框对文档进行排版。

一、插入文本框并录入文本

在“插入”选项卡中单击“文本框”下拉按钮，在下拉列表中选择“横向”命令，如图 1-3-11a 所示；鼠标指针变成“十”形状后，在合适的位置按住鼠标左键进行拖动，松开鼠标后即可创建出一个文本框；在文本框中录入内容“班级简介”，设置其“字体”为“楷体”，“字号”为“一号”，“字形”为“加粗”，完成后的效果如图 1-3-11b 所示。

二、设置文本框格式

1. 设置文本框填充色和轮廓

选定“班级简介”文本框，在“绘图工具”选项卡中单击“填充”下拉按钮，在下拉列表中选择“无填充颜色”命令，如图 1-3-12a 所示；单击“轮廓”下拉按钮，在下拉列表中选择“无边框颜色”命令，如图 1-3-12b 所示。

a）

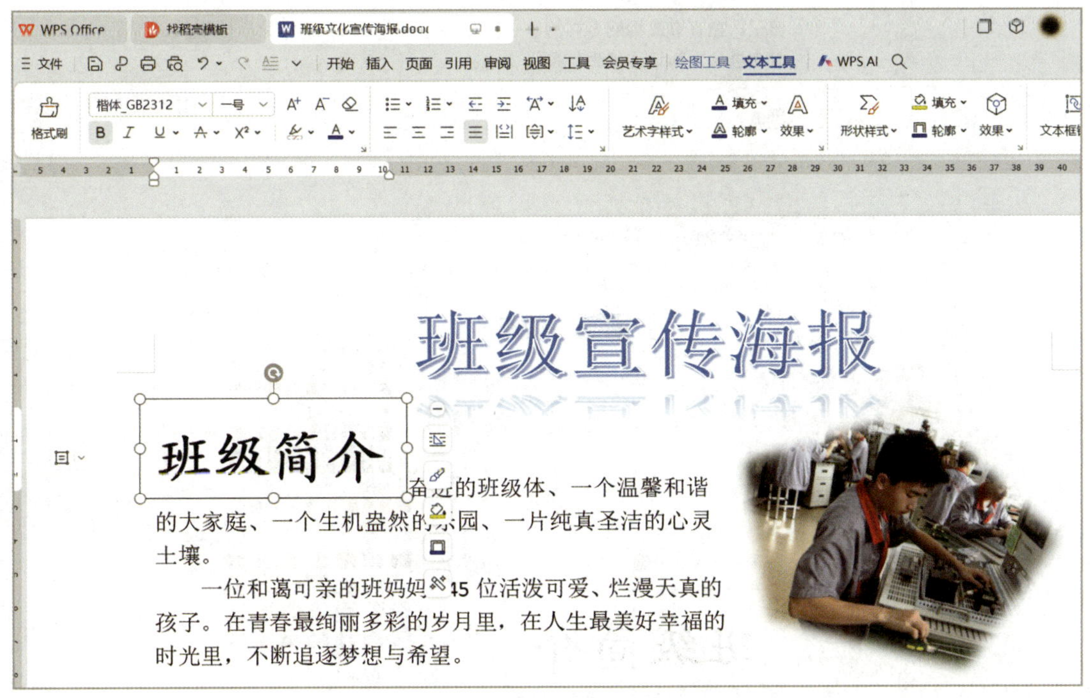

b）

图 1-3-11　插入文本框并录入文本

a）选择“横向”命令　b）完成后的效果

2. 复制文本框

选定“班级简介”文本框，按住 Ctrl 键并用鼠标拖动至目标位置后释放，完成文本框的复制，如图 1-3-13a 所示；在文本框中将文本修改为“班徽”；将“班徽”文本框移至合适的位置，如图 1-3-13b 所示。

a）

b）

图 1-3-12 设置填充色和轮廓

a）单击“填充”下拉按钮 b）单击“轮廓”下拉按钮

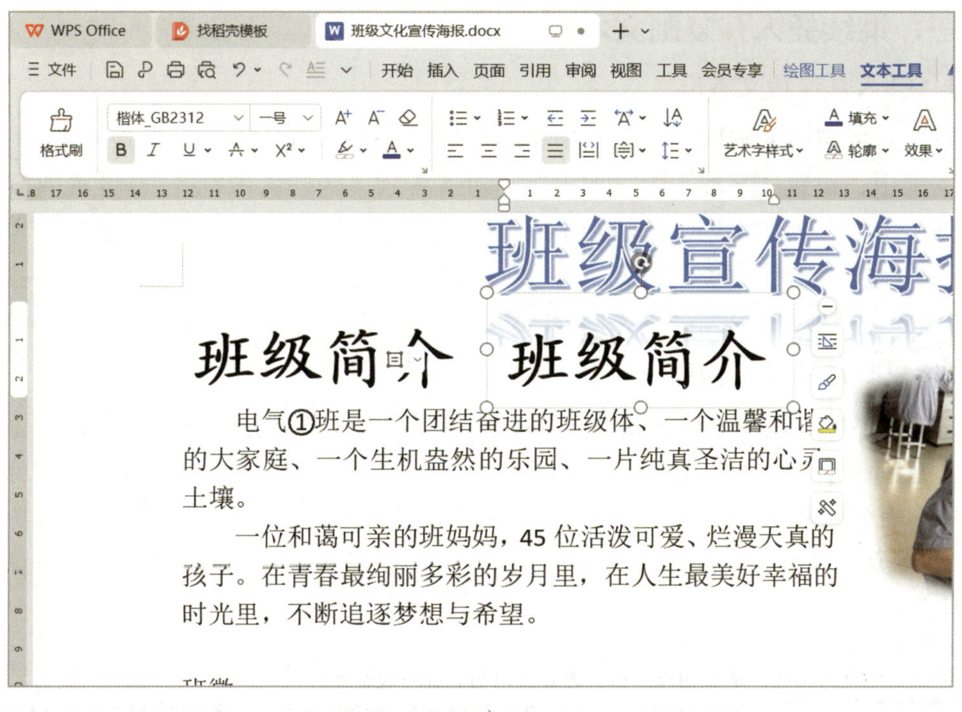

a）

b）

图 1-3-13　复制文本框

a）通过拖动复制文本框　b）修改文字并调整文本框的位置

三、继续插入并复制文本框

1. 插入并设置文本框

插入一个横向文本框，将文档中文本内容“班训　奋斗不止，自强不息。”剪切至文本框中，设置“字形”为“加粗”，“对齐方式”为“居中对齐”；设置内容“班训”的“字号”为“小四”；设置内容“奋斗不止，自强不息。”的“字号”为“五号”，文本框“填充”为“无填充颜色”，“轮廓”为“无边框颜色”，如图 1-3-14a 所示。

2. 复制并设置文本框

选定文本框，按住 Ctrl+Shift 组合键并用鼠标沿水平方向拖动文本框至目标位置后释放，复制一个文本框；用同样方法再复制一个文本框；将文档中文本内容“班级目标：眼中有光，心中有爱，快乐成长。”和“班级口号　我努力，我进步，我成功，我快乐。”分别粘贴至文本框中，并按照相同方法设置其文本格式和段落格式，设置效果如图 1-3-14b 所示。

我们团结热情，为着共同的目标
班训
奋斗不止，自强不息。
班级目标
眼中有光，心中有爱，快乐成长。

a）

我们团结热情，为着共同的目标一起奋斗！
班训
奋斗不止，自强不息。
班级目标
眼中有光，心中有爱，快乐成长。
班级口号
我努力，我进步，
我成功，我快乐。

b）

图 1-3-14　复制并设置文本框
a）插入并设置文本框　b）设置效果

四、继续绘制形状图形

1. 绘制形状图形

在“插入”选项卡中单击“形状”下拉按钮，在下拉列表中选择“对角圆角矩形”选项，如图 1-3-15a 所示，绘制一个“对角圆角矩形”图形；将文本内容“电气①班是……梦想与希望。”剪切至对角圆角矩形中，设置其文本的“字体”为“微软雅黑”，“字号”为“小四”，“行距”为“固定值 20 磅”，并调整图形大小，设置效果如图 1-3-15b 所示。

2. 绘制其他形状图形

按照相同的方法，绘制一个“剪去对角的矩形”，如图 1-3-16a 所示；将文档文本内容“班主任寄语……有用的人才。”剪切至“剪去对角的矩形”中；设置其文本的“字体”为“楷体”，“字号”为“小四”，设置效果如图 1-3-16b 所示。

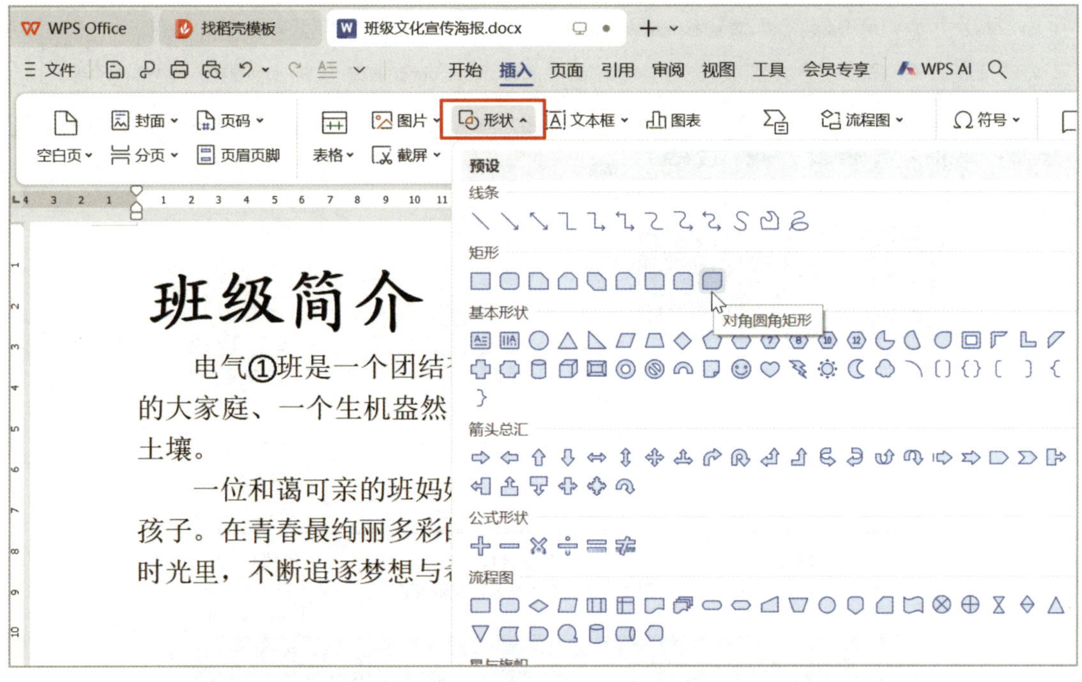

a）

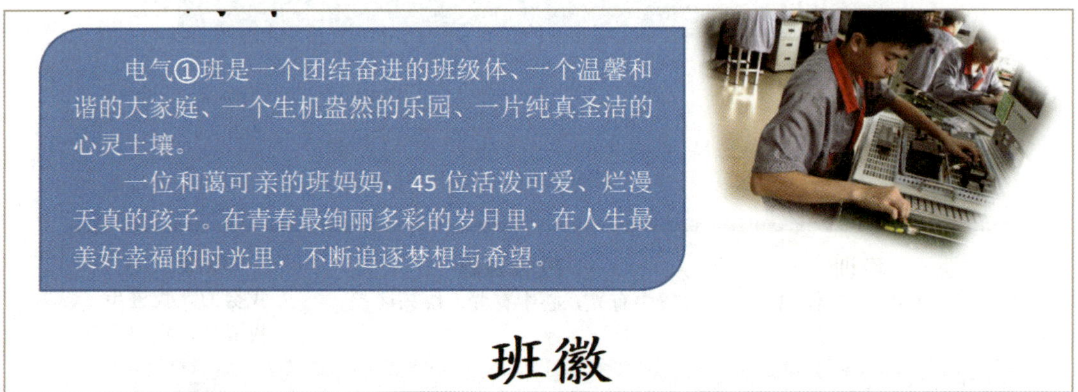

b）

图 1-3-15　绘制“对角圆角矩形”形状图形

a）选择“对角圆角矩形”选项　b）设置效果

3. 绘制直线

在“插入”选项卡中单击“形状”下拉按钮，在下拉列表中选择“直线”选项，按住 Shift 键拖动鼠标指针绘制一条垂直的直线，如图 1-3-17a 所示；选中该直线，按住 Ctrl+Shift 组合键并用鼠标沿水平方向拖动至目标位置，复制出另一条垂直的直线，如图 1-3-17b 所示。

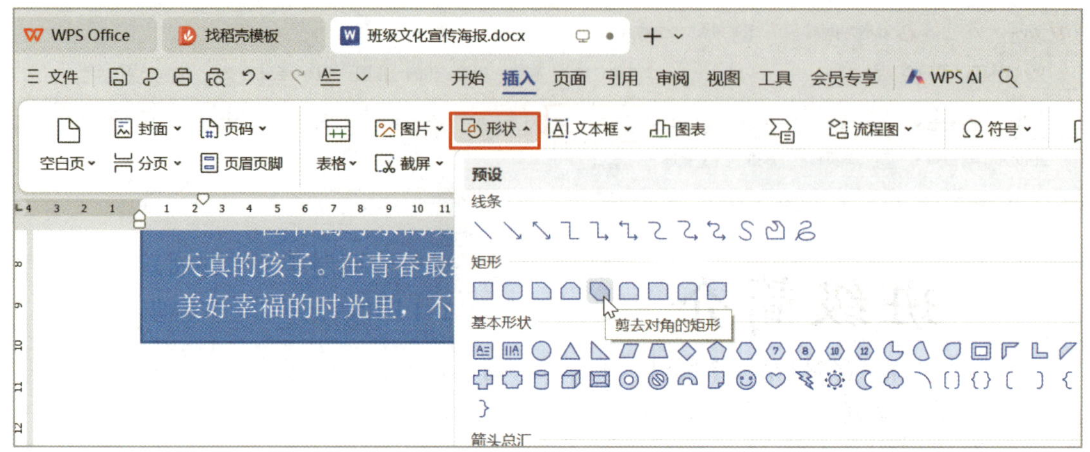

a）

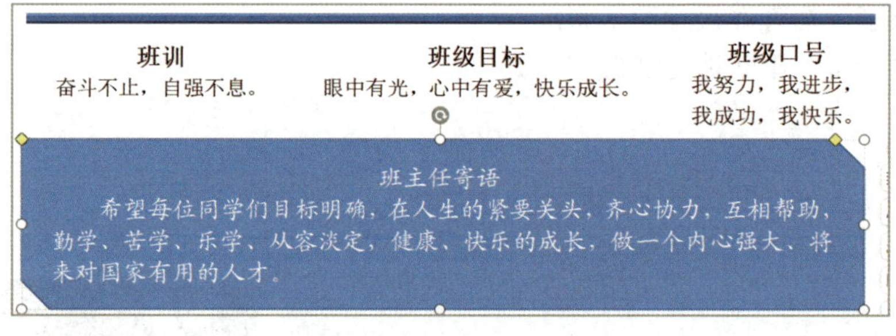

b）

图 1-3-16　绘制“剪去对角的矩形”形状图形
a）选择“剪去对角的矩形”选项　b）设置效果

班训
奋斗不止，自强不息。
班级目标
眼中有光，心中有爱，快乐成长。
班级口号
我努力，我进步，
我成功，我快乐。

a）

我们团结热情，为着共同的目标一起奋斗！
班训
奋斗不止，自强不息。
班级目标
眼中有光，心中有爱，快乐成长。
班级口号
我努力，我进步，
我成功，我快乐。

b）

图 1-3-17　绘制“直线”
a）绘制直线　b）复制直线

特殊图形的绘制和美化设置

WPS 文字提供了多种形状图形，如线条、矩形、基本形状、箭头等，使用这些图形可制作出各种各样的形状图形，如流程图、指示牌等。

在绘制图形时，配合 Shift 键可绘制出特殊图形，如正方形或圆形；配合 Ctrl 键可在任意位置快速复制图形；配合 Ctrl+Shift 组合键可在水平或垂直方向复制图形。

绘制图形后，可对图形的样式进行美化，如设置边框、底纹和阴影等效果，还可以使用预设样式美化图形，其操作方法可参考设置艺术字、图片效果的方法。

任务四　制作组织结构图

能够使用智能图形绘制组织结构图。

一、插入智能图形

将光标插入点置于合适的位置，在“插入”选项卡中单击“智能图形”按钮，弹出“智能图形”对话框，选择“SmartArt”选项卡中“层次结构”栏的“组织结构图”选项，如图 1-3-18a 所示；光标插入点处插入一个空白的“组织结构图”模板，设置效果如图 1-3-18b 所示。

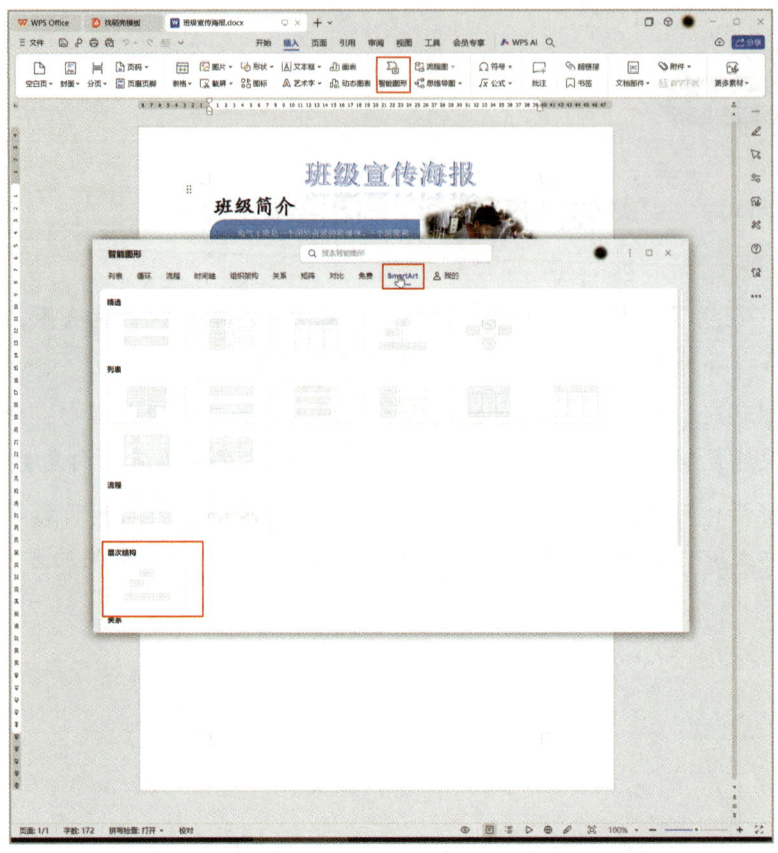

a）

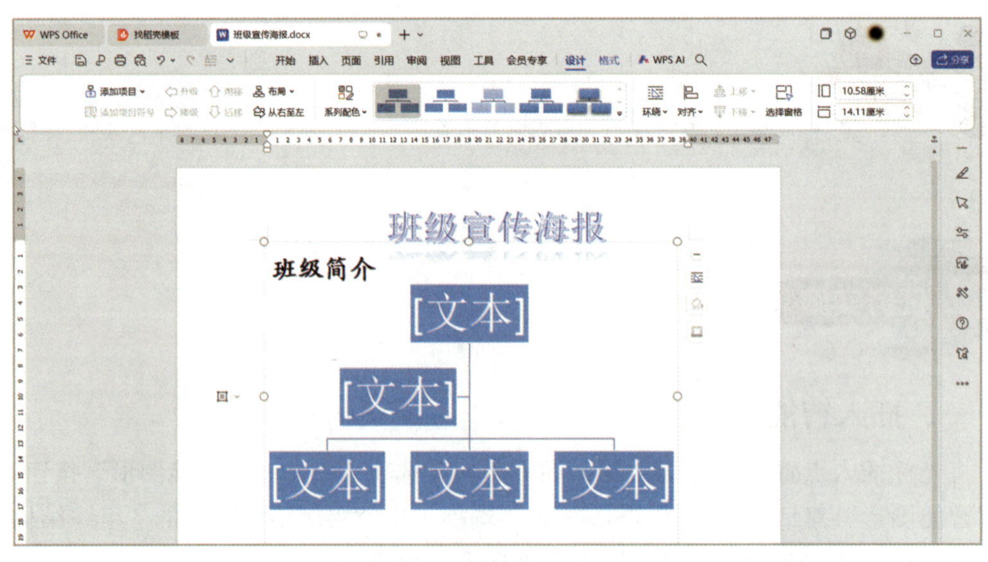

b）

图 1-3-18　插入“组织结构图”模板

a）选择“组织结构图”选项　b）插入后的效果

二、编辑智能图形

1. 删除项目

单击“组织结构图”图形中第二行左边项目，按 Delete 键将其删除，采用相同的方法，将第三行第二个项目删除，删除后的效果如图 1-3-19 所示。

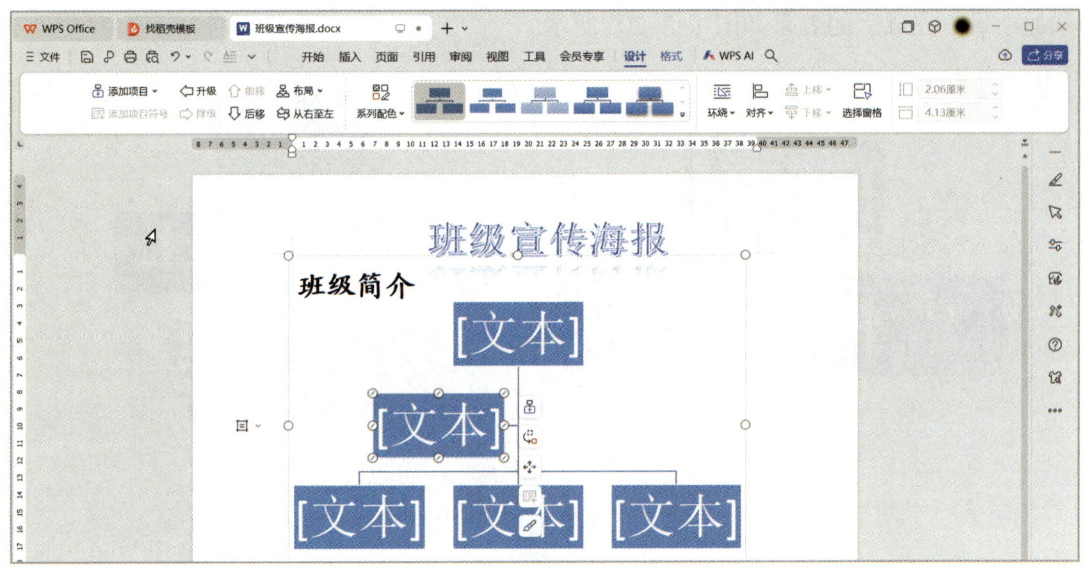

a）

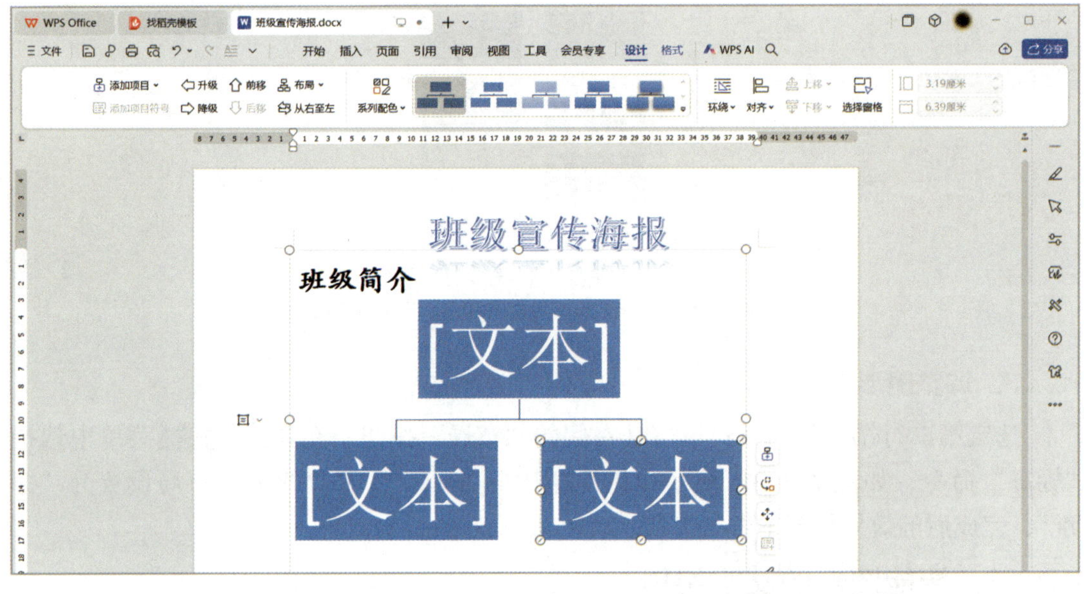

b）

图 1-3-19　删除“组织结构图”中的项目

a）选中图形　b）删除后的效果

2. 添加项目

选定“组织结构图”中第二行第 1 个项目，单击其右侧的“添加项目”按钮；在弹出的快捷菜单中选择“在下方添加项目”命令，添加一个下级项目，如图 1-3-20a 所示；选定新添加的项目，单击“添加项目”按钮，在弹出的快捷菜单中选择“在后面添加项目”命令，添加一个同级项目，如图 1-3-20b 所示；按照相同的方法，继续添加项目，完成后的效果如图 1-3-20c 所示。

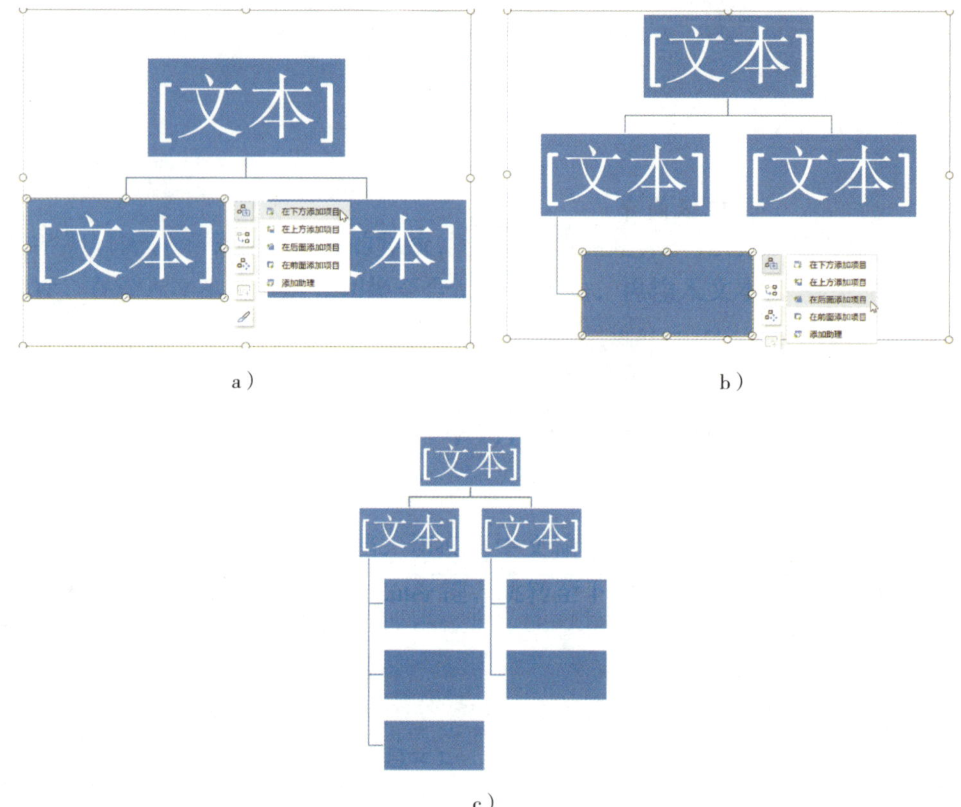

图 1-3-20 添加“组织结构图”中的项目

a）添加下级项目 b）添加同级项目 c）完成后的效果

3. 调整图形布局

选定第二行第 1 个项目；单击其右侧的“布局”按钮，在弹出的快捷菜单中选择“标准”命令，如图 1-3-21a 所示；按照相同的方法，将右边的项目布局设置为“标准”，完成后的效果如图 1-3-21b 所示。

三、智能图形的文字编辑

选定第一行的项目，录入内容“班主任”；按照相同的方法，录入其他项目内容，如图 1-3-22 所示。

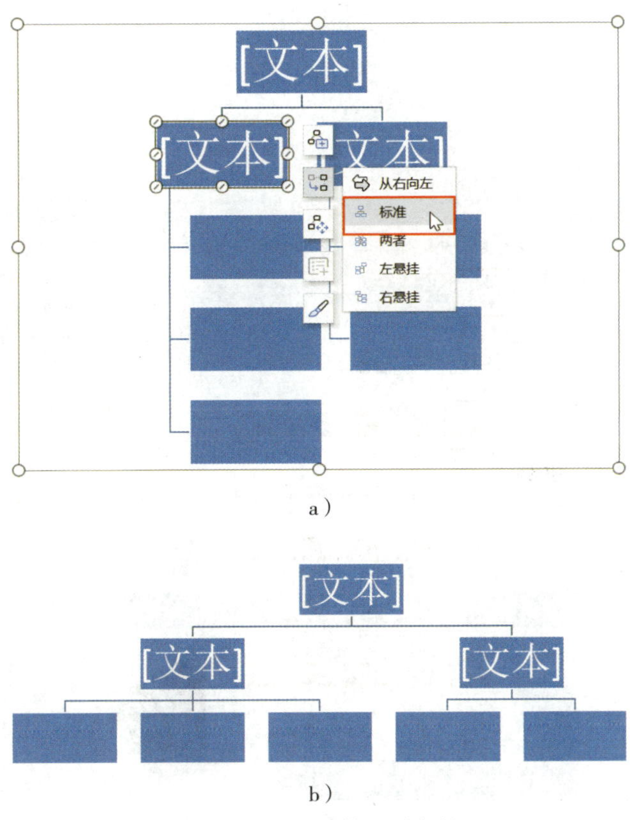

a）

[文本]

[文本]　[文本]

b）

图 1-3-21　调整图形布局

a）选择“标准”命令　b）完成后的效果

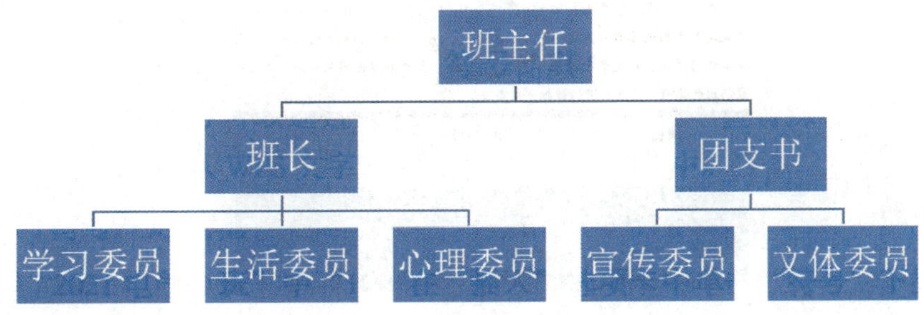

图 1-3-22　在项目内录入内容

四、美化智能图形

选定智能图形，在“设计”选项卡中单击“系列配色”下拉按钮，在下拉列表中选择“彩色”中的第 1 个选项，如图 1-3-23a 所示；将智能图形的“环绕方式”设置为“上下型环绕”，如图 1-3-23b 所示；并将组织结构图移至文档靠上的位置，完成后的效果如图 1-3-23c 所示。

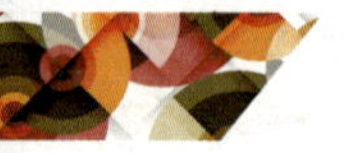

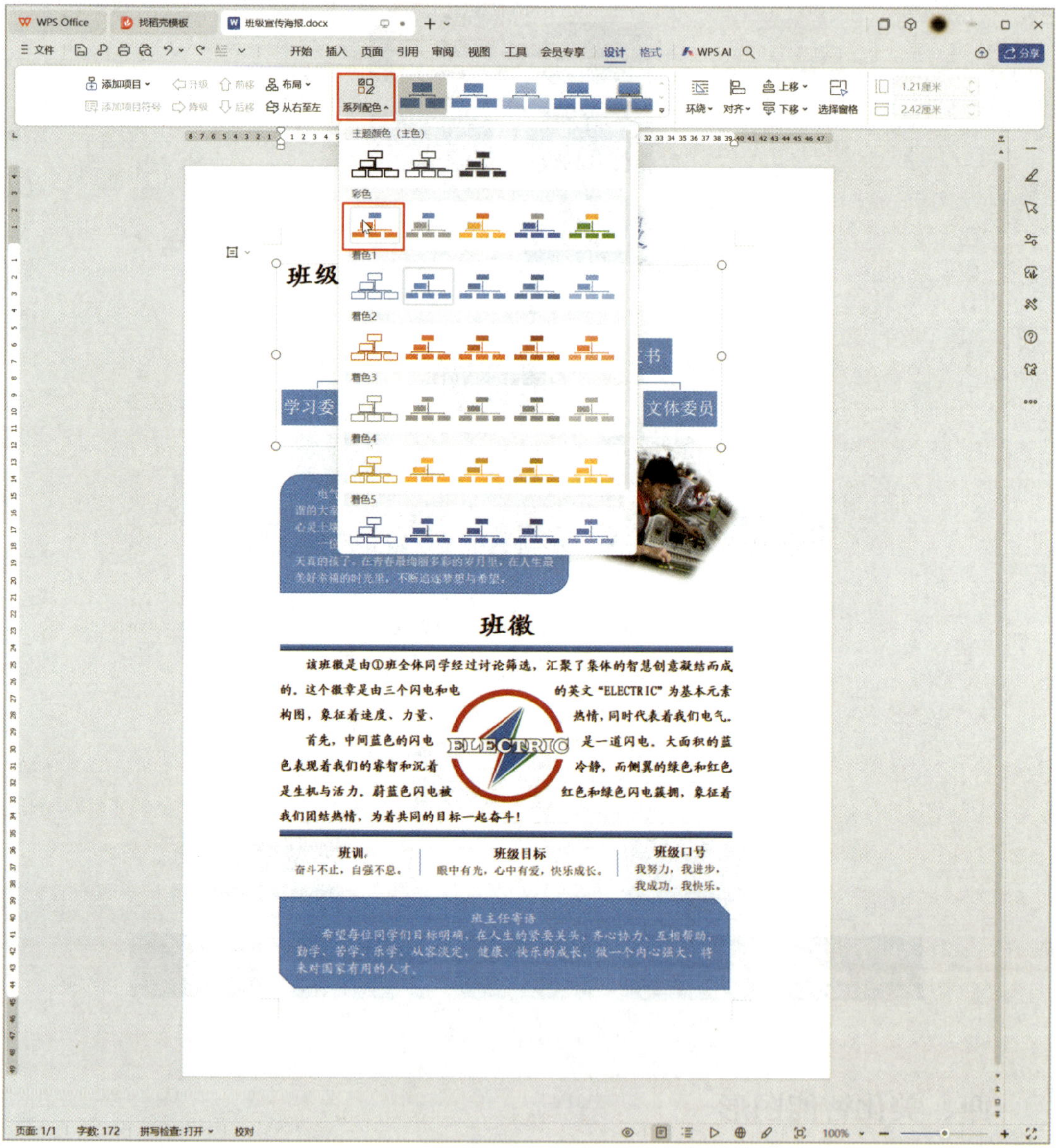
WPS Office
找稻壳模板
班级宣传海报.docx
文件
开始
插入
页面
引用
审阅
视图
工具
会员专享
设计
格式
WPS AI
分享
添加项目
布局
从右至左
系列配色
环绕
对齐
上移
下移
选择窗格
主题颜色（主色）
彩色
着色1
着色2
着色3
着色4
着色5
班徽
班训
奋斗不止，自强不息。
班级目标
眼中有光，心中有爱，快乐成长。
班级口号
我努力，我进步，我成功，我快乐。
页面: 1/1
字数: 172
拼写检查: 打开
校对
100%

a）

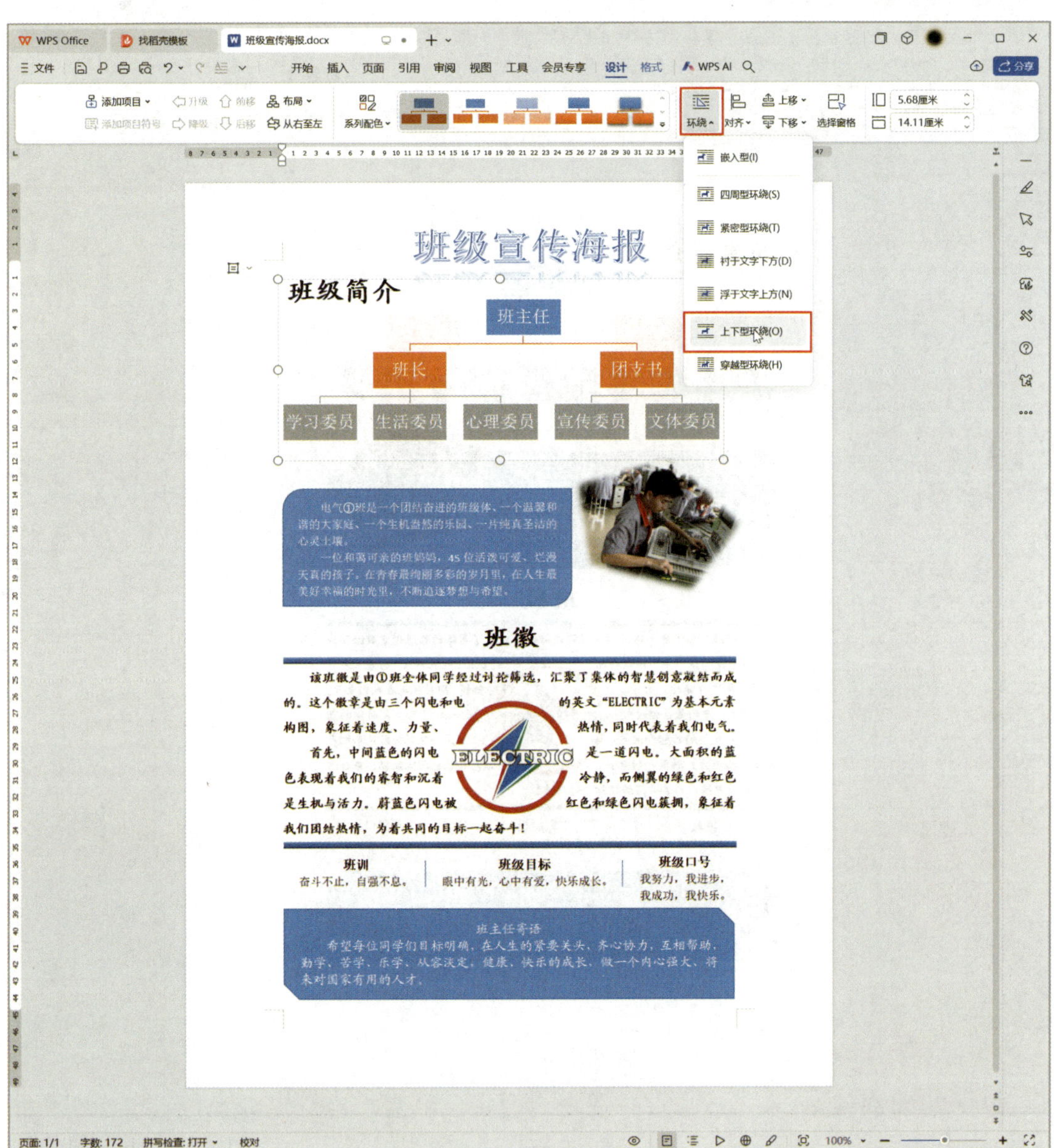

b）

c）

图 1-3-23　美化智能图形

a）更改颜色　b）设置环绕方式　c）完成后的效果

任务五 美化海报

能够对海报进行美化。

一、设置文档背景颜色

在“页面”选项卡中单击“背景”下拉按钮；将鼠标指针指向下拉列表中的“其他背景”，在弹出的子菜单中选择“图案”命令，弹出“填充效果”对话框，选择“浅色上对角线”图案，将“前景色”设置为“矢车菊蓝，着色 1，浅色 80%”，如图 1-3-24a 所示，单击“确定”按钮，完成后的效果如图 1-3-24b 所示。

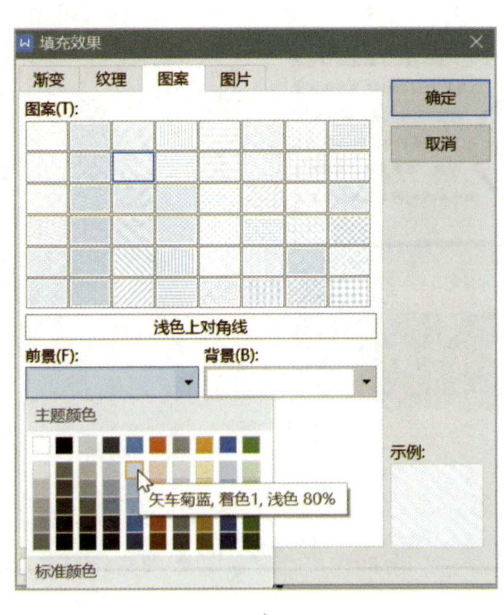

a）

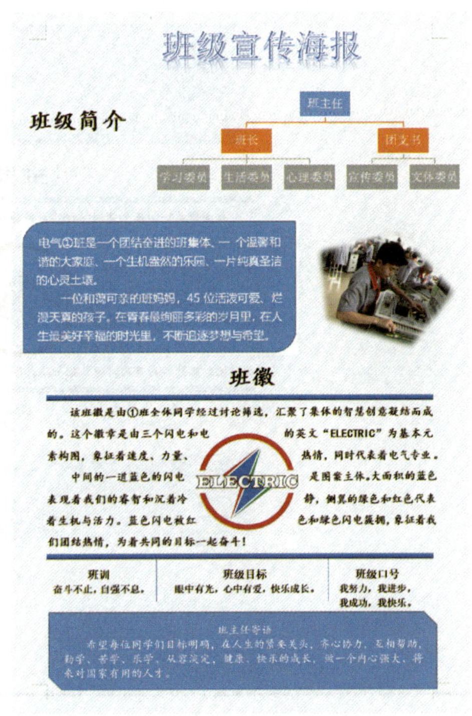

b）

图 1-3-24 设置文档背景色

a）“填充效果”对话框 b）完成后的效果

二、添加形状图形

在文档中绘制一个“星与旗帜”中的“波形”形状图形；选定“波形”图形，在“绘图工具”选项卡中单击“下移一层”下拉按钮，在下拉列表中选择“置于底层”命令，如图 1-3-25a 所示；设置其“填充”为“无填充颜色”，“轮廓”为“线型”的“3 磅”，完成后的效果如图 1-3-25b 所示。

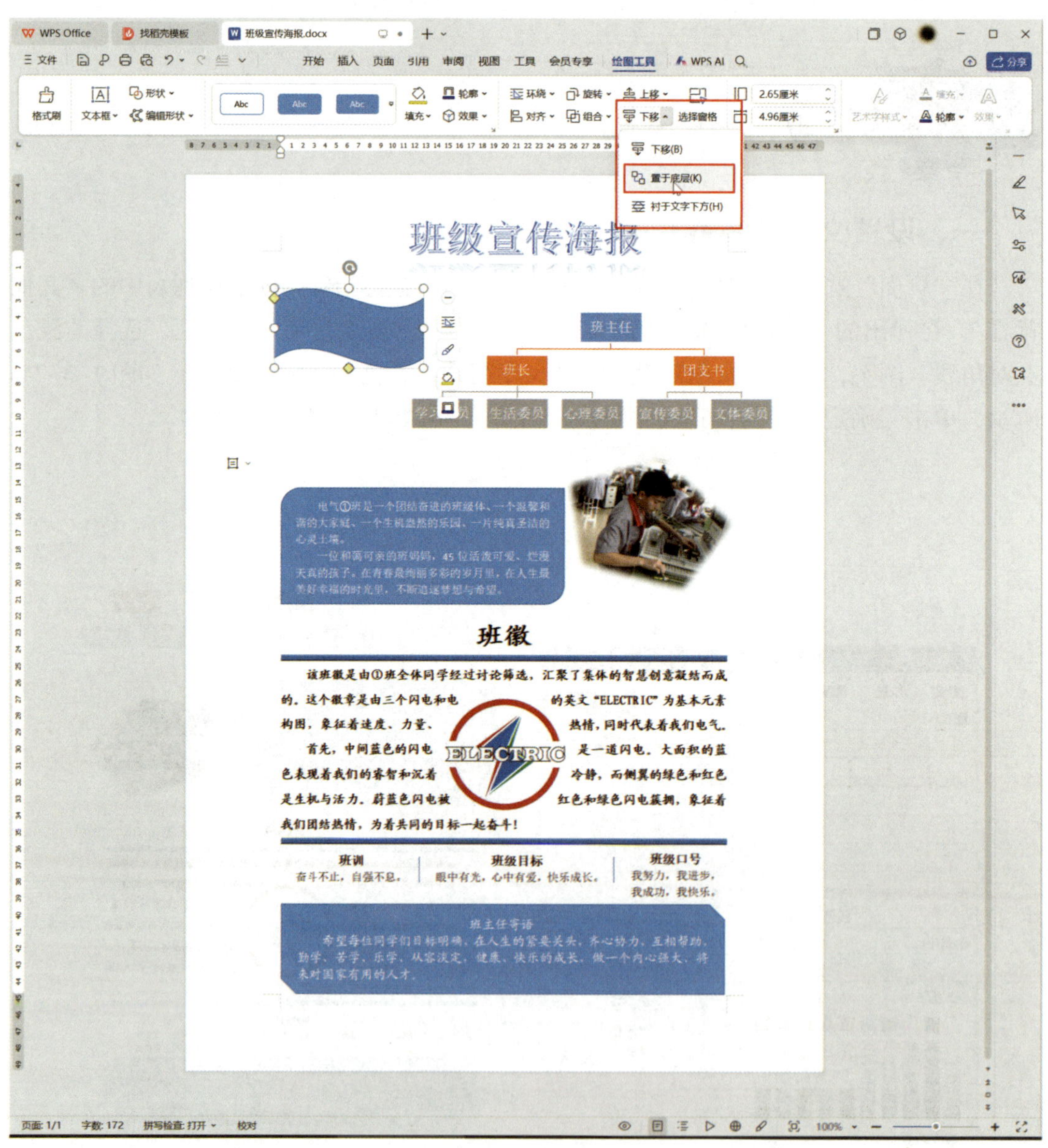

a）

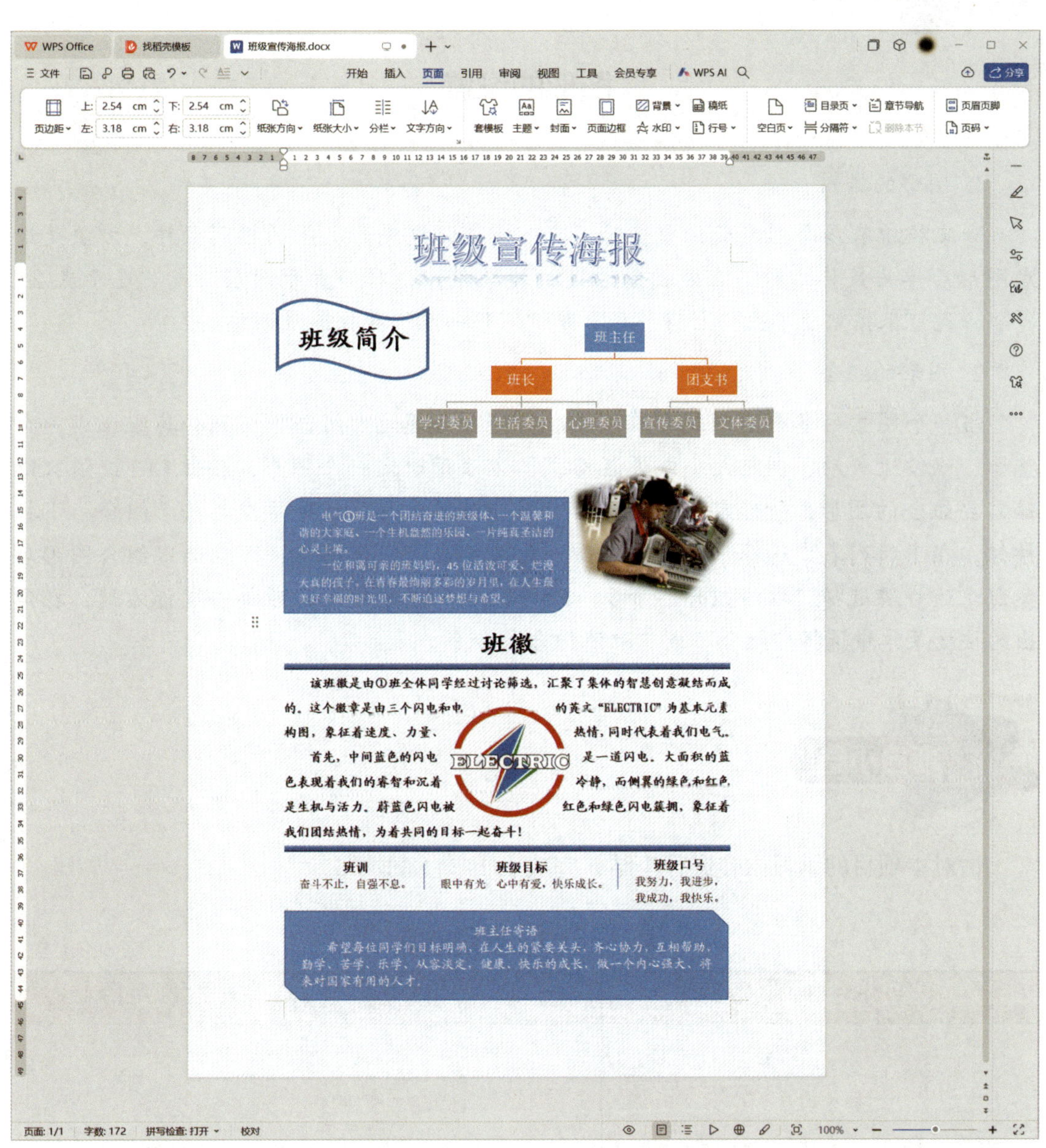

b）

图 1-3-25 绘制“波形”图形并调整其图形层次

a）选择“置于底层”命令 b）完成后的效果

图形的设置

1. 图形的排列

如文档中有多个图形交错重叠时，有时需要调整图形之间的排列顺序，方法是选定图形后单击鼠标右键，在弹出的右键快捷菜单中选择“置于顶层”或“置于底层”命令，也可根据需要单击“上移一层”或“下移一层”按钮逐层调整。

2. 图形的组合

当一个图案由多个图形或文本框组成时，可以通过“组合”功能将其组合成一个整体，以便于移动、调整大小或设置格式，方法是选定一个图形，按住 Ctrl 键依次选择需要组合的图形，待选定所有图形后，在“绘图工具”选项卡中单击“组合”下拉按钮，在下拉列表中选择“组合”命令。如果要取消组合图形，可在选定组合图形后参照上述步骤选择“取消组合”命令。此外，还可在选定图形后单击鼠标右键，在弹出的快捷菜单中选择“组合”或“取消组合”命令。

请对本项目的学习内容进行小结，完成表 1–3–1 的填写。

表 1–3–1　项目小结

目标	操作方法
插入图片	
编辑图片	

续表

<table>
<tr><th colspan="2">目标</th><th>操作方法</th></tr>
<tr><td colspan="2">插入艺术字</td><td></td></tr>
<tr><td colspan="2">插入文本框</td><td></td></tr>
<tr><td colspan="2">插入形状图形</td><td></td></tr>
<tr><td colspan="2" rowspan="2">编辑艺术字、文本框、形状图形</td><td></td></tr>
<tr><td></td></tr>
<tr><td colspan="2">插入智能图形</td><td></td></tr>
<tr><td rowspan="3">编辑
智能图形</td><td></td><td></td></tr>
<tr><td></td><td></td></tr>
<tr><td></td><td></td></tr>
</table>

项目四
制作学生会报名表——WPS 文字表格的制作

工作与生活中会用到各种表格，如简历表、报名表、登记表等。在 WPS 文字排版中，使用表格可以更直观地展现数据信息，也可以使版面更加美观。本项目主要介绍使用 WPS 文字创建表格、在表格中录入内容、编辑表格及美化表格等知识。

◆创建表格
◆在表格中录入内容
◆编辑表格
◆美化表格
◆使用公式计算表格数据
◆排序表格数据

郭星泽同学顺利竞选上了学生会生活部部长。学生会将要开展招新工作，郭星泽便开始制作学生会报名表，首先构思其内容和布局，然后使用 WPS 文字制作报名表，最后对报名同学的面试成绩进行简单的计算和排序。

“学生会报名表”效果图如图 1-4-1 所示。

使用 WPS 文字制作报名表，首先要创建表格，再根据表格的整体框架对单元格进

学生会报名表

个人信息	姓名		性别		照片
	籍贯		年龄		
	政治面貌		班级		
	身份证号				
联系方式	手机		E-mail		
报名意向	秘书部□　纪检部□　学习部□ 宣传部□　文体部□　生活部□ 第二意向：______				
个人简介	（必填）				
获奖情况					
竞选宣言					
我保证所提交资料的真实性和准确性。若提交的信息不真实或不准确，本人对此承担一切责任。 承诺人（签名）：　　　年　月　日					
成绩	演讲成绩	答辩成绩	总分	是否录取	
				是□　否□	

图 1-4-1　“学生会报名表”效果图

行合并、拆分等操作，然后在录入文字过程中对表格进行细调，最后美化表格。其制作思路如下。

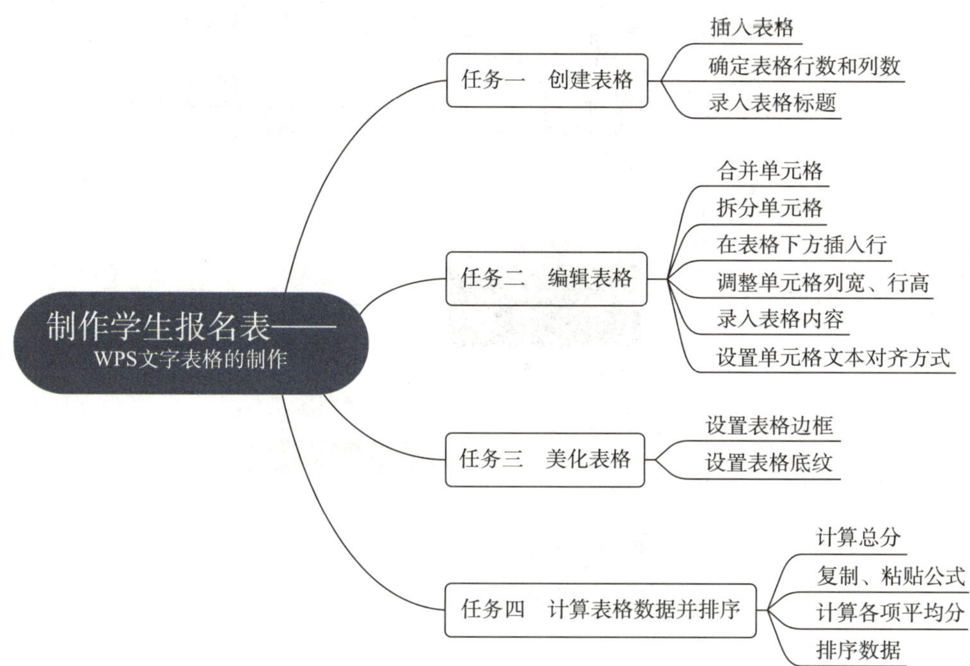

任务一　创建表格

能够创建表格和选定表格。

一、插入表格

新建一个 WPS 文字空白文档，将文档命名为“学生会报名表”。在“插入”选项卡中单击“表格”下拉按钮，在下拉列表中选择“插入表格”命令，如图 1-4-2 所示。

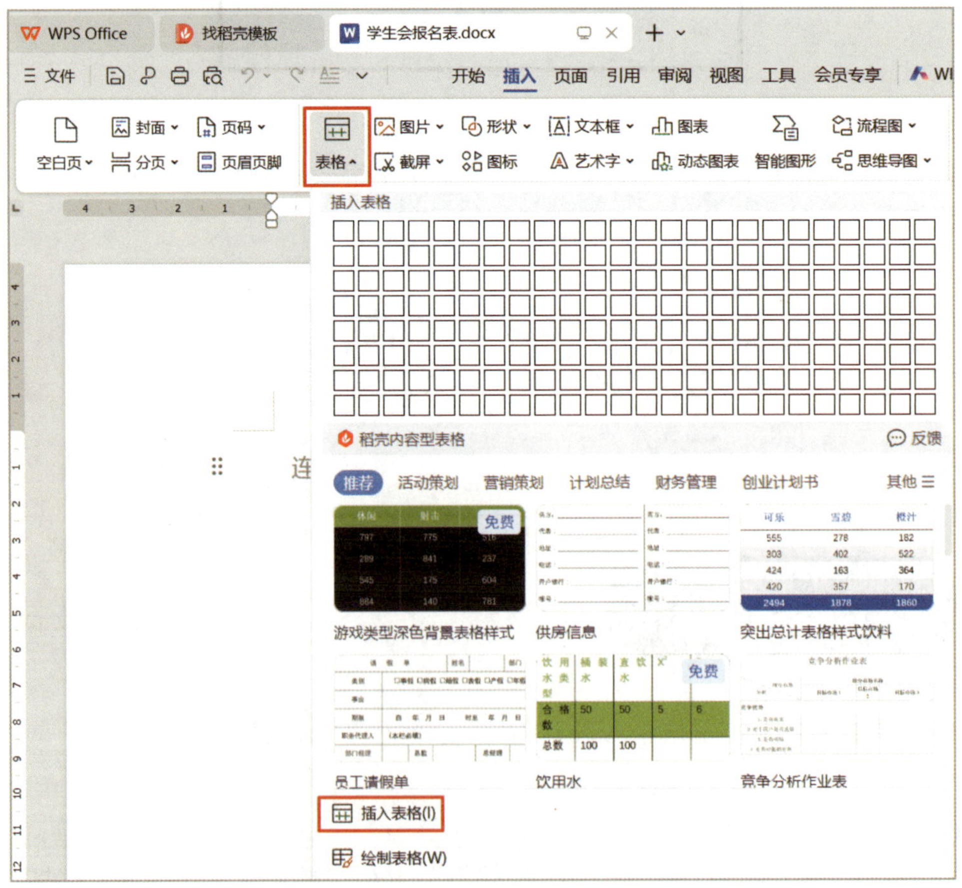

图 1-4-2　选择“插入表格”命令

二、确定表格的行数和列数

在弹出的“插入表格”对话框中，在“列数”文本框中输入“6”，在“行数”文本框中输入“10”，如图 1-4-3a 所示；单击“确定”按钮即可完成一个 6 列 10 行表格的创建，完成后的效果如图 1-4-3b 所示。

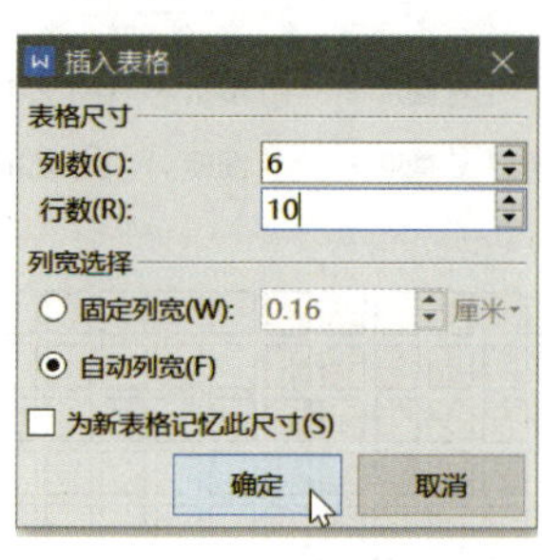

a）

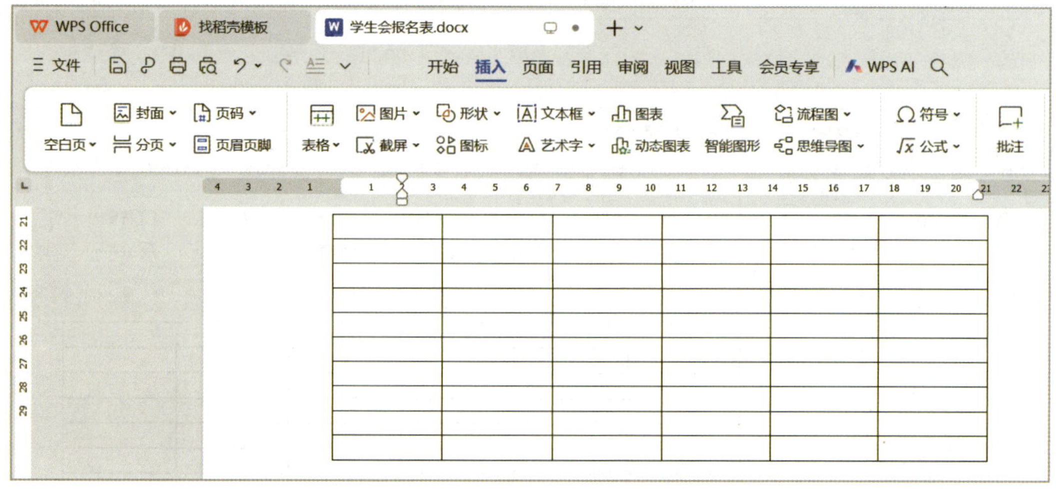

b）

图 1-4-3　确定表格的行数和列数

a）“插入表格”对话框　b）完成后的效果

创建表格的其他方法

在 WPS 文档中创建表格的方法有多种，除了使用以上方法，还可以通过虚拟表格来创建，方法是在“插入”选项卡中单击“表格”下拉按钮；在下拉列表“虚拟表格”

中移动鼠标选择表格行列值后单击鼠标左键完成表格的创建，完成后的效果如图 1-4-4 所示。

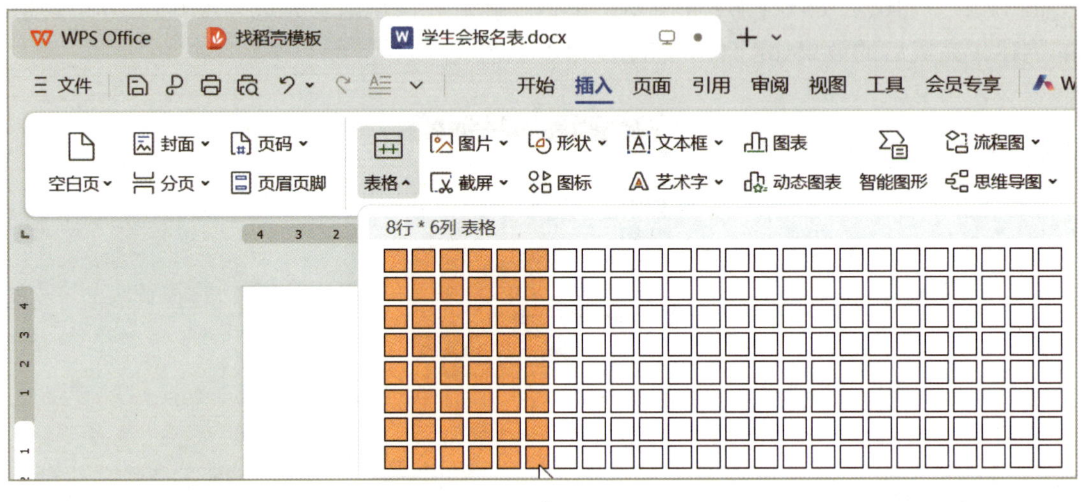

a）

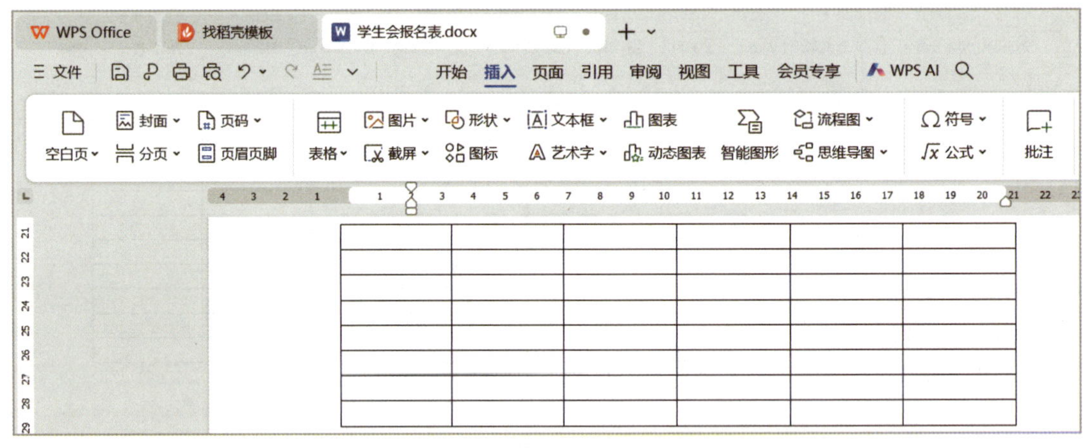

b）

图 1-4-4　使用“虚拟表格”创建表格

a）选择行数、列数　b）完成后的效果

三、录入表格标题

将鼠标指针移至表格中，表格左上角出现“⊞”标志时，单击“⊞”标志按住鼠标左键并向下拖动，将表格下移一行，如图 1-4-5a 所示；在表格上方录入标题内容为“学生会报名表”，设置标题“字号”为“小二”，“字形”为“加粗”，“对齐方式”为“居中对齐”，如图 1-4-5b 所示。

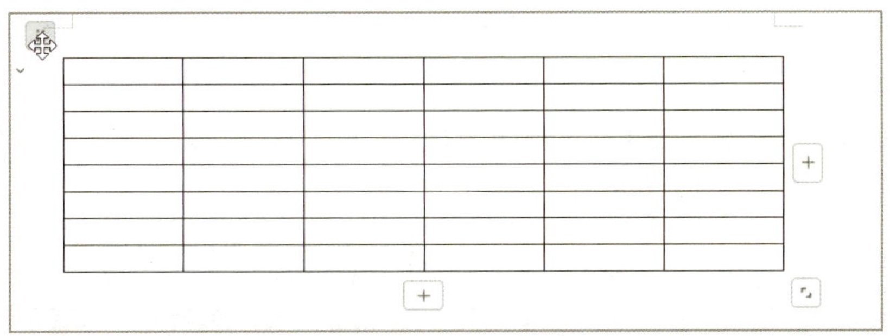

a）

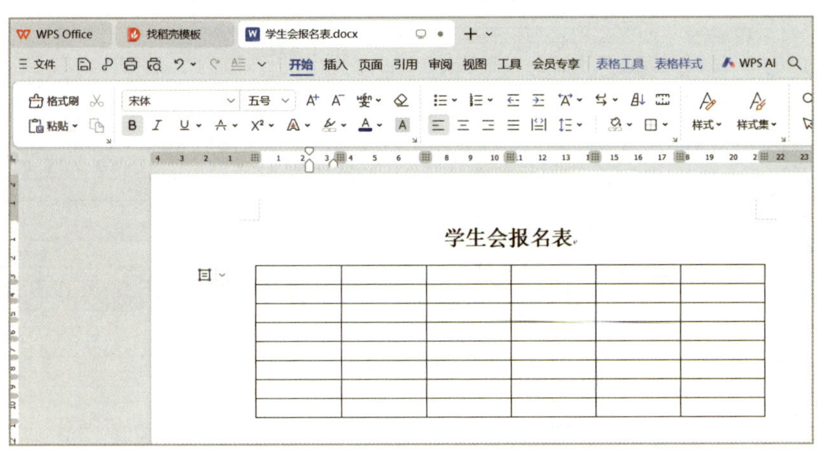

b）

图 1-4-5　录入表格标题

a）选中并移动表格　b）录入并设置标题内容

表格区域的选定

对表格进行编辑时，需要先选定表格区域。根据选定的对象不同，有以下几种选定方法，见表 1-4-1。

1. 选定一个或多个单元格

将鼠标指针移至某个单元格左内侧，当指针变成黑色箭头形状“➚”时，单击鼠标左键可以选定该单元格，拖动鼠标可以选定多个连续的单元格。

2. 选定一行或多行

将鼠标指针移至某行左外侧，当指针变成白色箭头形状“⇗”时，单击鼠标左键可以选定该行，拖动鼠标可以选定连续多行。

3. 选定一列或多列

将鼠标指针移至某列上方，当指针变成黑色箭头形状“⬇”时，单击鼠标左键可以选定该列，拖动鼠标可以选定连续多列。

表 1-4-1　表格区域的选定

项目	示例 1	示例 2
选定一个或多个单元格	学生会报名表	学生会报名表
选定一行或多行	学生会报名表	学生会报名表
选定一列或多列	学生会报名表	学生会报名表

任务二　编辑表格

能够合并、拆分单元格，插入行、列，调整表格的行高、列宽等。

一、合并单元格

打开“学生会报名表”文档，选定表格第 1 列的第 1 行至第 4 行单元格；单击“表格工具”选项卡下的“合并单元格”按钮，如图 1-4-6a 所示；按照相同的方法，继续合并其余单元格，合并后的效果如图 1-4-6b 所示。

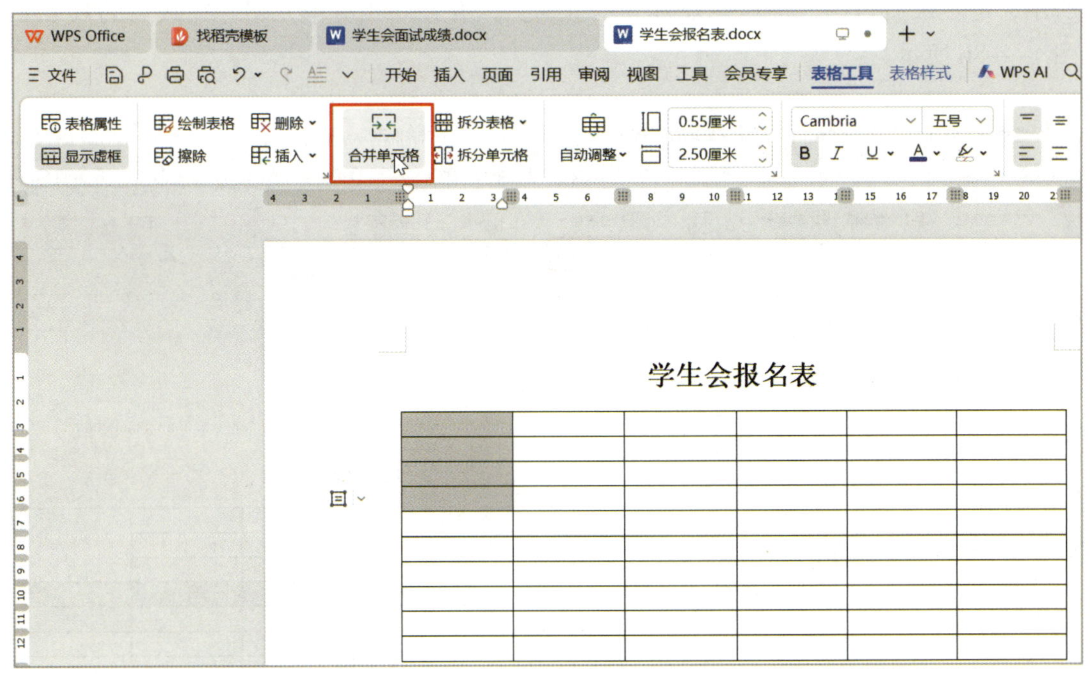

a）

学生会报名表

b）

图 1-4-6　合并单元格

a）单击“合并单元格”按钮　b）合并后的效果

二、拆分单元格

在“身份证号”一栏中，需要创建 18 个单元格，此时可对单元格进行拆分操作。选定第 4 行的第 3 列至第 6 列单元格，在“表格工具”选项卡中单击“拆分单元格”按钮，如图 1–4–7a 所示；弹出“拆分单元格”对话框，在“列数”文本框中输入“18”，在“行数”文本框中输入“1”，单击“确定”按钮，如图 1–4–7b 所示。拆分效果如图 1–4–7c 所示。

三、在表格下方插入行

选定最后 1 行，“表格工具”选项卡中，选择“在下方插入行”命令，如图 1–4–8a 所示；选定最后一行，将其拆分为“5 列 2 行”，并合并相应单元格，完成后的效果如图 1–4–8b 所示。

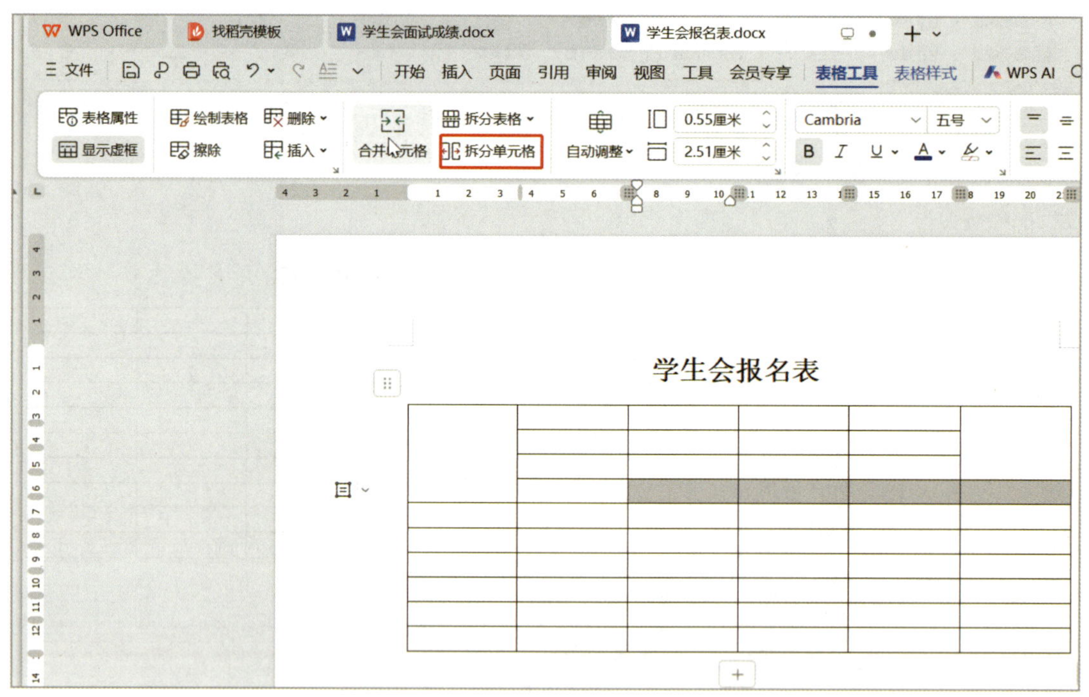

a）

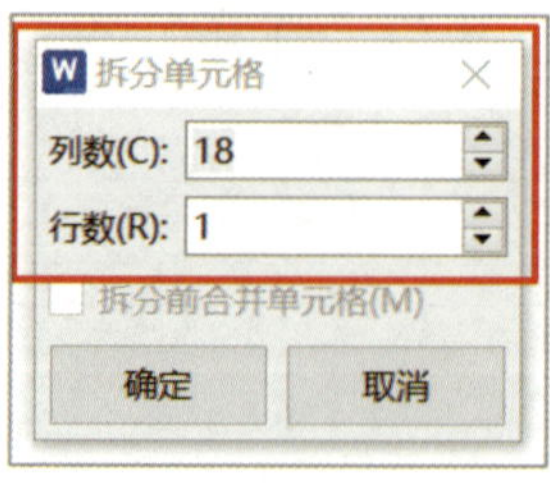

b）

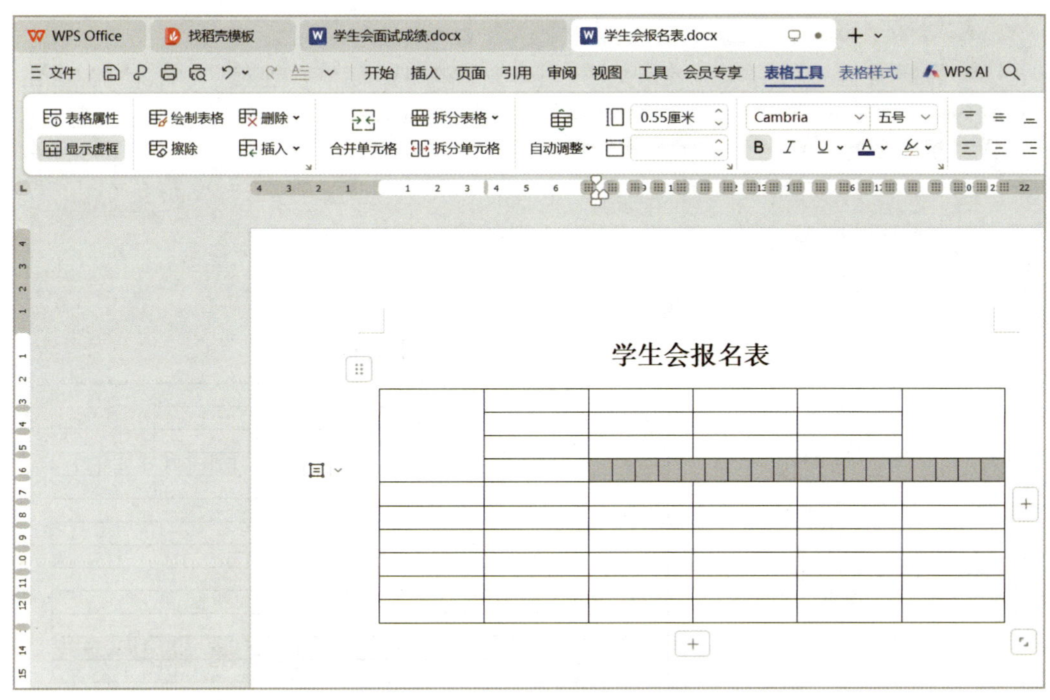

c）

图 1-4-7　拆分单元格

a）单击“拆分单元格”按钮　b）“拆分单元格”对话框　c）拆分效果

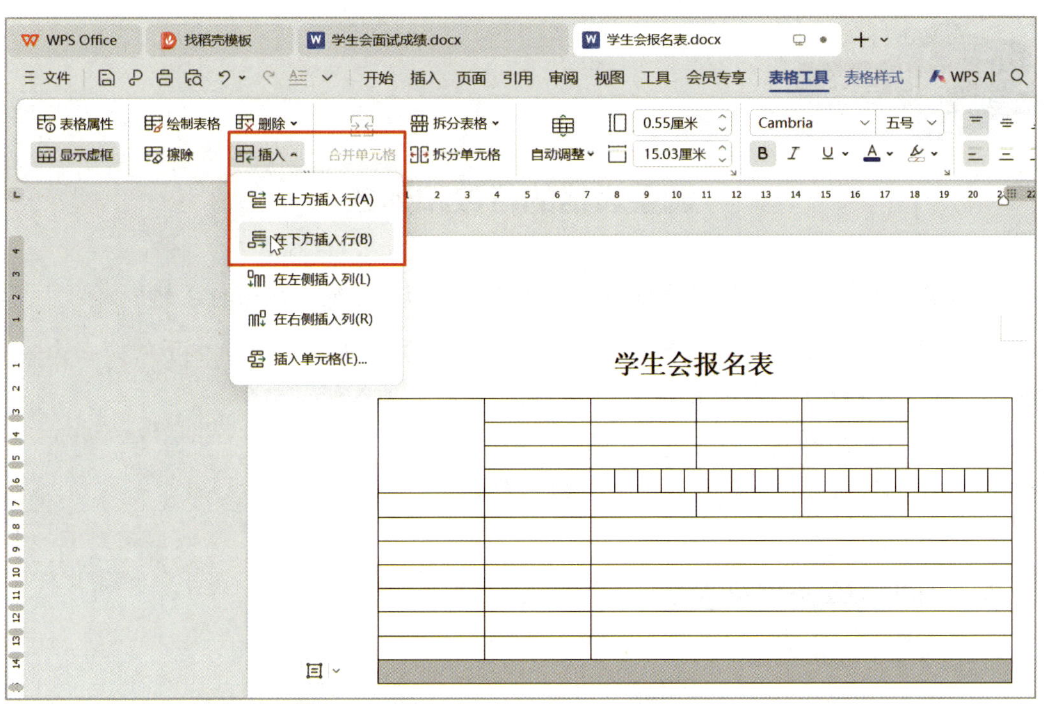

a）

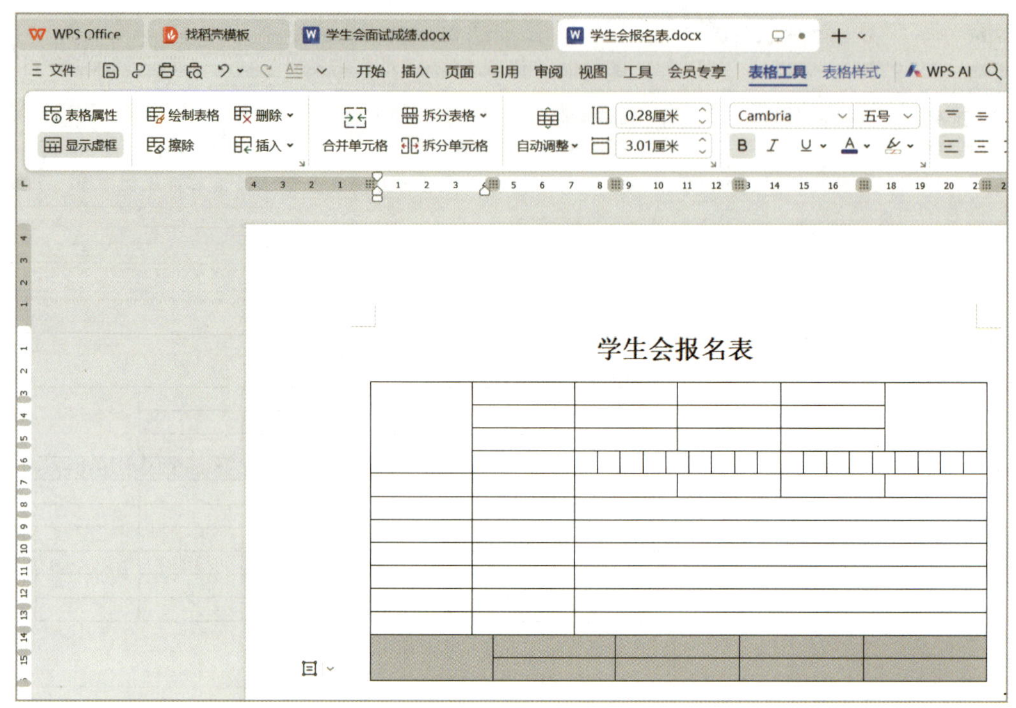

b）

图 1-4-8 插入行

a）选择“在下方插入行”命令 b）完成后的效果

调整表格的行数和列数

在编辑表格过程中，常需要根据表格的框架增加行、列，删除行、列。

插入行、列的方法：选定某行或某列，选择“表格工具”选项卡下的“在上方插入行”“在下方插入行”“在左侧插入列”或“在右侧插入列”命令。

删除行、列的方法：选定某行或某列，在“表格工具”选项卡中单击“删除”下拉按钮，在下拉列表中选择“行”或“列”命令。

四、调整单元格列宽、行高

1. 调整单元格宽度

选定最后一行的第一个单元格，在边框线上按住鼠标左键向左拖动边线至合适宽度，如图 1-4-9 所示。

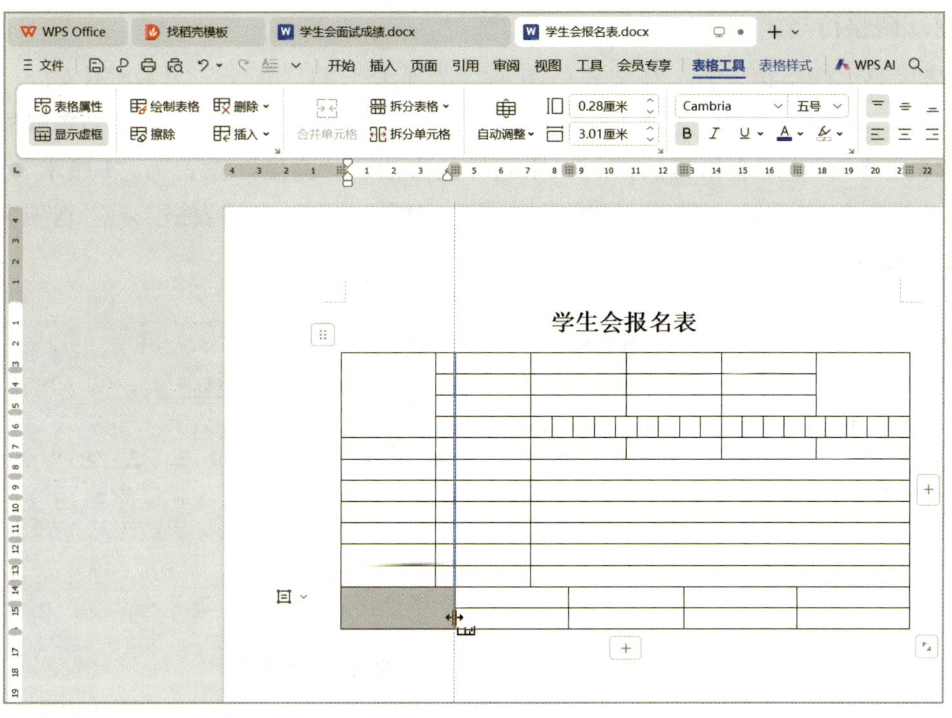

a）

b）

图 1-4-9　调整单元格宽度

a）对准边线　b）拖动边线

2. 调整行高、列宽

选定第 1 行至第 5 行，在“表格工具”选项卡下的“高度”文本框中输入“1 厘米”，如图 1-4-10a 所示，按 Enter 键；选定第 6 行至第 10 行，在“高度”文本框中输入“2.5 厘米”；选定表格最后两行，用同样的方法将“高度”设置为“1 厘米”，设置效果如图 1-4-10b 所示。调整列宽的方法是选定相应的列，在“表格工具”选项卡下的“宽度”文本框中输入想要的列宽值。

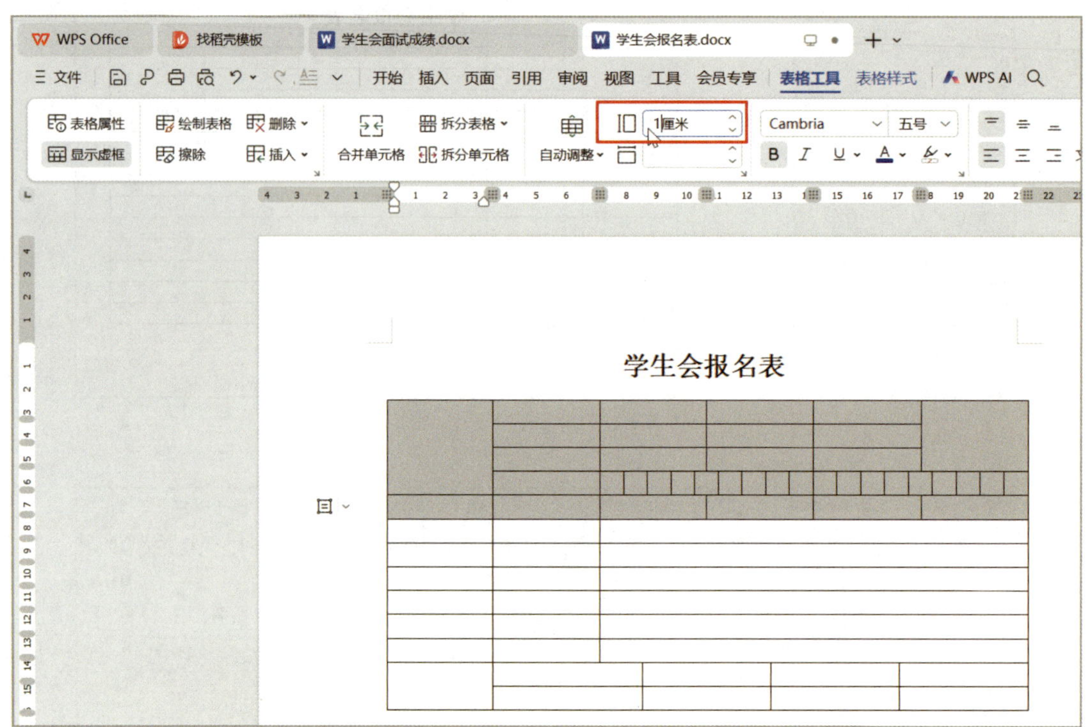

a）

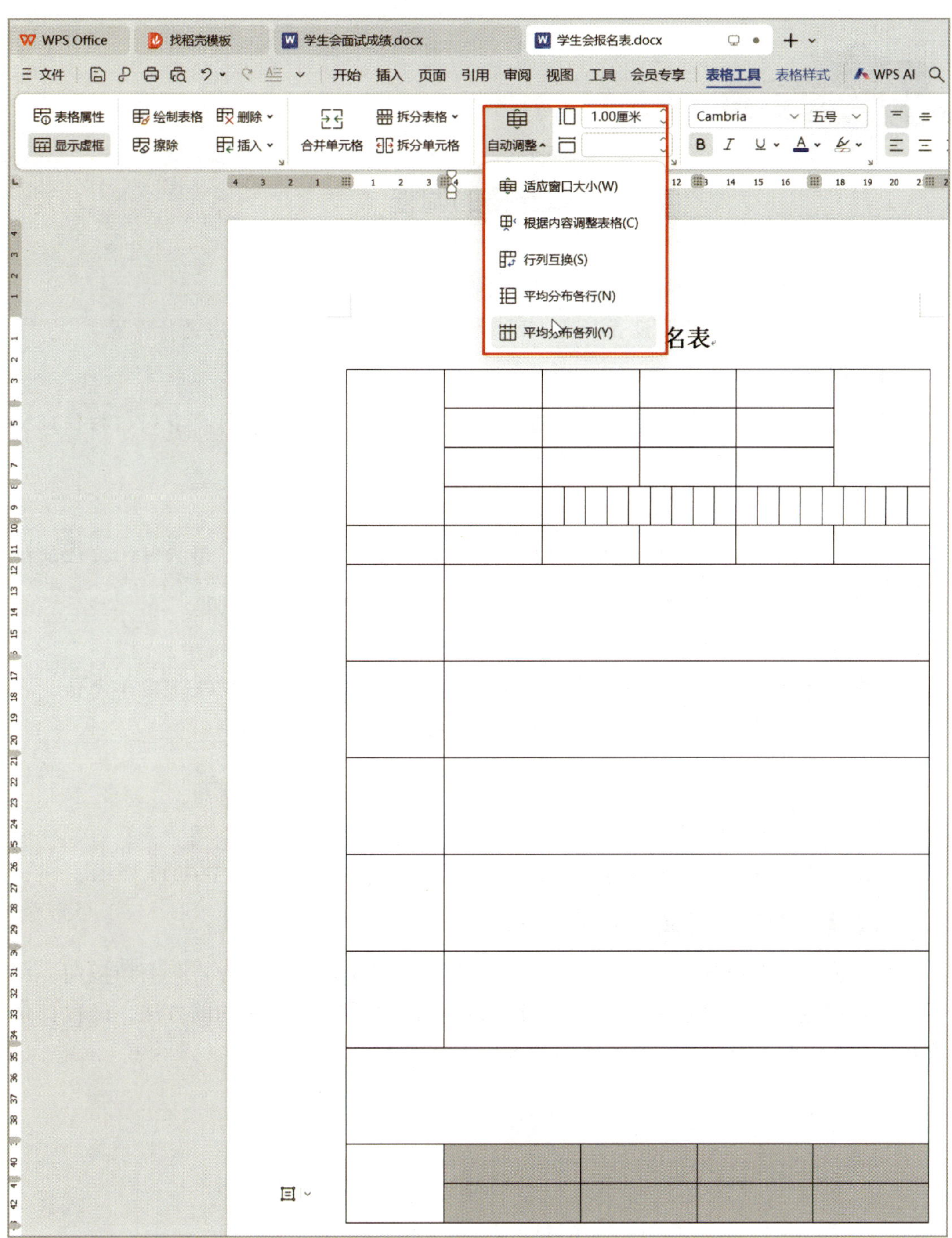

b）

图 1-4-10　设置行高

a）设置行高参数　b）设置效果

单元格的调整

1. 调整行高、列宽

除了使用“表格工具”设置行高、列宽外，还可以通过以下方法进行设置。

（1）调整行高

将鼠标指针移至行与行之间的边框线，当鼠标指针变成“÷”形状时，按住鼠标左键，出现虚线时拖动边线，待拖动到合适行高时释放鼠标左键。

（2）调整列宽

将鼠标指针移至列与列之间的边框线，当鼠标指针变成“+||+”形状时，按住鼠标左键，出现虚线时拖动边线，待拖动到合适列宽时释放鼠标左键。

2. 调整单元格宽度

在编辑表格时，如只需要调整某个或某几个单元格的宽度，需先选定单元格，在边框线上按住鼠标左键并拖动边线至合适的宽度。

五、录入表格内容

将光标插入点置于单元格内，在单元格中录入相应内容，如图 1–4–11 所示。

六、设置单元格文本对齐方式

选定第 1 行至第 5 行，在“表格工具”选项卡中单击“对齐方式”下拉按钮，在下拉列表中选择“水平居中”命令，如图 1–4–12a 所示；按照相同的方法，设置其余单元格文本的对齐方式，设置效果如图 1–4–12b 所示。

学生会报名表

<table>
<tr><td rowspan="4">个人信息</td><td>姓名</td><td></td><td>性别</td><td></td><td rowspan="3">照片</td></tr>
<tr><td>籍贯</td><td></td><td>年龄</td><td></td></tr>
<tr><td>政治面貌</td><td></td><td>班级</td><td></td></tr>
<tr><td>身份证号</td><td colspan="4"></td></tr>
<tr><td>联系方式</td><td>手机</td><td></td><td>E-mail</td><td colspan="2"></td></tr>
<tr><td>报名意向</td><td colspan="5">秘书部□ 纪检部□ 学习部□
宣传部□ 文体部□ 生活部□
第二意向：__________</td></tr>
<tr><td>个人简介</td><td colspan="5">（必填）</td></tr>
<tr><td>获奖情况</td><td colspan="5"></td></tr>
<tr><td>竞选宣言</td><td colspan="5"></td></tr>
<tr><td colspan="6">我保证所提交资料的真实性和准确性。若提交的信息不真实或不准确，本人对此承担一切责任。
承诺人（签名）： 年 月 日</td></tr>
<tr><td rowspan="2">成绩</td><td>演讲成绩</td><td colspan="2">答辩成绩</td><td>总分</td><td>是否录取</td></tr>
<tr><td></td><td colspan="2"></td><td></td><td>是□ 否□</td></tr>
</table>

图 1-4-11 录入表格内容

WPS Office
找稻壳模板
学生会报名表.docx
文件
开始
插入
页面
引用
审阅
视图
工具
会员专享
表格工具
表格样式
WPS AI
表格属性
显示虚框
绘制表格
擦除
合并单元格
自动调整
1.00厘米
五号
文字方向
公式
计算
排序
学生会报名表
个人信息
姓名
性别
照片
籍贯
年龄
政治面貌
班级
身份证号
联系方式
手机
Email
报名意向
秘书部□
纪检部□
学习部□
宣传部□
文体部□
生活部□
第二意向：
个人简介
（必填）
获奖情况
竞选宣言
我保证所提交资料的真实性和准确性。若提交的信息不真实或不准确，本人对此承担一切责任。
承诺人（签名）：
年
月
日
成绩
演讲成绩
答辩成绩
总分
是否录取
是□
否□

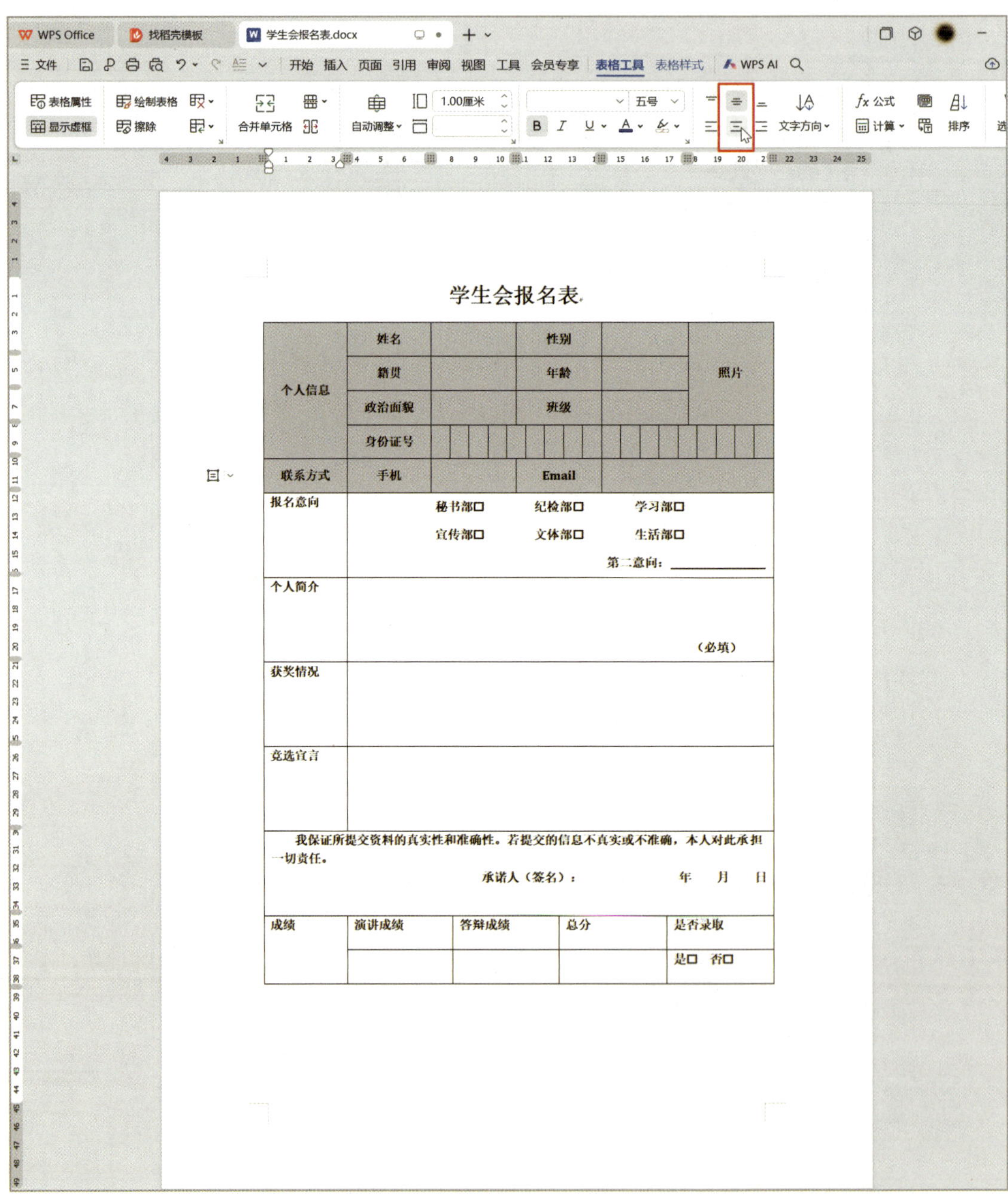

a）

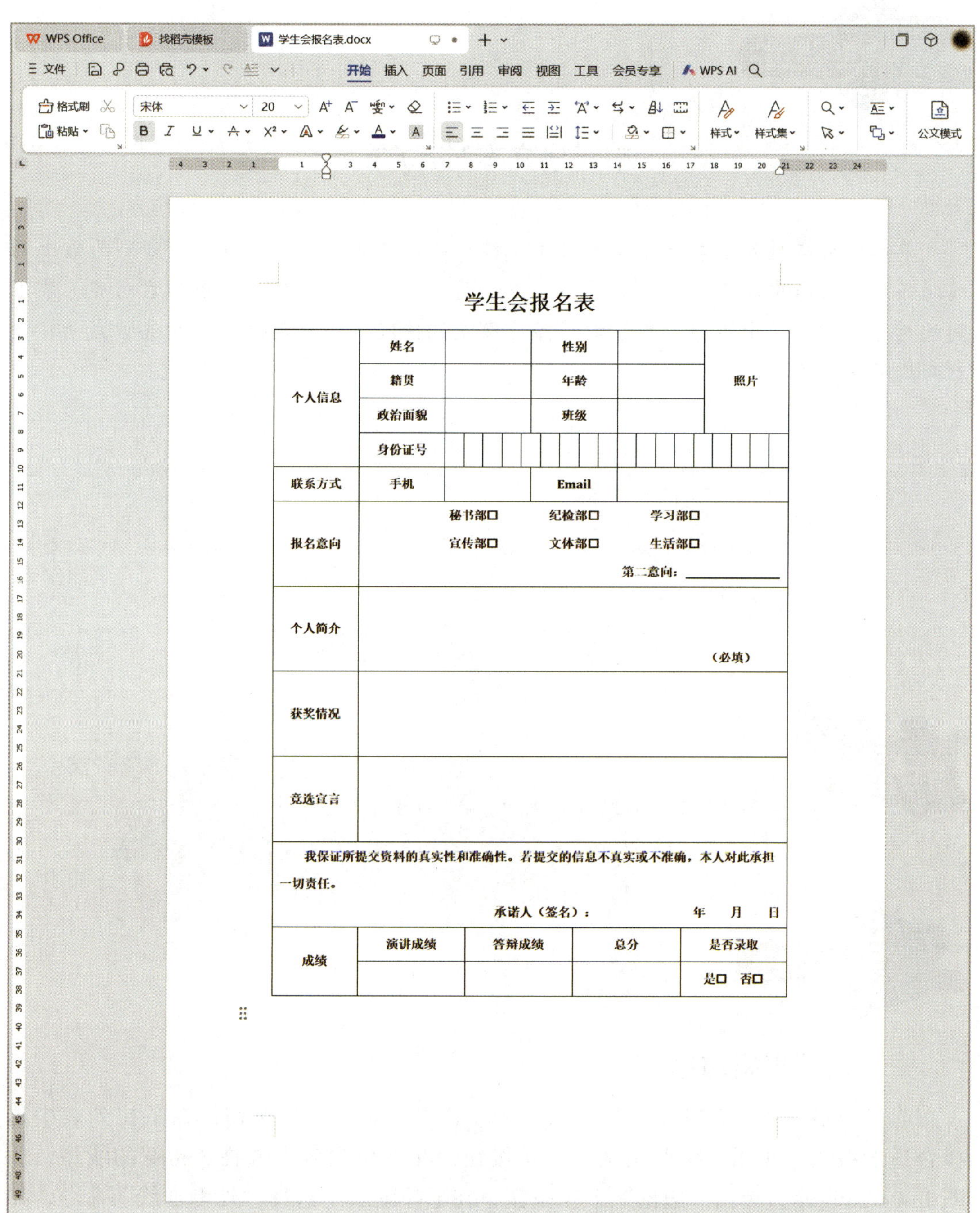

学生会报名表

个人信息	姓名		性别		照片
	籍贯		年龄		
	政治面貌		班级		
	身份证号				
联系方式	手机		Email		
报名意向	秘书部□　纪检部□　学习部□ 宣传部□　文体部□　生活部□ 第二意向：________				
个人简介	（必填）				
获奖情况					
竞选宣言					
我保证所提交资料的真实性和准确性。若提交的信息不真实或不准确，本人对此承担一切责任。 承诺人（签名）：　　年　月　日					
成绩	演讲成绩	答辩成绩	总分	是否录取	
				是□　否□	

b）

图 1-4-12　设置单元格文本的对齐方式

a）选择“水平居中”命令　b）设置效果

单元格文本对齐方式

单元格文本对齐方式是指文本在单元格内的对齐方式，共有 9 种，分别为靠上两端对齐、靠上居中对齐、靠上右对齐、中部两端对齐、水平居中、中部右对齐、靠下两端对齐、靠下居中对齐、靠下右对齐。在默认情况下，单元格文本对齐方式为“靠上两端对齐”。

任务三　美化表格

能够设置表格边框线和底纹，使用表格样式美化表格。

一、设置表格边框

选定表格，在“表格样式”选项卡中单击“线型”下拉按钮，在下拉列表中选择合适的线型；单击“线型粗细”下拉按钮，在下拉列表中选择 3 磅宽的线型，如图 1-4-13a 所示；单击“边框”下拉按钮，在下拉列表中选择“外侧框线”命令，如图 1-4-13b 所示。

WPS Office
找稻壳模板
学生会报名表.docx
文件
开始
插入
页面
引用
审阅
视图
工具
会员专享
表格工具
表格样式
WPS AI
分享
底纹
边框
绘制表格
斜线表头
擦除
清除表格样式
0.25 磅
0.5 磅
0.75 磅
1 磅
1.5 磅
2.25 磅
3 磅
4.5 磅
6 磅
学生会报名表
个人信息
姓名
性别
籍贯
年龄
政治面貌
班级
身份证号
联系方式
手机
Email
报名意向
秘书部□
纪检部□
学习部□
宣传部□
文体部□
生活部□
第二意向：
个人简介
（必填）
获奖情况
竞选宣言
我保证所提交资料的真实性和准确性。若提交的信息不真实或不准确，本人对此承担一切责任。
承诺人（签名）：
年　月　日
成绩
演讲成绩
答辩成绩
总分
是否录取
是□　否□
页面: 1/1
字数: 154/160
拼写检查: 打开
校对
100%

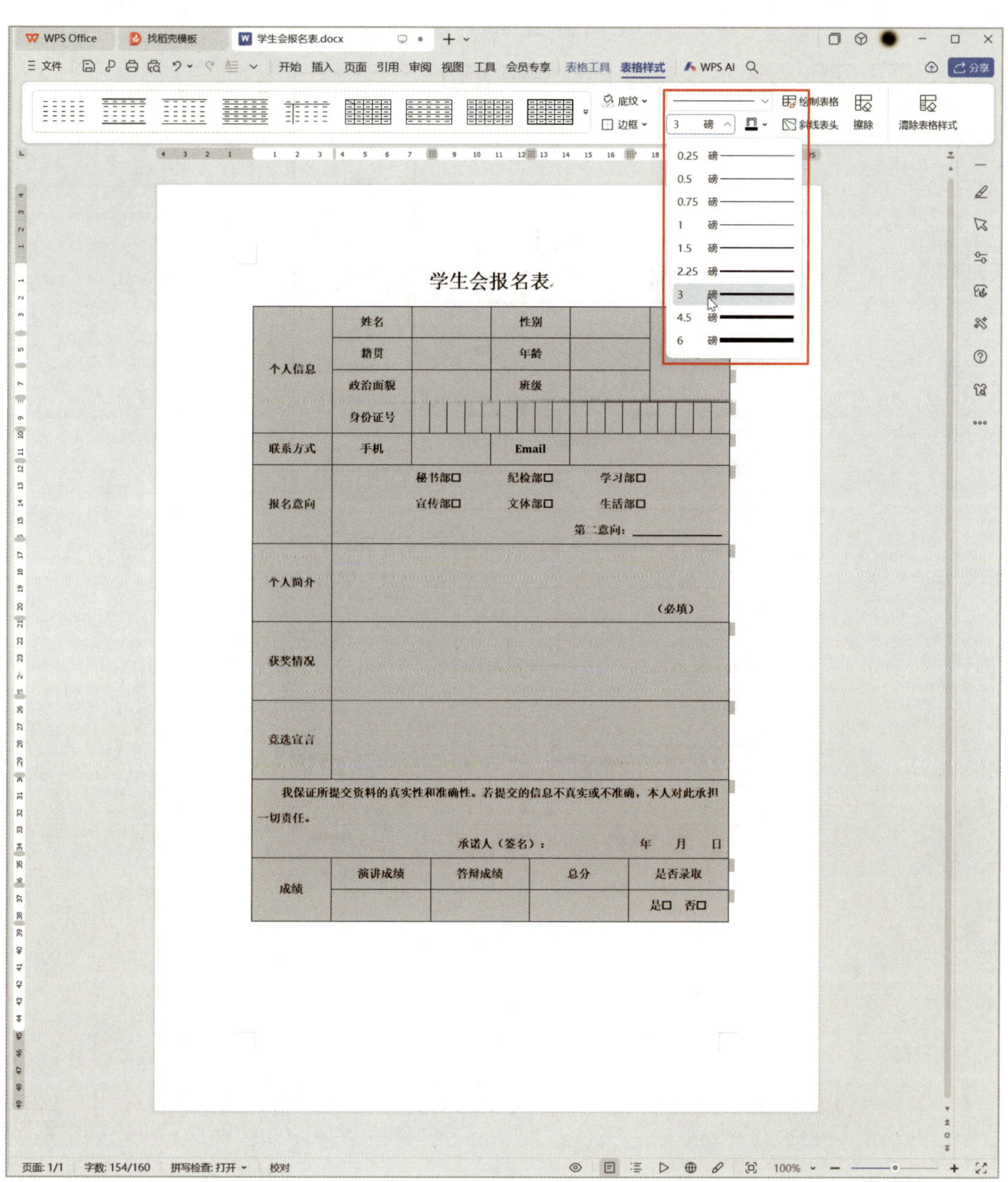

a）

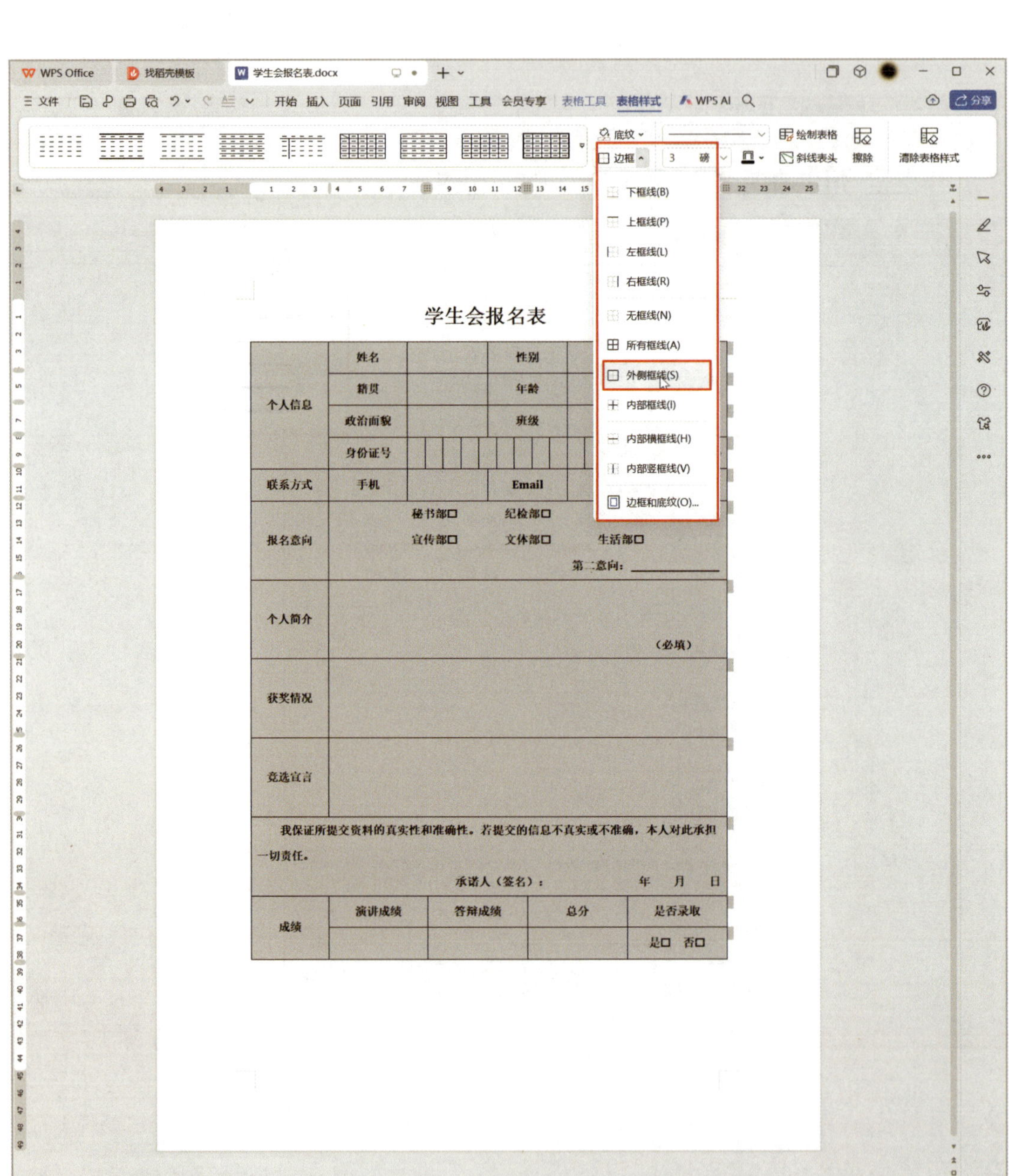

b）

图 1-4-13 设置表格边框

a）选择线型粗细 b）选择“外侧框线”命令

二、设置表格底纹

选定“演讲成绩”“答辩成绩”“总分”“是否录取”四个单元格；在“表格样式”选项卡中单击“底纹”下拉按钮，在下拉列表中选择“矢车菊蓝，着色 1，浅色 80%”主题颜色，设置效果如图 1-4-14 所示。

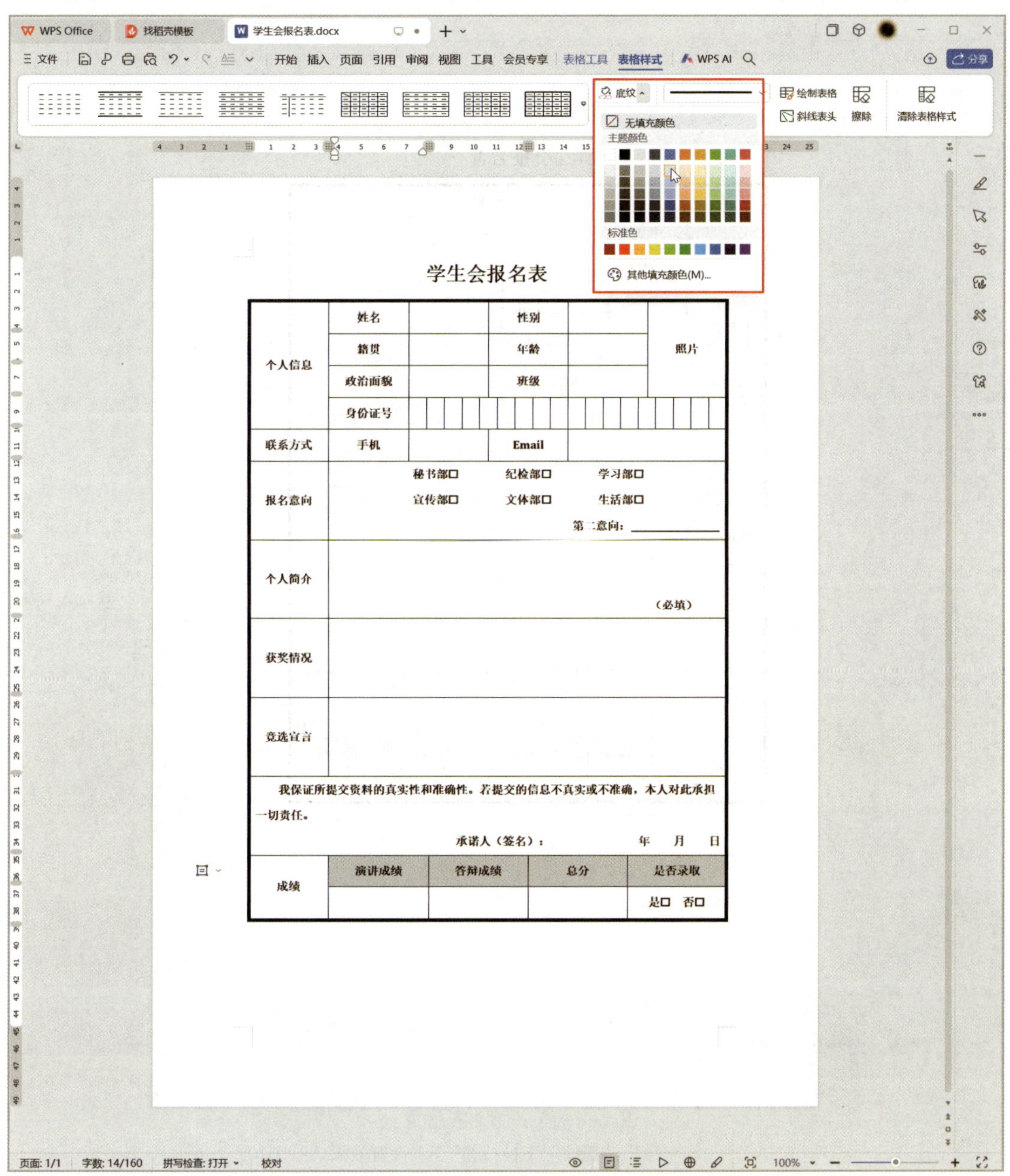

a）

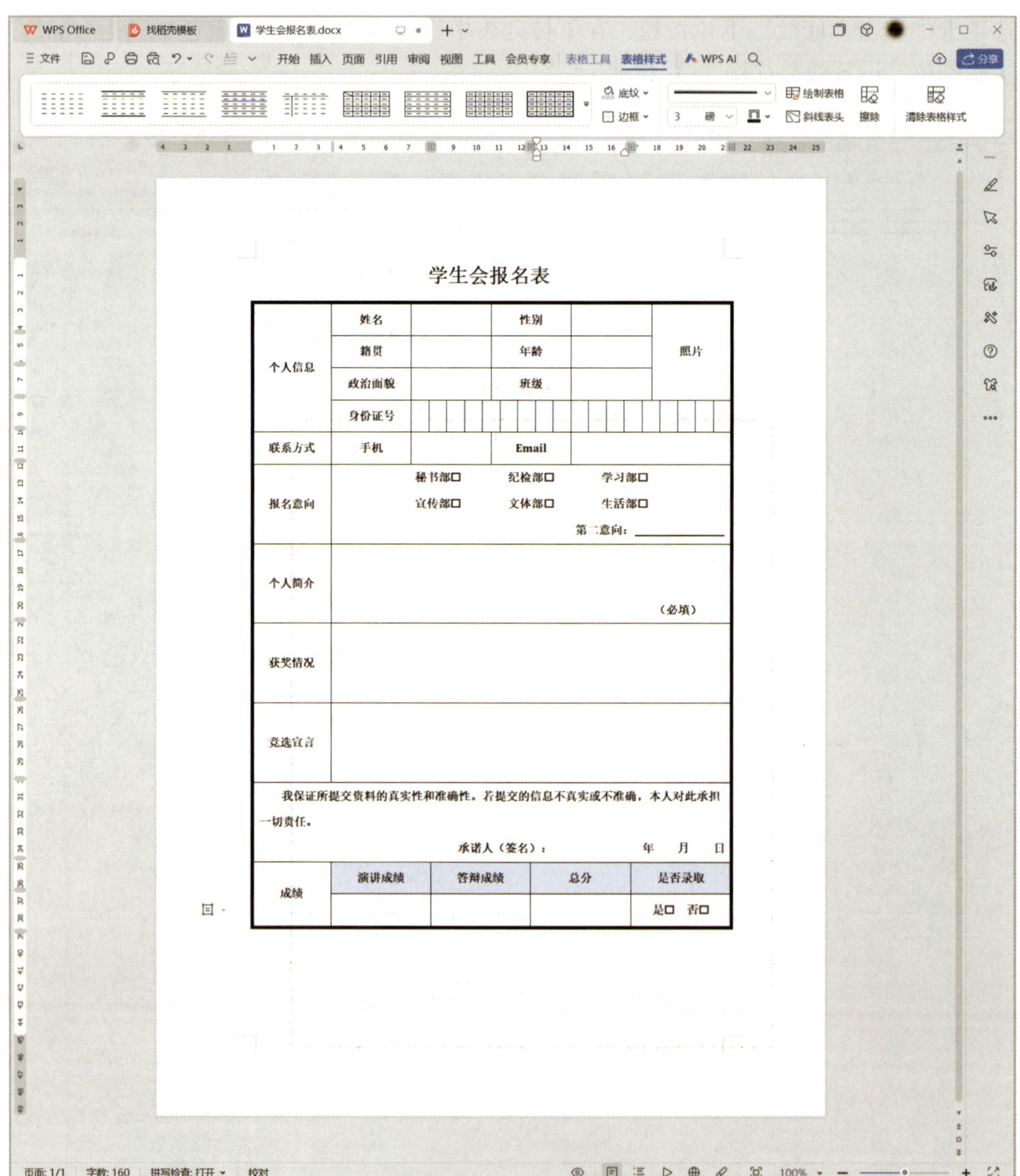

b）

图 1-4-14 设置表格底纹

a）单击“底纹”下拉按钮 b）设置效果

表格样式

WPS 文字为表格提供了多种表格样式，通过设置表格样式，可快速美化表格，方法是选定整个表格，在“表格样式”选项卡中单击“表格样式”下拉按钮，在表格预设样式库中选择任意一种样式，如图 1-4-15 所示。

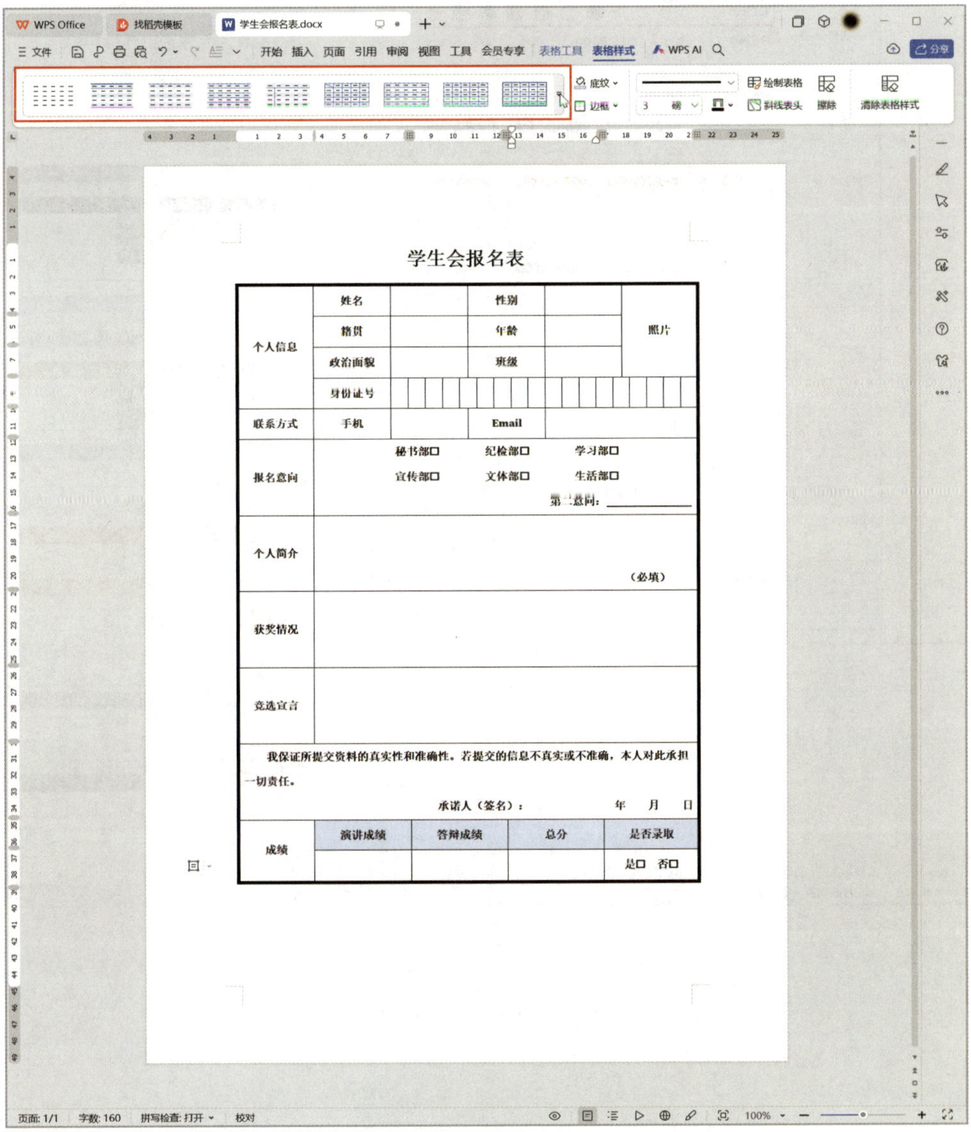

学生会报名表

个人信息	姓名		性别		照片
	籍贯		年龄		
	政治面貌		班级		
	身份证号				
联系方式	手机		Email		
报名意向	秘书部□　纪检部□　学习部□ 宣传部□　文体部□　生活部□ 第二意向：________				
个人简介	（必填）				
获奖情况					
竞选宣言					
我保证所提交资料的真实性和准确性。若提交的信息不真实或不准确，本人对此承担一切责任。 承诺人（签名）：　　年　月　日					
成绩	演讲成绩	答辩成绩	总分	是否录取	
				是□　否□	

a）

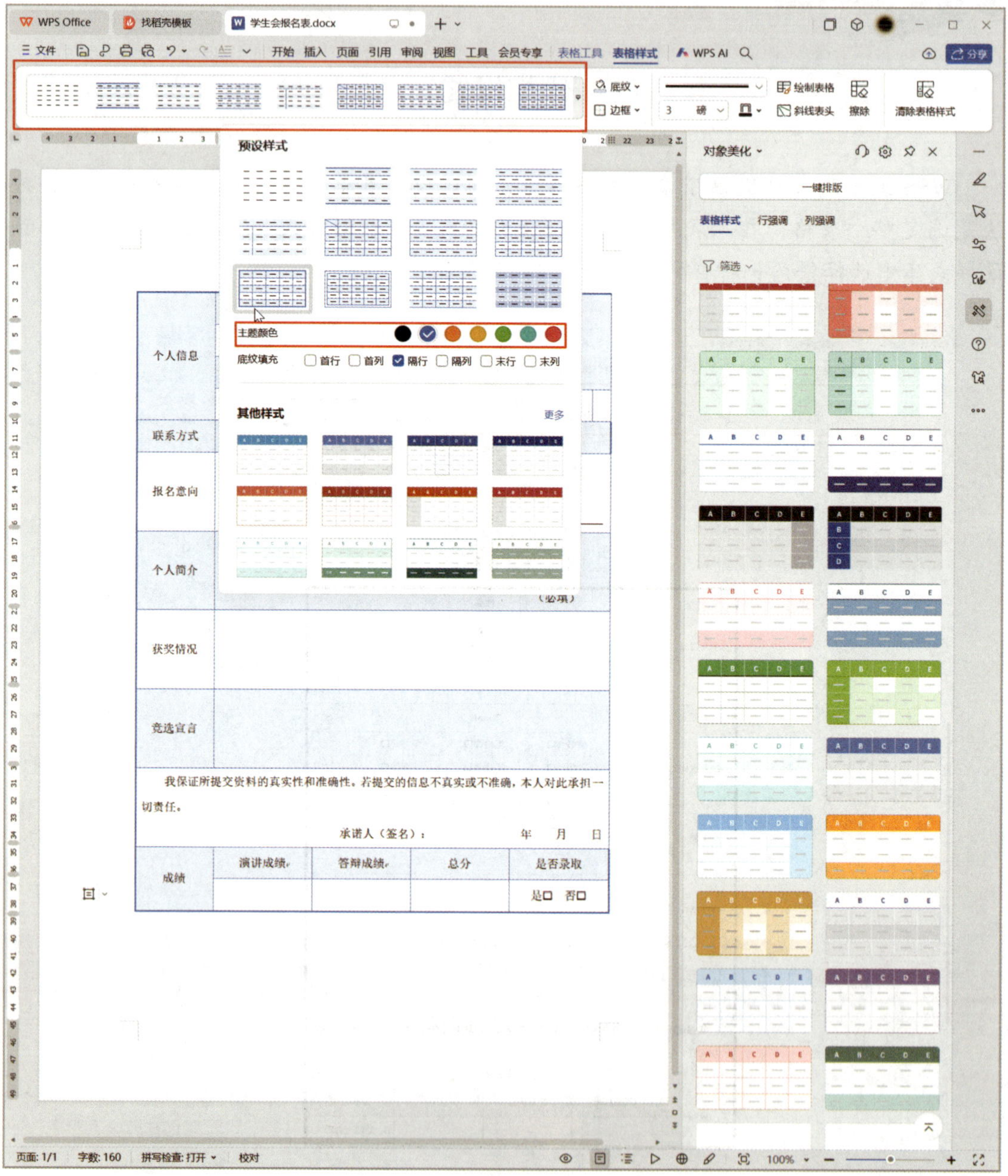

b）

图 1-4-15　设置表格样式

a）单击“表格样式”下拉按钮　b）表格预设样式库

任务四　计算表格数据并排序

能够进行表格数据的计算与排序。

一、计算总分

打开素材文件“学生会面试成绩表.docx”，将光标插入点置于“总分”列第一行的单元格内；在“表格工具”选项卡中，单击“公式”按钮，如图 1-4-16a 所示；弹出“公式”对话框，在“公式”文本框中输入“=SUM（LEFT）”，单击“确定”按钮，如图 1-4-16b 所示。

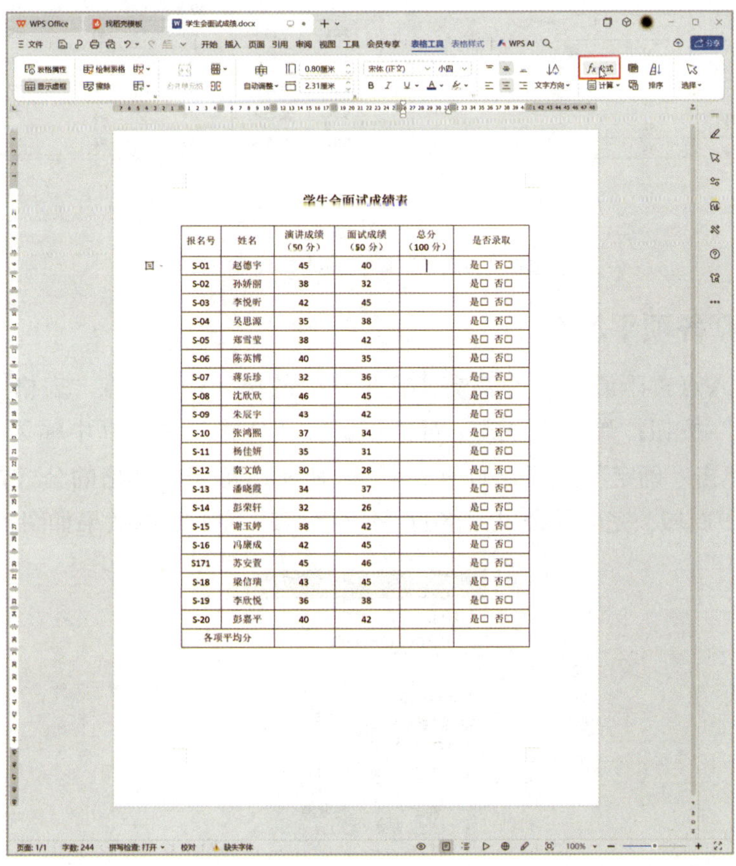

学生会面试成绩表

报名号	姓名	演讲成绩（50 分）	面试成绩（50 分）	总分（100 分）	是否录取
S-01	赵德宇	45	40		是□ 否□
S-02	孙娇丽	38	32		是□ 否□
S-03	李悦昕	42	45		是□ 否□
S-04	吴思源	35	38		是□ 否□
S-05	郑雪莹	38	42		是□ 否□
S-06	陈英博	40	35		是□ 否□
S-07	蒋乐珍	32	36		是□ 否□
S-08	沈欣欣	46	45		是□ 否□
S-09	朱辰宇	43	42		是□ 否□
S-10	张鸿熙	37	34		是□ 否□
S-11	杨佳妍	35	31		是□ 否□
S-12	秦文皓	30	28		是□ 否□
S-13	潘晓霞	34	37		是□ 否□
S-14	彭荣轩	32	26		是□ 否□
S-15	谢玉婷	38	42		是□ 否□
S-16	冯康成	42	45		是□ 否□
S171	苏安萱	45	46		是□ 否□
S-18	梁信瑞	43	45		是□ 否□
S-19	李欣悦	36	38		是□ 否□
S-20	彭嘉平	40	42		是□ 否□
各项平均分					

a）

b）

图 1-4-16　计算总分

a）单击“公式”按钮　b）“公式”对话框

二、复制、粘贴公式

选定“总分”列中第一行单元格的结果“85”，按 Ctrl+C 组合键复制该公式；按 Ctrl+V 组合键粘贴公式至“总分”列第二行单元格内；选定新粘贴的“85”后右击，在弹出的右键快捷菜单中选择“更新域”命令，如图 1–4–17a 所示，计算出第二行单元格的总分。按照相同的方法，计算其余行单元格的总分，完成后的效果如图 1–4–17b 所示。

学生会面试成绩表

报名号	姓名	演讲成绩（50 分）	面试成绩（50 分）	总分（100 分）	是否录取
S-01	赵德宇	45	40	85	
S-02	孙娇丽	38	32	85	
S-03	李悦昕	42	45		
S-04	吴思源	35	38		
S-05	郑雪莹	38	42		
S-06	陈英博	40	35		

a）

学生会面试成绩表

报名号	姓名	演讲成绩（50 分）	面试成绩（50 分）	总分（100 分）	是否录取
S-01	赵德宇	45	40	85	是□ 否□
S-02	孙娇丽	38	32	70	是□ 否□
S-03	李悦昕	42	45	87	是□ 否□
S-04	吴思源	35	38	73	是□ 否□
S-05	郑雪莹	38	42	80	是□ 否□

b）

图 1-4-17　粘贴复制公式

a）选择“更新域”命令　b）完成后的效果

三、计算各项平均分

将光标插入点置于最后一行需要计算平均分的单元格内，在“表格工具”选项卡中单击“公式”按钮；弹出“公式”对话框，在“公式”文本框中输入“=AVERAGE（ABOVE）”，单击“确定”按钮，如图 1–4–18a 所示；将此单元格的公式复制到后面的单元格中，并更新域，完成其余单元格的平均分计算，完成后的效果如图 1–4–18b 所示。

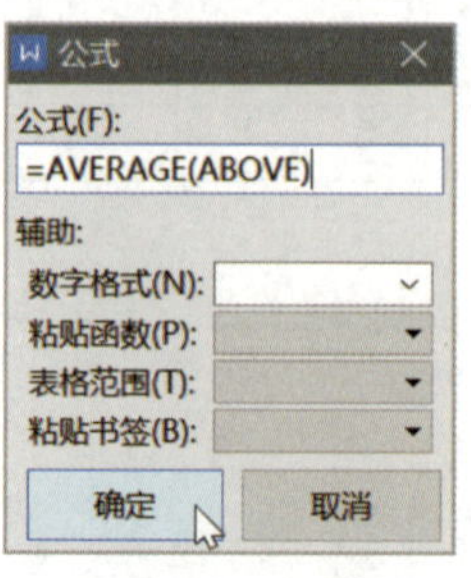

a）

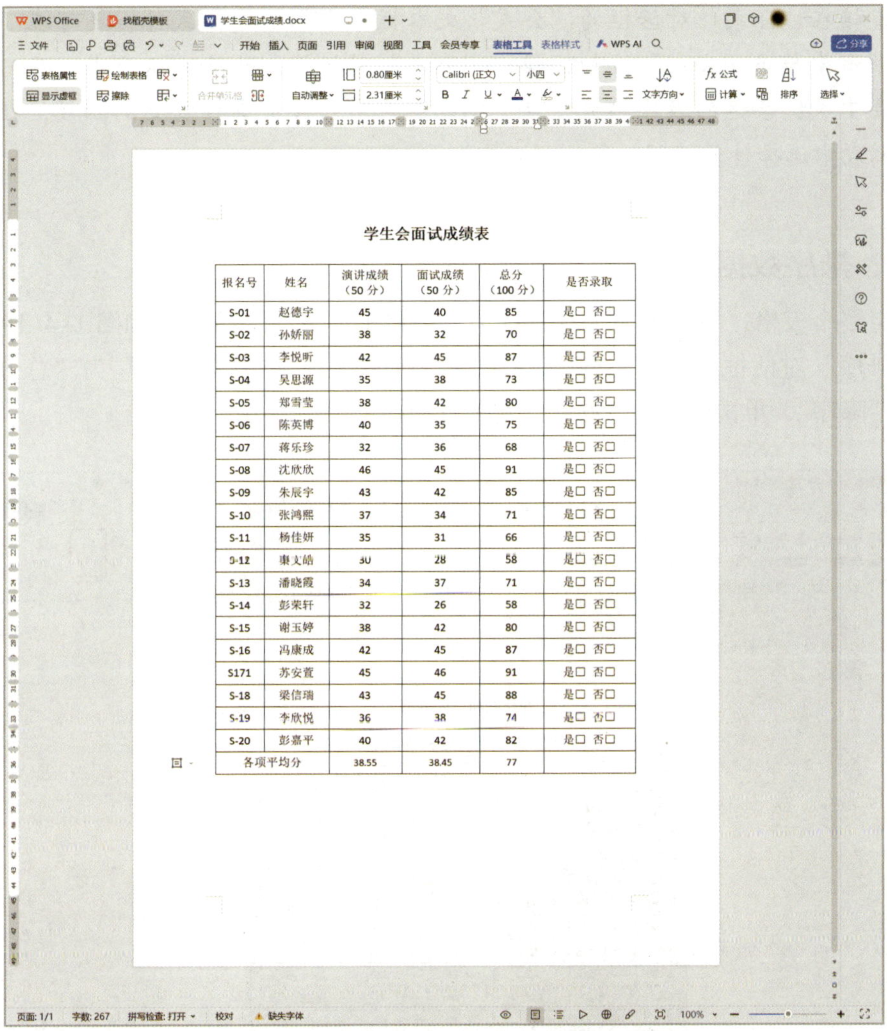

学生会面试成绩表

报名号	姓名	演讲成绩（50 分）	面试成绩（50 分）	总分（100 分）	是否录取
S-01	赵德宇	45	40	85	是□ 否□
S-02	孙娇丽	38	32	70	是□ 否□
S-03	李悦昕	42	45	87	是□ 否□
S-04	吴思源	35	38	73	是□ 否□
S-05	郑雪莹	38	42	80	是□ 否□
S-06	陈英博	40	35	75	是□ 否□
S-07	蒋乐珍	32	36	68	是□ 否□
S-08	沈欣欣	46	45	91	是□ 否□
S-09	朱辰宇	43	42	85	是□ 否□
S-10	张鸿熙	37	34	71	是□ 否□
S-11	杨佳妍	35	31	66	是□ 否□
S-12	[illegible]文皓	30	28	58	是□ 否□
S-13	潘晓霞	34	37	71	是□ 否□
S-14	彭荣轩	32	26	58	是□ 否□
S-15	谢玉婷	38	42	80	是□ 否□
S-16	冯康成	42	45	87	是□ 否□
S171	苏安萱	45	46	91	是□ 否□
S-18	梁信瑞	43	45	88	是□ 否□
S-19	李欣悦	36	38	74	是□ 否□
S-20	彭嘉平	40	42	82	是□ 否□
各项平均分		38.55	38.45	77	

b）

图 1-4-18　计算各项平均分

a）输入公式　b）完成后的效果

函数的使用

在表格公式计算中，常用的函数有求和 SUM、求平均值 AVERAGE、求最大值 MAX、求最小值 MIN 等。在各个函数后的括号里填写计算范围，计算范围可以用向左（LEFT）、向右（RIGHT）、向上（ABOVE）、向下（BELOW）表示。

除直接在“公式”对话框的“公式”文本框中直接输入公式外，还可在“表格工具”选项卡中单击“公式”按钮，弹出“公式”对话框，删除默认公式，在“数字格式”列表中选择合适的数字格式，在“粘贴函数”列表中选择需要的函数，在“表格范围”列表中选择计算范围，单击“确定”按钮。

四、排序数据

选定整个表格，在“表格工具”选项卡中单击“排序”按钮，如图 1-4-19a 所示；弹出“排序”对话框，设置“列表”为“有标题行”，“主要关键字”为“总分”，“序列”为“降序”，单击“确定”按钮，如图 1-4-19b 所示。

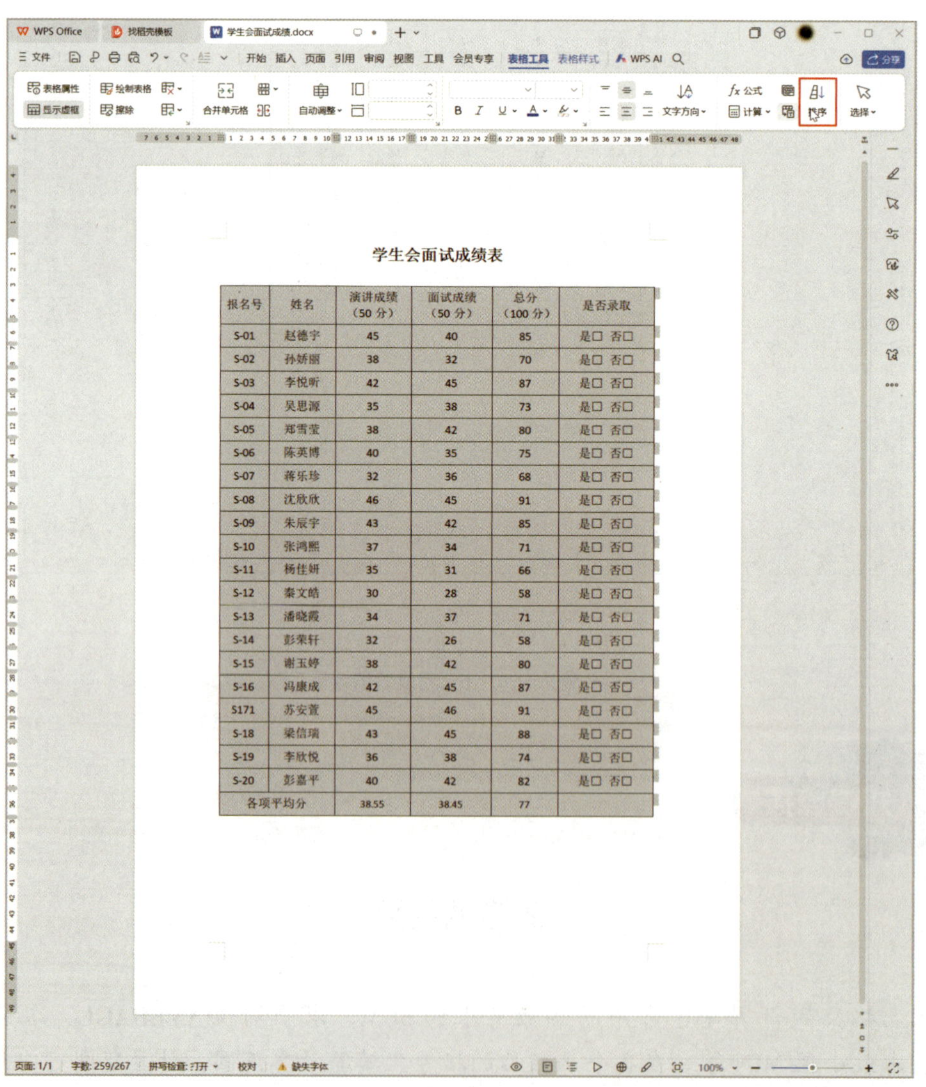

学生会面试成绩表

报名号	姓名	演讲成绩（50 分）	面试成绩（50 分）	总分（100 分）	是否录取
S-01	赵德宇	45	40	85	是□ 否□
S-02	孙娇丽	38	32	70	是□ 否□
S-03	李悦昕	42	45	87	是□ 否□
S-04	吴思源	35	38	73	是□ 否□
S-05	郑雪莹	38	42	80	是□ 否□
S-06	陈英博	40	35	75	是□ 否□
S-07	蒋乐珍	32	36	68	是□ 否□
S-08	沈欣欣	46	45	91	是□ 否□
S-09	朱辰宇	43	42	85	是□ 否□
S-10	张鸿熙	37	34	71	是□ 否□
S-11	杨佳妍	35	31	66	是□ 否□
S-12	秦文皓	30	28	58	是□ 否□
S-13	潘晓霞	34	37	71	是□ 否□
S-14	彭荣轩	32	26	58	是□ 否□
S-15	谢玉婷	38	42	80	是□ 否□
S-16	冯康成	42	45	87	是□ 否□
S171	苏安萱	45	46	91	是□ 否□
S-18	梁信瑞	43	45	88	是□ 否□
S-19	李欣悦	36	38	74	是□ 否□
S-20	彭嘉平	40	42	82	是□ 否□
各项平均分		38.55	38.45	77	

a）

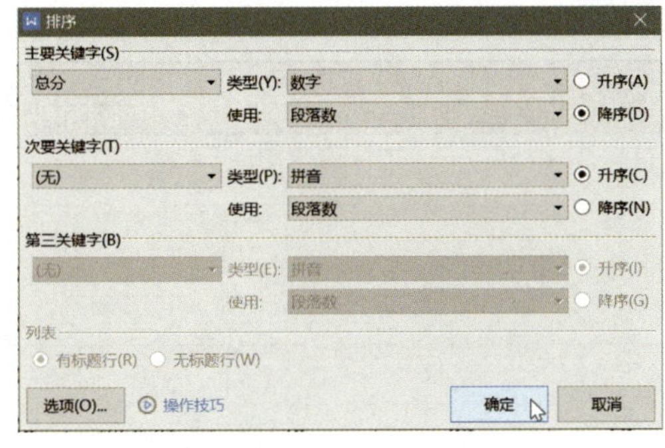

b）

图 1-4-19　数据排序

a）单击“排序”按钮　b）“排序”对话框

请对本项目的学习内容进行小结，完成表 1-4-2 的填写。

表 1-4-2　项目小结

目标	操作方法
创建表格	
在表格中录入内容	
选定表格区域	
编辑表格	
美化表格	

续表

目标	操作方法
计算表格数据	
排序表格数据	

项目五
制作校园技能文化节活动方案——文字排版的综合应用

在学习与工作中，活动方案、毕业设计、工作汇报、年度总结、公司管理制度、标书、商业计划书等长文档的编辑排版总是少不了的。WPS 提供了大量的模板及样式编辑功能，用好这些功能可以提高文档的编辑效率，编辑出美观大方的文档。本项目主要学习文档样式的设置、应用、修改。

◆设置各级标题样式与正文样式　◆新建、修改样式
◆标题自动编号　◆设置大纲级别
◆设置目录　◆制作封面

深受同学喜爱的校园技能文化节就要开幕了，郭星泽同学接到一项任务，对文档“校园技能文化节活动方案（初稿）”重新排版，要求统一标题格式与编号，规范正文格式，增加目录与封面，使文档易读、美观。

“校园技能文化节活动方案”效果图如图 1-5-1 所示。

2023 年第十三届校园技能文化节活动方案

2023.5

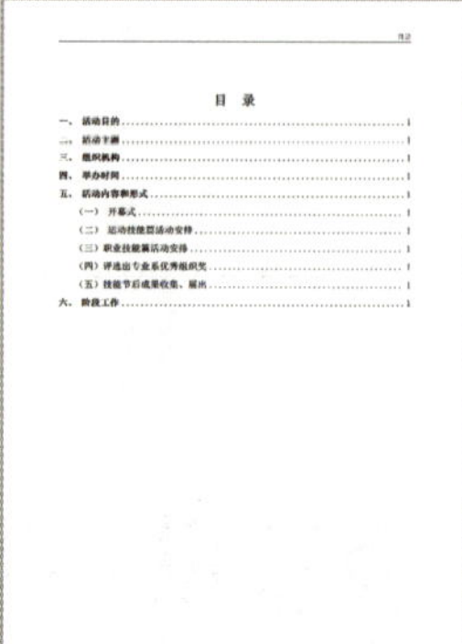

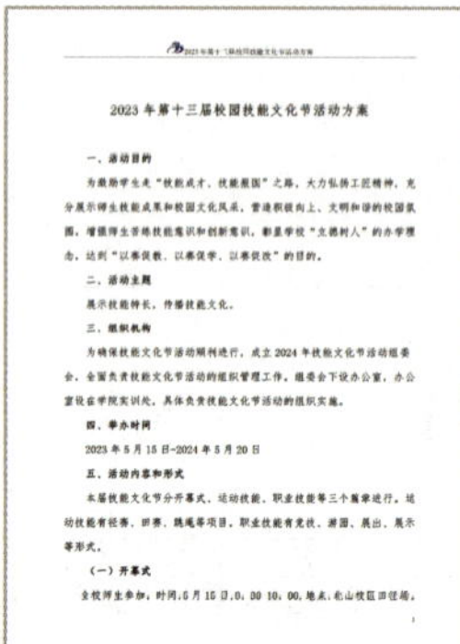

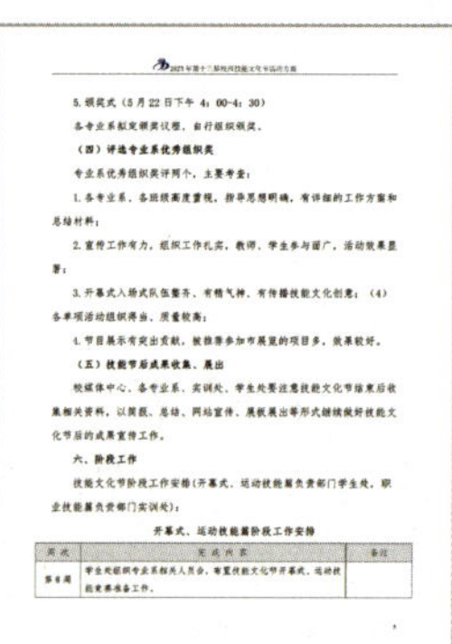

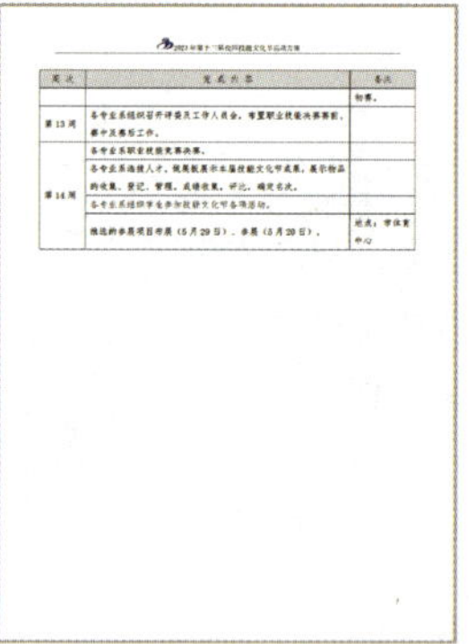

图 1-5-1 “校园技能文化节活动方案”效果图

使用 WPS 文字排版制作校园技能文化节活动方案，先要设置页面布局，设置文档中要用到的样式，设置标题的多级编号，再套用样式排版，之后生成目录，制作封面。其制作思路如下。

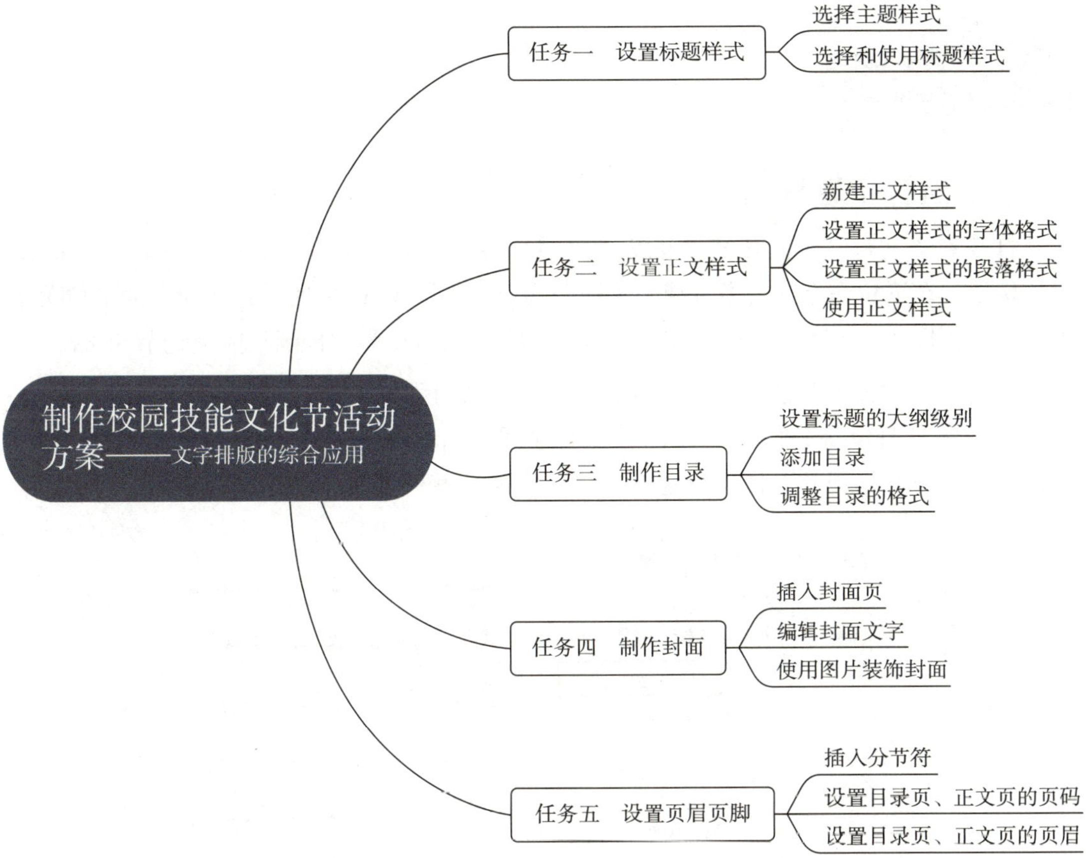

制作校园技能文化节活动方案——文字排版的综合应用

- 任务一　设置标题样式
  - 选择主题样式
  - 选择和使用标题样式
- 任务二　设置正文样式
  - 新建正文样式
  - 设置正文样式的字体格式
  - 设置正文样式的段落格式
  - 使用正文样式
- 任务三　制作目录
  - 设置标题的大纲级别
  - 添加目录
  - 调整目录的格式
- 任务四　制作封面
  - 插入封面页
  - 编辑封面文字
  - 使用图片装饰封面
- 任务五　设置页眉页脚
  - 插入分节符
  - 设置目录页、正文页的页码
  - 设置目录页、正文页的页眉

任务一　设置标题样式

能够设置各级标题样式。

一、选择主题样式

打开素材文件“校园技能文化节（初稿）.docx”，在“页面”选项卡中单击“主题”下拉按钮，在下拉命令列表中选择“主题”命令，如图 1–5–2a 所示；在弹出的下拉菜单中选择主题样式“WPS”，如图 1–5–2b 所示；将文档另存为“校园技能文化节 .docx”。

素材文件“校园技能文化节（初稿）.docx”中不同级别的标题文本分别用了宋体、仿宋、黑体三种字体，四号、小四号二种字号，标题没有编号，整个文档版式混乱，层级不清，可读性极差。使用标题样式可以解决这些问题。

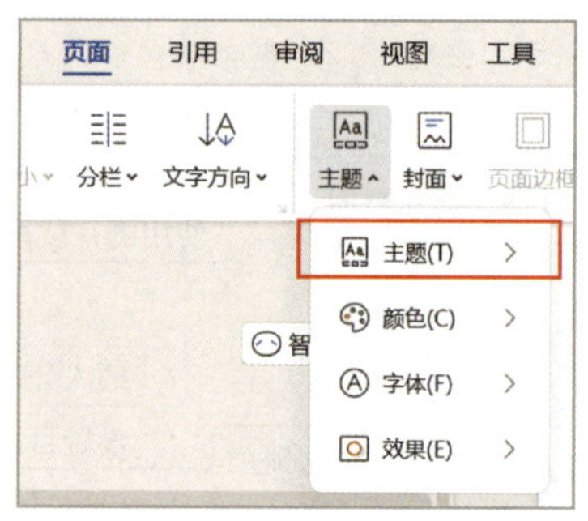

a）

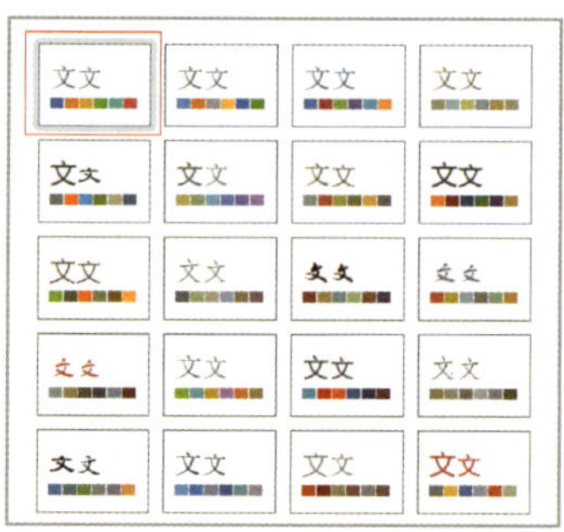

b）

图 1–5–2　设置主题样式

a）选择“主题”命令　b）主题样式列表

二、选择一级标题样式

选择第一个一级标题“活动目的”文本，单击“开始”选项卡下“样式”功能组的“样式”下拉按钮，设置标题样式为“标题 1”，如图 1–5–3a 所示；此时选中的标题便有了相应的样式，设置效果如图 1–5–3b 所示。

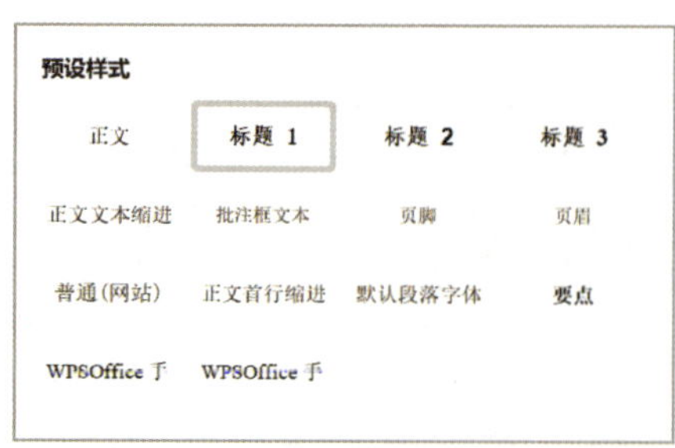

a）

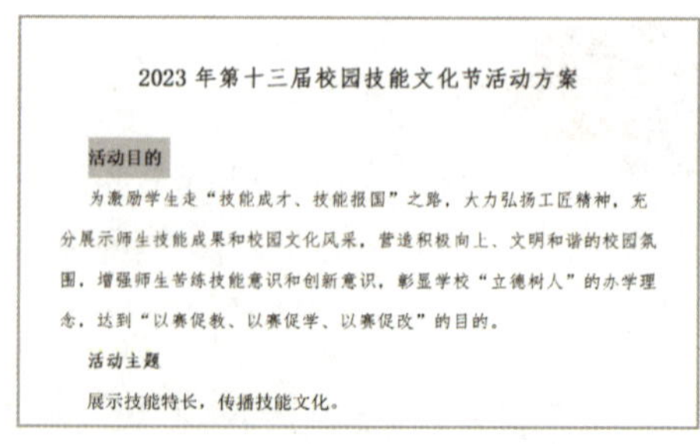

2023 年第十三届校园技能文化节活动方案

活动目的

为激励学生走“技能成才、技能报国”之路，大力弘扬工匠精神，充分展示师生技能成果和校园文化风采，营造积极向上、文明和谐的校园氛围，增强师生苦练技能意识和创新意识，彰显学校“立德树人”的办学理念，达到“以赛促教、以赛促学、以赛促改”的目的。

活动主题

展示技能特长，传播技能文化。

b）

图 1–5–3　设置标题样式

a）预设样式　b）设置效果

三、修改一级标题样式

1. 设置文字样式

预设样式“标题 1”中预设的字体样式与文档要求的不一致，需要进行修改。光标移动到“样式”功能组的“标题 1”选项上，单击鼠标右键，在弹出的右键快捷菜单中选择“修改样式”命令，如图 1–5–4a 所示；弹出“修改样式”对话框，设置“格式”栏中的参数为“仿宋”“四号”“加粗”“1.5 倍行距”，如图 1–5–4b 所示。

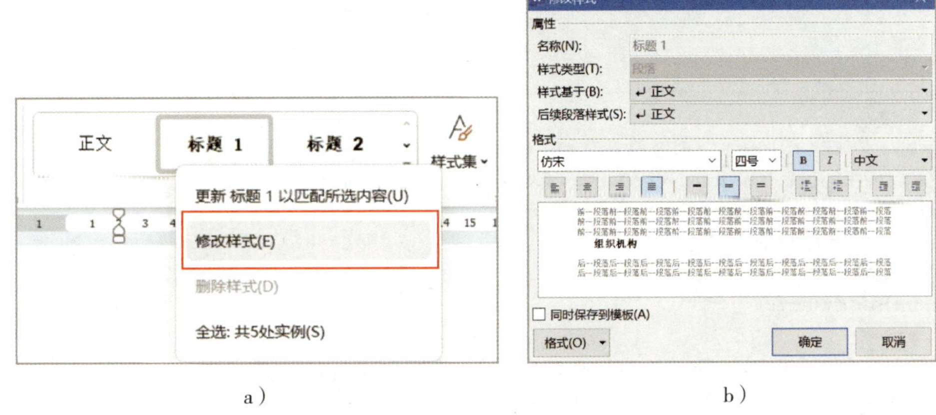

a）　　　　　　　　b）

图 1–5–4　设置标题样式

a）选择“修改样式”命令　b）“修改样式”对话框

2. 设置标题编号

在“修改样式”对话框中，单击“格式”按钮，在弹出的菜单中选择“编号”命令，如图 1–5–5a 所示；在弹出的“项目符号和编号”对话框中选择“编号”选项卡，单击需要的编号样式，如图 1–5–5b 所示，再单击“确定”按钮，完成一级标题样式修改。

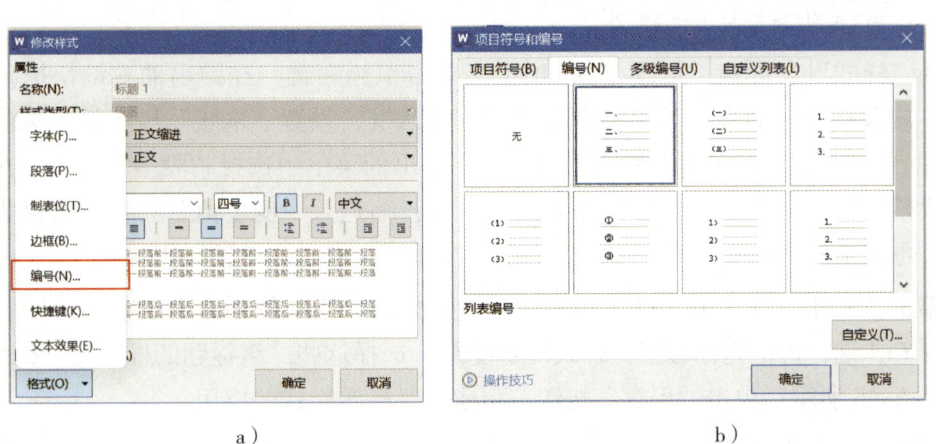

a）　　　　　　　　b）

图 1–5–5　设置标题编号

a）选择“编号”命令　b）“项目符号和编号”对话框

四、使用一级标题样式

单击“开始”选项卡，按住 Ctrl 键，用鼠标在文档中分别选中所有一级标题文本后松开 Ctrl 键，再把光标移至“样式”功能组，选择这些一级标题的样式为“标题 1”，完成文档所有一级标题样式的应用，如图 1–5–6a 所示。

使用格式刷也可以完成所有一级标题“标题 1”格式的复制。操作步骤可参考本教材项目二中的“任务二　格式刷的使用”的内容。

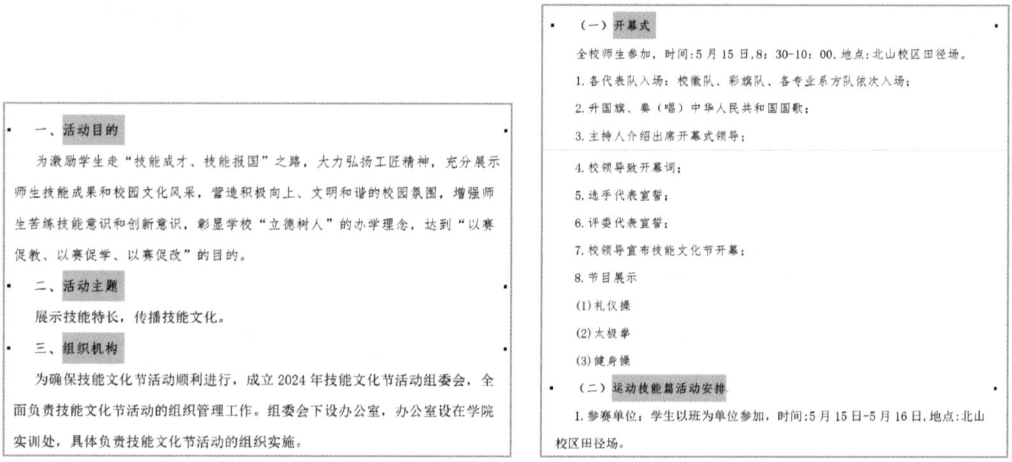

一、活动目的

为激励学生走“技能成才、技能报国”之路，大力弘扬工匠精神，充分展示师生技能成果和校园文化风采，营造积极向上、文明和谐的校园氛围，增强师生苦练技能意识和创新意识，彰显学校“立德树人”的办学理念，达到“以赛促教、以赛促学、以赛促改”的目的。

二、活动主题

展示技能特长，传播技能文化。

三、组织机构

为确保技能文化节活动顺利进行，成立 2024 年技能文化节活动组委会，全面负责技能文化节活动的组织管理工作。组委会下设办公室，办公室设在学院实训处，具体负责技能文化节活动的组织实施。

a）

（一）开幕式

全校师生参加，时间：5 月 15 日，8：30–10：00，地点：北山校区田径场。

1. 各代表队入场：校徽队、彩旗队、各专业系方队依次入场；

2. 升国旗、奏（唱）中华人民共和国国歌；

3. 主持人介绍出席开幕式领导；

4. 校领导致开幕词；

5. 选手代表宣誓；

6. 评委代表宣誓；

7. 校领导宣布技能文化节开幕；

8. 节目展示

(1) 礼仪操

(2) 太极拳

(3) 健身操

（二）运动技能篇活动安排

1. 参赛单位：学生以班为单位参加，时间：5 月 15 日–5 月 16 日，地点：北山校区田径场。

b）

图 1–5–6　标题样式使用效果

a）一级标题样式使用效果　b）二级标题样式使用效果

五、修改与使用二级标题样式

选择第一个二级标题文本“开幕式”，在“开始”选项中单击“样式”功能区下拉按钮，设置标题样式为“标题 2”。

在“样式”功能组“标题 2”选项上，单击鼠标右键，在弹出的右键快捷菜单中选择“修改样式”命令；弹出“修改样式”对话框，设置“格式”栏中的参数为“仿宋”“四号”“加粗”；单击“格式”按钮，在弹出的菜单中选择“段落”命令，在弹出的“段落”对话框中设置“特殊格式”为“首行缩进”，“度量值”会自动变成为“2”字符，也就是两个中文空格；单击“确定”按钮，完成二级标题样式的修改。

单击“开始”选项卡，按住 Ctrl 键，用鼠标在文档中分别选中所有二级标题文本后松开 Ctrl 键，再把光标移至“样式”功能组，选择这些二级标题的样式为“标题 2”，如图 1–5–6b 所示；单击“保存”按钮，完成二级标题样式的应用。

至此文档中所有一级、二级标题都分别统一成了“标题 1”“标题 2”的样式。

1. 保存修改的样式

自己新建好的样式或修改过的样式，可以保存在样式库中，供其他文档使用。方法如下：在“开始”选项卡中单击“样式”功能组“样式”下拉按钮，光标移动到要保存的样式名称上，单击鼠标右键，在弹出的右键快捷菜单中，选择“修改样式”命令；弹出“修改样式”对话框，勾选“同时保存到模板”复选框，单击“确定”按钮，如图 1-5-7 所示。

2. 批量修改标题文本样式

利用“更新样式”命令，可以批量快捷修改同级别标题文字的字体。方法如下：先任选一个一级标题修改字体为“宋体”，在“样式”功能组中的“标题 1”上单击右键，在弹出的右键快捷菜单中选择“更新标题 1 以匹配所选内容”命令，如图 1-5-8 所示，这时所有应用了“标题 1”样式的文本字体就瞬间更新为宋体。

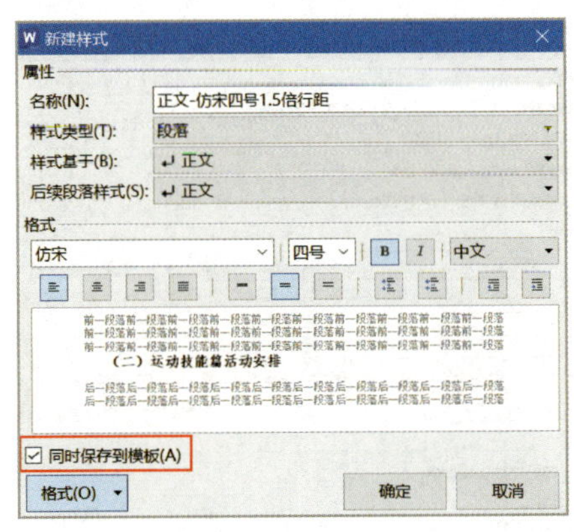

图 1-5-7　勾选“同时保存样式到模板”复选框

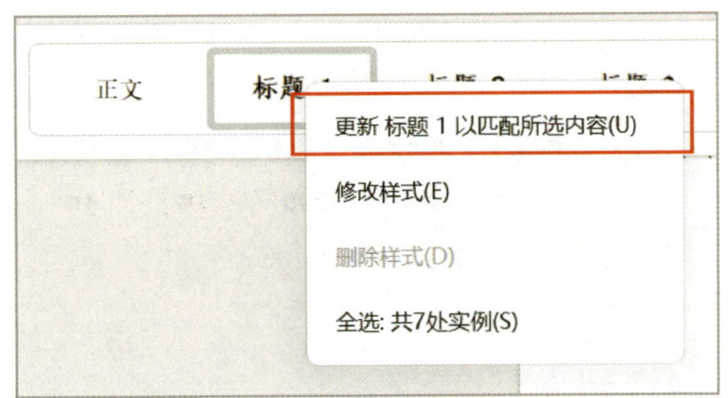

图 1-5-8　选择“更新标题 1 以匹配所选内容”命令

参考上面的操作，还可以完成文本效果、段落、编号等格式的批量修改。

任务二　设置正文样式

能够使用 WPS 预设的正文样式，能够根据需要修改、新建正文样式。

一、新建正文样式

预设样式中没有合适的样式模板时可以自定义文字样式。在“开始”选项卡“样式”功能组中单击“样式”下拉按钮，选择“新建样式”命令，如图 1–5–9a 所示；在“新建样式”对话框中，输入样式的“名称”为“正文 – 仿宋四号 1.5 倍行距”，如图 1–5–9b 所示。

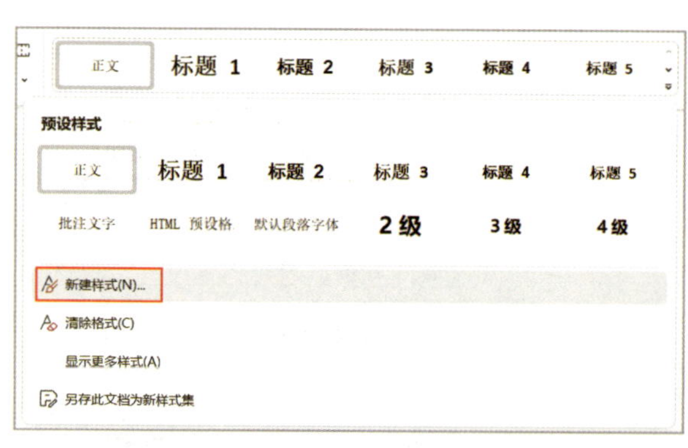

a）

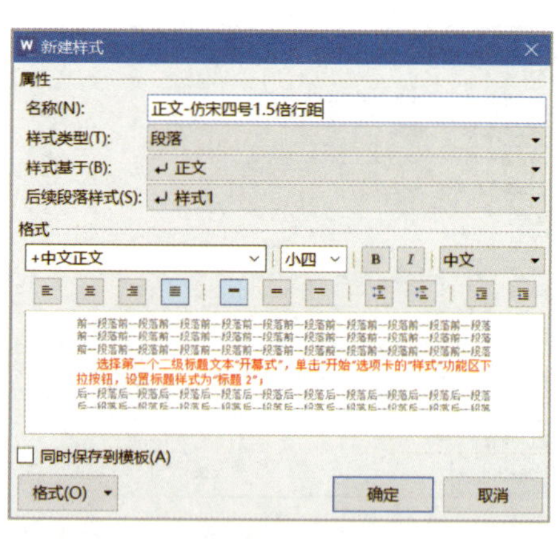

b）

图 1–5–9　新建样式

a）选择“新建样式”命令　b）“新建样式”对话框

二、设置正文样式的字体格式

在“新建样式”对话框中单击“格式”按钮，在弹出的菜单中选择“字体”命令，如图 1–5–10a 所示；弹出“字体”对话框，设置“中文字体”为“仿宋”，“字形”为“常规”，“字号”为“四号”，如图 1–5–10b 所示；单击“确定”按钮，完成正文样式的字体格式设置。

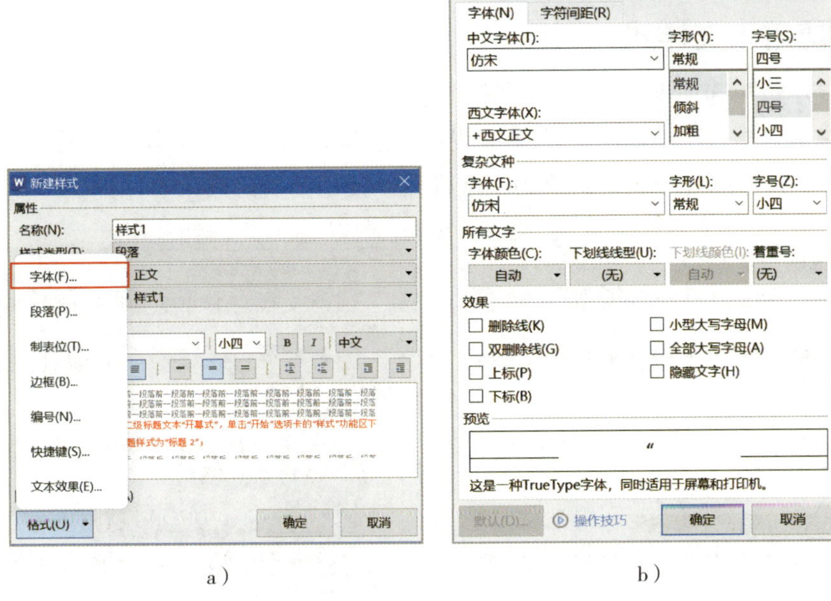

a）　　　　　　　　　　b）

图 1-5-10　设置正文样式

a）选择“字体”命令　b）“字体”对话框

三、设置正文样式的段落格式

在“新建样式”对话框中单击“格式”按钮，在弹出的菜单中选择“段落”命令；弹出“段落”对话框，设置该正文样式的“特殊格式”为“首行缩进”，“度量值”为“2”字符，“段前”“段后”“间距”为“0”，“行距”为“1.5 倍行距”，如图 1-5-11 所示；单击“确定”按钮，完成正文段落格式的设置；返回“新建样式”对话框，单击

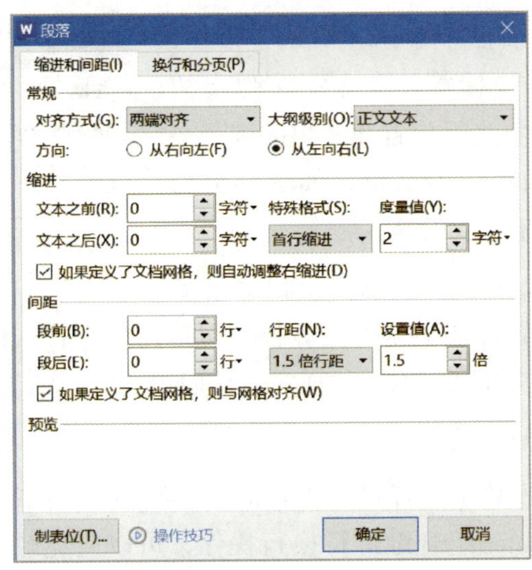

图 1-5-11　设置段落格式

“确定”按钮，完成“正文－仿宋四号 1.5 倍行距”正文样式的创建。

四、使用正文样式

单击“开始”选项卡，按住 Ctrl 键，用鼠标选中文档中所有的正文后松开 Ctrl 键，再把光标移至“样式”功能组，选择这些正文的样式为“正文－仿宋四号 1.5 倍行距”，文档的正文格式全部统一成了新建的正文样式。使用前后的效果对比如图 1-5-12 所示。

（二）运动技能篇活动安排
1. 参赛单位：学生以班为单位参加，时间:5 月 15 日-5 月 16 日，地点:北山校区田径场。
2. 竞赛项目：100 米、400 米、800 米、跳远、跳高（姿势不限）、4×100 米接力 、一分钟单人跳绳。
3. 参加办法：
运动技能比赛分年级设男子组、女子组。各项目各班运动员报名人数不超过 4 人。每人限报两项，接力除外。
4. 竞赛办法：
（1）采用国家体委审定的最新田径竞赛规则。
（2）接力赛进行一次性决赛。按成绩择优录取，成绩精确到 0.1 秒，如相等，则名次并列。

a）

（二）运动技能篇活动安排
1. 参赛单位：学生以班为单位参加，时间:5 月 15 日-5 月 16 日，地点:北山校区田径场。
2. 竞赛项目：100 米、400 米、800 米、跳远、跳高（姿势不限）、4×100 米接力 、一分钟单人跳绳。
3. 参加办法：
运动技能比赛分年级设男子组、女子组。各项目各班运动员报名人数不超过 4 人。每人限报两项，接力除外。
4. 竞赛办法：
（1）采用国家体委审定的最新田径竞赛规则。
（2）接力赛进行一次性决赛。按成绩择优录取，成绩精确到 0.1 秒，如相等，则名次并列。

b）

图 1-5-12　使用前后的效果对比
a）使用前　b）使用后

1. 设置样式的快捷键

在“新建样式”对话框中单击“格式”按钮，在弹出的菜单中选择“快捷键”命令；在弹出的“快捷键绑定”对话框中将光标放置在“快捷键”文本框中，同时按住键盘的 Alt 与 Z 键，如图 1-5-13 所示；单击“指定”按钮完成设置。

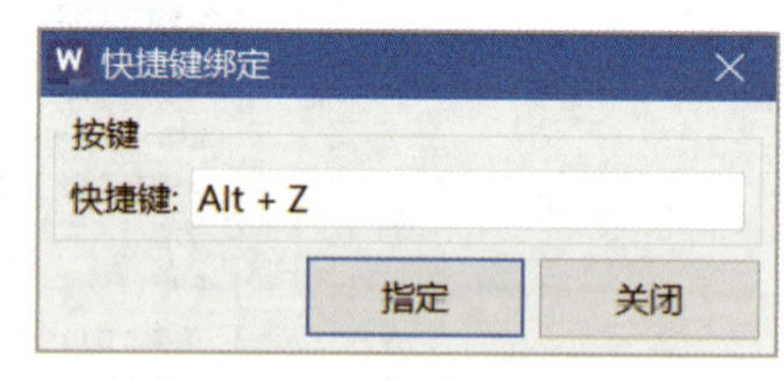

图 1-5-13　“快捷键绑定”对话框

在页数较多的文档，特别是样式种类设置较多的文档，使用快捷键设置样式显得尤为方便。可以对每个样式配置不同的快捷键，设置时只需按一下快捷键就可以应用一种样式，从而提高排版的工作效率。

2. 快速取消自动编号功能

编辑正文过程中输入数字，有时一按 Enter 键换行后，第二行就会出现自动编号的数字。这时使用 Shift+Enter 组合键进行换行操作，可以避免触发自动编号功能，数字就不会出现了。

任务三　制作目录

能够设置标题的大纲级别，能够引用自动目录、编辑与更新目录。

目录是文档标题和对应页码的集中显示。对于一篇长文档来说，目录必不可少。生成目录的依据是大纲级别。大纲级别是指文档中不同标题（段落）之间的层次关系，主要用于页面导航和生成目录。

一、设置标题的大纲级别

1．设置一级标题的大纲级别

单击“开始”选项卡，按住 Ctrl 键，用鼠标选中所有一级标题文本，单击“段落”功能组中的“对话框启动器”按钮；在弹出的“段落”对话框中，设置标题的“大纲级别”为“1 级”，如图 1-5-14a 所示；单击“确定”按钮，完成文档所有一级标题大纲级别的设置。

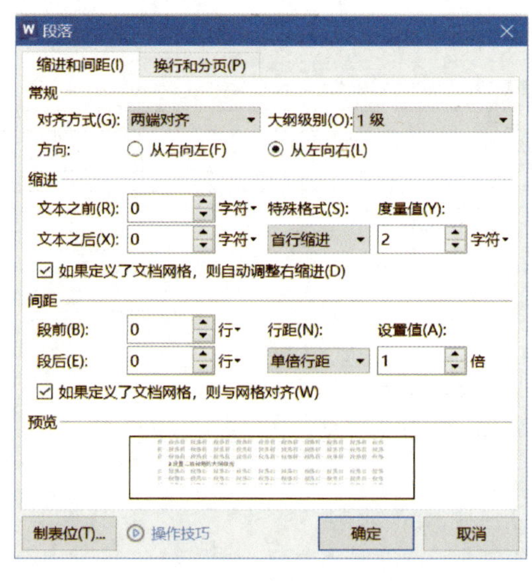

a）

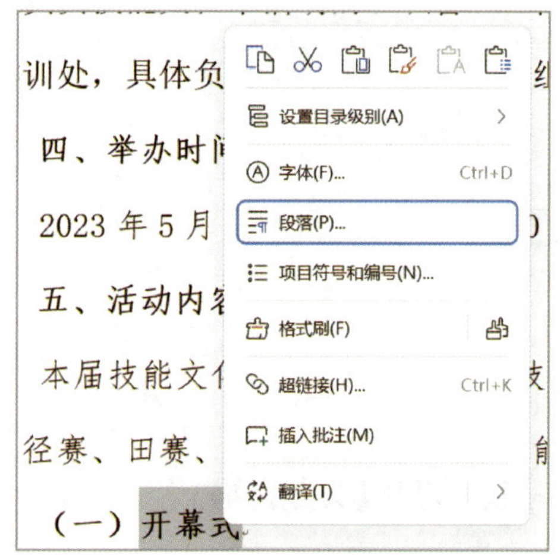

b）

图 1-5-14　设置标题的大纲级别

a）“段落”对话框　b）选择“段落”命令

2. 设置二级标题的大纲级别

采用与前面相同的方法，选中所有二级标题文本，设置“大纲级别”为“2 级”，完成文档所有二级标题大纲级别的设置。

也可以在选中的文本中，单击鼠标右键，在弹出的右键快捷菜单中选择“段落”命令进行设置，如图 1–5–14b 所示。

二、添加目录

1. 插入目录页

将光标放到文档的开始位置，即“2023 年第十三届校园技能文化节活动方案”的标题前，在“插入”选项卡“页”功能组中单击“分页”下拉按钮，在下拉列表中选择“分页符”命令，插入一张新的页面作为目录页。

2. 自动提取目录

在“引用”选项卡中单击“目录”按钮，在下拉列表中选择样式，如图 1–5–15a 所示。此时，目录就将自动插入到光标插入点所在的位置，完成后的效果如图 1–5–15b 所示。

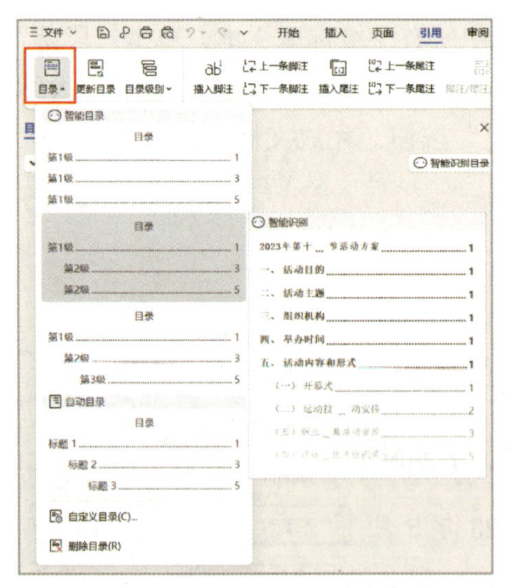

a）

目录

2023 年第十三届校园技能文化节活动方案........1
一、 活动目的........1
二、 活动主题........1
三、 组织机构........1
四、 举办时间........2
五、 活动内容和形式........2
（一） 开幕式........2
（二） 运动技能篇活动安排........2
（三）职业技能篇活动安排........4
（四）评选出专业系优秀组织奖........5
（五）技能节后成果收集、展出........6
六、 阶段工作........6

b）

图 1–5–15 自动提取目录
a）单击“目录”按钮 b）完成后的效果

三、调整目录的格式

1. 设置标题的字体

选中标题文本“目录”，在“开始”选项卡“字体”功能组中单击“对话框启动器”按钮，弹出“字体”对话框；选择“字体”选项卡，设置字体为“宋体”，字形为“加粗”，字号为“小二”；切换到“字符间距”选项卡，设置“间距”为“标准”，“值”为“0.2”厘米，单击“确定”按钮完成设置。

2．设置一级目录的字体

选中所有一级目录文本，在“开始”选项卡下“字体”功能组中，设置字体为“宋体”，字形为“加粗”，字号为“小四”。

3．设置二级目录的字体

采用同样的方法，设置所有二级目录文本的字体为“宋体”，字号为“小四”。

4．设置目录的段落格式

选中目录区域所有文本，在“开始”选项卡“段落”功能组中单击“对话框启动器”按钮，弹出“段落”对话框；设置“段前”“段后”间距均为“0”，“行距”为“1.5 倍行距”；单击“确定”按钮，完成目录的段落格式的设置。

5．删除多余文本

文档标题“2023 年第十三届校园技能文化节活动方案”是不需要出现在目录中的。选中此文本，在“引用”选项卡中单击“目录级别”按钮，在弹出的下拉列表中选择“普通文本”命令，如图 1–5–16a 所示；在“引用”选项卡中单击“更新目录”按钮，弹出“更新目录”对话框，勾选“更新整个目录”单选框，如图 1–5–16b 所示；单击“确定”按钮，完成目录中多余文本的删除。

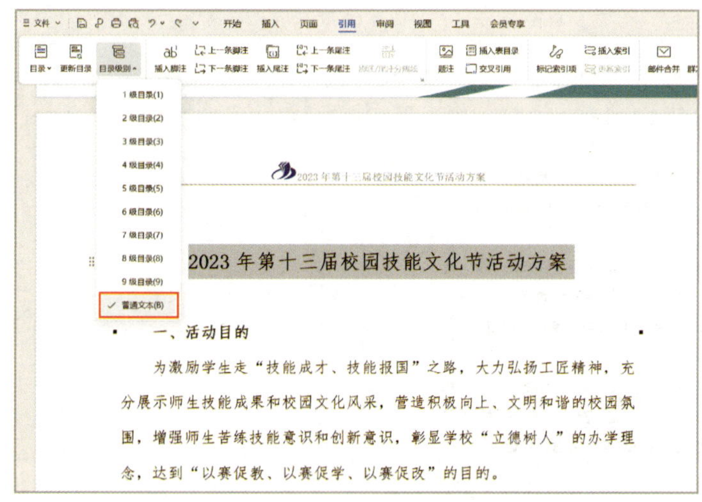

a）

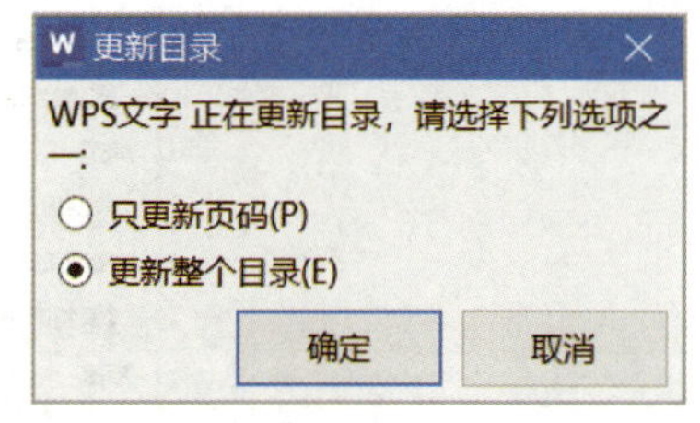

b）

图 1–5–16　使用正文样式

a）选择“普通文本”选项　b）“更新目录”对话框

目录调整前后的效果如图 1-5-17 所示。

目　录

2023 年第十三届校园技能文化节活动方案……1
一、活动目的……1
二、活动主题……1
三、组织机构……1
四、举办时间……1
五、活动内容和形式……1
（一）开幕式……1
（二）运动技能篇活动安排……2
（三）职业技能篇活动安排……3
（四）评选专业系优秀组织奖……5
（五）技能节后成果收集、展出……5
六、阶段工作……5

a）

目　录

一、活动目的……1
二、活动主题……1
三、组织机构……1
四、举办时间……1
五、活动内容和形式……1
（一）开幕式……1
（二）运动技能篇活动安排……2
（三）职业技能篇活动安排……3
（四）评选出专业系优秀组织奖……5
（五）技能节后成果收集、展出……5
六、阶段工作……6

b）

图 1-5-17　目录调整前后的效果
a）调整前　b）调整后

1. 利用标题样式生成目录

利用标题样式生成目录的前提条件是在标题样式中已设置好大纲级别，在“修改样式”对话框中打开“段落”对话框，可以查看并设置该样式的大纲级别，如图 1-5-18 所示。

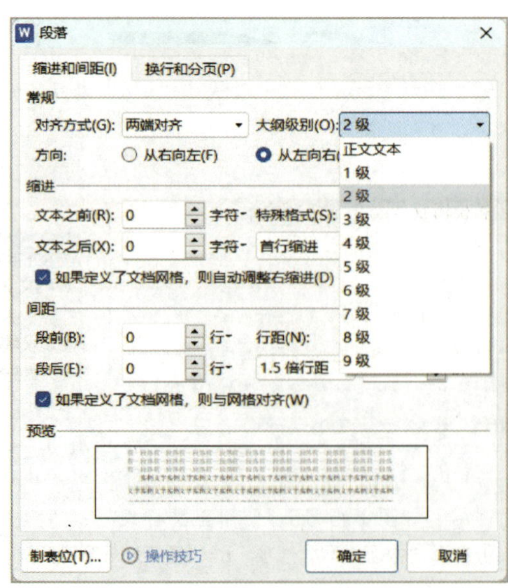

图 1-5-18　样式的大纲级别

系统在“标题 1”“标题 2”“标题 3”“标题 4”等标题样式中，已分别内置好相应的大纲级别，因此使用这些样式的标题，不需要再重复设置大纲级别，可以直接应用并自动生成目录。

2. 使用目录导航

在长文档排版时打开导航窗格，可使工作效率倍增。

（1）开启导航窗格。在“视图”选项卡中单击“导航窗格”按钮即可启动导航窗格，看到“目录”导航窗格等。

（2）使用目录查看相应内容。在“目录”导航窗格中，可以快捷查看文档的整体组织结构。单击不同条目，可以迅速跳转到文档中的相应部分，轻松实现文档的快速定位、浏览和编辑，如图 1–5–19 所示。

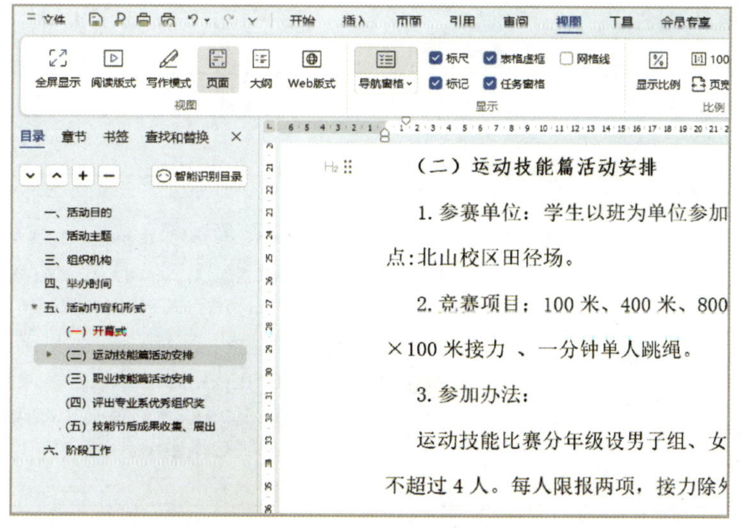

图 1–5–19 “目录”导航窗格

（3）使用章节导航。在“章节”导航窗格中，可以查看以分节符划分的文档章节，实现章节导航。单击不同章节，可以迅速跳转到文档中的相应部分，如图 1–5–20 所示。在“查找和替换”导航窗格中，可以输入所需搜索的内容，实现批量查找或替换指定的内容，如图 1–5–21 所示。

（4）智能识别，一键生成。利用导航窗格进行目录导航的条件是各级标题应用了标题样式或设置了大纲级别。对于没有设置标题样式或大纲级别的文档，WPS 也有相应的支持，能够自动识别正文的段落结构。在“目录”导航窗格中单击“智能识别目录”按钮，可以一键生成目录导航，以呈现文档的结构，如图 1–5–22 所示。

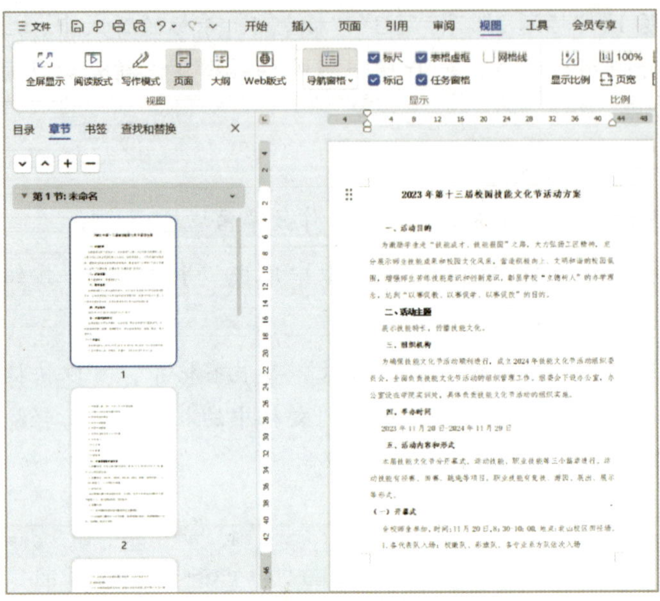

图 1-5-20 “章节”导航窗格

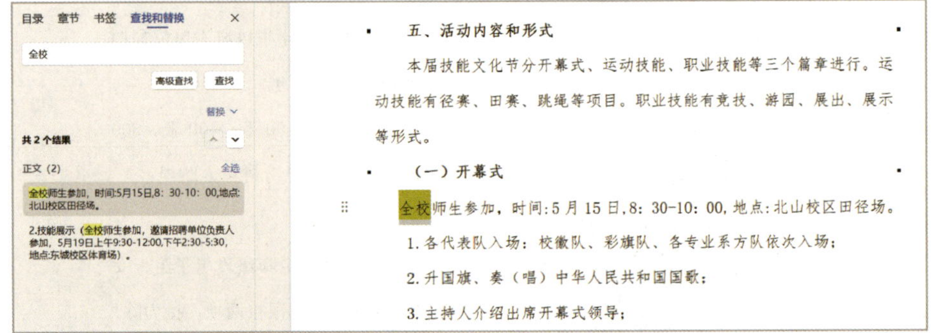

图 1-5-21 “查找和替换”导航窗格

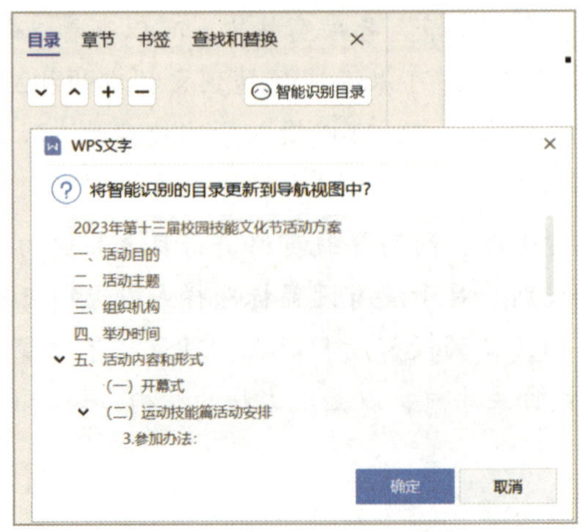

图 1-5-22 智能识别目录

任务四　制作封面

封面是文档的门面，能传达文档的主题，使文档增色。对于长文档来说，封面必不可少。在完成文档内容的编辑后，接下来就要为文档制作一个美观的封面。

能够设置封面样式。

一、插入封面页

按 Ctrl+Home 组合键，光标将定位至文档首部，在“插入”选项卡中单击“封面”下拉按钮，弹出“预设封面页”列表，选择一个封面的样式，完成后的效果如图 1-5-23 所示。

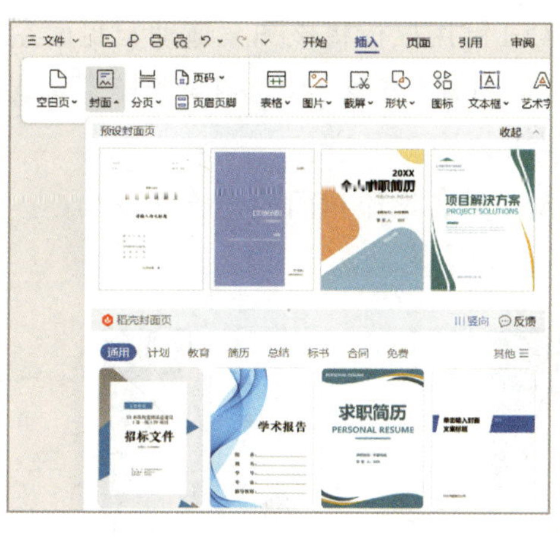

a）

b）

图 1-5-23　插入封面

a）“预设封面页”列表　b）完成后的效果

二、编辑封面文字

1. 修改标题

修改标题文字为“2023 年第十三届校园技能文化节活动方案”，输入日期信息为“2023.11”。

2. 设置文字效果

选定标题文本，调整字号为“二号”，在“开始”选项卡中单击“字体颜色”下拉按钮，在下拉列表中选择“其他字体颜色”选项，弹出“颜色”对话框，在“自定义”选项卡中，设置字体颜色 RGB 值为“72，116，200”；在“开始”选项卡中单击“文字效果”下拉按钮，在下拉列表中选择“阴影”选项，在弹出的子菜单中选择文字阴影为“内部向上”，效果如图 1–5–24a 所示。

3. 删除多余文字

本项目的封面不需要副标题、摘要等信息，将其删除。

三、使用图片装饰封面

1. 添加 logo

在“插入”选项卡中单击“图片”下拉按钮，弹出“插入图片”对话框，选择素材图片“校徽 .jpg”，在标题上方插入校徽，如图 1–5–24b 所示。

2. 添加修饰图案

选中模板中的图片，利用“图片工具”选项卡下的“裁剪”按钮裁取图片左下部分的图案，作为封面的装饰线条，如图 1–5–24c 所示；在“图片工具”选项卡中单击“旋转”下拉按钮，在下拉列表中选择“向左旋转 90°”命令，再移动图案至封面的右下角适当位置，完成封面第一条装饰线的制作。

选中封面的右下角的图案，按住 Ctrl 键用鼠标将该图案拖动至封面左上角，复制出第二个图案；参考前面的操作，二次向右旋转图案 90°，再调整图案至封面左上角的适当位置，完成封面第二条装饰线的制作。

善用线条等装饰元素，能丰富视觉效果，增添封面的美感和灵动性。完成装饰后的封面页效果如图 1–5–24d 所示。

a）

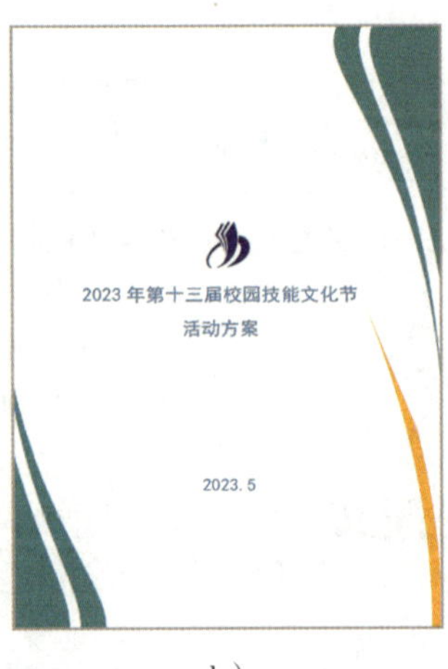

b）

c）　　　　　　　　d）

图 1-5-24　插入封面

a）设置文字效果　b）添加 logo　c）裁取图片　d）完成装饰后的封面页效果

导入自己的封面

如果想插入自己之前做的一张封面，可以使用 WPS 的插入对象功能完成。方法是将光标定位至文档首部，在“插入”选项卡中单击“空白页”按钮，插入一页空白页作为封面页；在“插入”选项卡中单击“附件”下拉按钮，在下拉列表中选择“对象”命令，弹出“插入对象”对话框，勾选“由文件创建”单选框，如图 1-5-25 所示；单击“浏览”按钮，弹出“浏览”对话框，在“浏览”对话框中选择要导入的文件并单击“打开”按钮，返回“插入对象”对话框，单击“确定”按钮。这样，选定的封面文档内容就会被插入到当前的文档中，通常能保持原始格式。

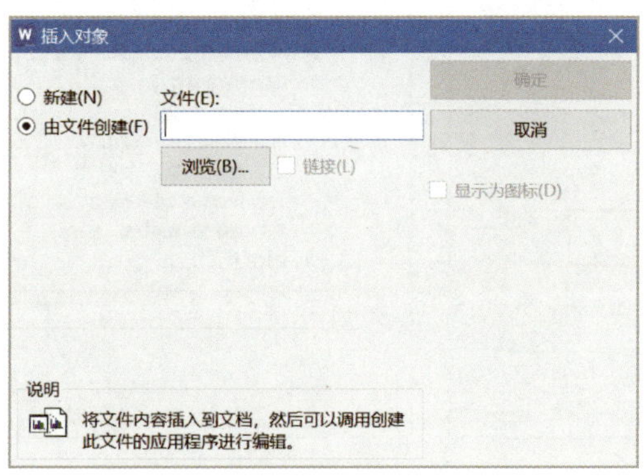

图 1-5-25　“插入对象”对话框

任务五　设置页眉页脚

能够分节文档，设置页眉页脚与页码。

每个页面的顶部区域、底部区域，分别称之为页眉、页脚，常用于呈现文档的附加信息，如标题、单位标志、版权信息、章节标题、日期、页码、文件名或作者姓名等。页码是指用来标识文档每一页的数字或其他符号。通常页眉放置文档信息，页脚放置页码。长文档中有了页眉、页脚，可以方便读者快速定位到所在的章节与要查找的页面。

一、插入分节符

封面页、目录页、正文页三者的页眉格式与页码格式都是不同的。用分节符可以把文档分成封面、目录、正文三个不同的节，实现节与节之间页眉、页脚、页码等格式的独立，可分别设置与编辑。文档分节的操作步骤如下。

分别将光标定位在封面页、目录页的末尾，在“页面”选项卡中单击“分隔符”下拉按钮，在下拉列表中选择“下一页分节符”命令，如图 1-5-26a 所示。文档的目录、封面和正文的三分节即完成，设置效果如图 1-5-26b 所示。

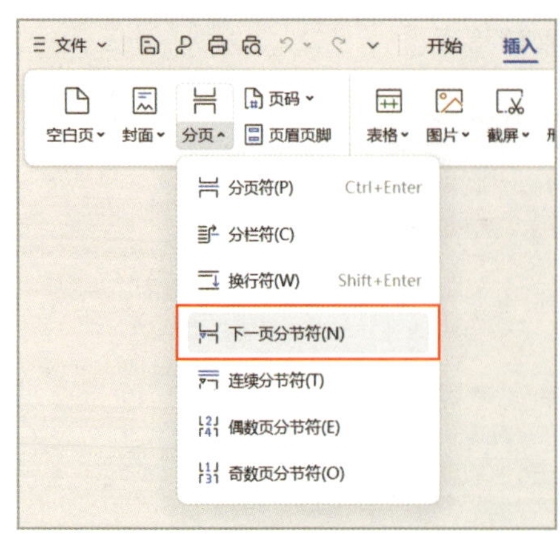

a）

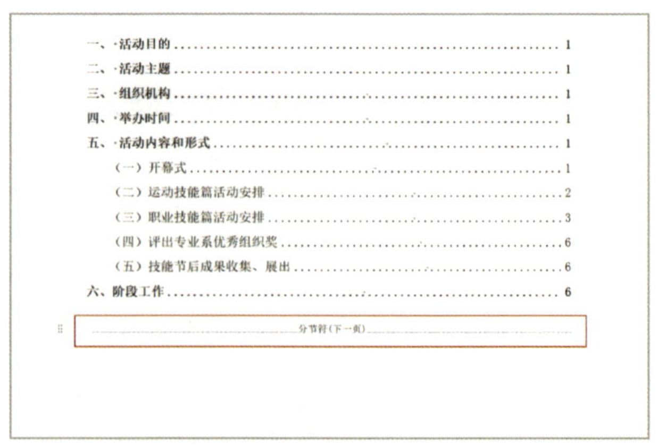
一、·活动目的……1
二、·活动主题……1
三、·组织机构……1
四、·举办时间……1
五、·活动内容和形式……1
（一）开幕式……1
（二）运动技能篇活动安排……2
（三）职业技能篇活动安排……3
（四）评出专业系优秀组织奖……6
（五）技能节后成果收集、展出……6
六、阶段工作……6
分节符(下一页)

b）

图 1-5-26　文档的分节
a）选择“下一页分节符”命令　b）设置效果

二、设置目录页、正文页的页码

封面页、目录页、正文页的页码格式设置要求是封面不设页码，目录页码通常采用大写罗马数字（如Ⅰ、Ⅱ、Ⅲ…），正文页码采用阿拉伯数字（如 1、2、3…）。操作步骤如下。

双击正文页底部的空白处，进入页眉和页脚编辑状态，在页脚编辑区上方单击“插入页码”按钮，在下拉列表中选择“样式”为“1，2，3…”，“应用范围”设置为“本节”，如图 1–5–27a 所示；单击页脚编辑区上方的“重新编号”按钮，在下拉列表中将“页面编号设为”从“1”开始，如图 1–5–27b 所示；关闭页眉页脚编辑状态，完成正文页码的设置。

双击目录页底部空白处，参考上面的操作，选择“样式”为“Ⅰ，Ⅱ，Ⅲ…”，完成目录页码的设置。

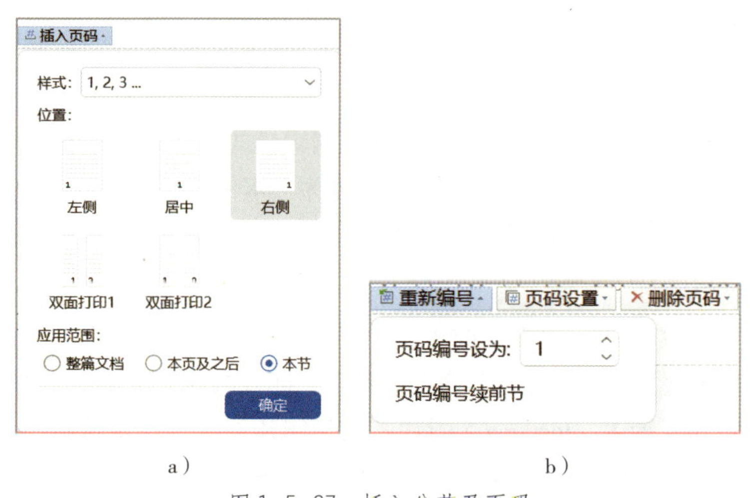

a）　　　　　　　　　　b）

图 1–5–27　插入分节及页码

a）“插入页码”下拉列表　b）“重新编号”下拉列表

三、设置目录页、正文页的页眉

封面页、目录页、正文页的页眉格式设置要求是封面页不设页眉，目录页的页眉为“目录”二字，正文页的页眉内容是文档附加信息。

1. 设置目录页的页眉

双击目录页的页眉处进入页眉和页脚编辑状态，在页眉编辑区输入文本“目录”，设置字体为“宋体”，字号为“五号”，按 Ctrl+R 组合键设置文字对齐方式为右对齐，如图 1–5–28a 所示；在“页眉页脚”选项卡中单击“页眉横线”下拉按钮，为页眉添加横线，如图 1–5–28b 所示；单击“同前节”按钮，断开各节之间的联系，如图 1–5–28c 所示。

a）

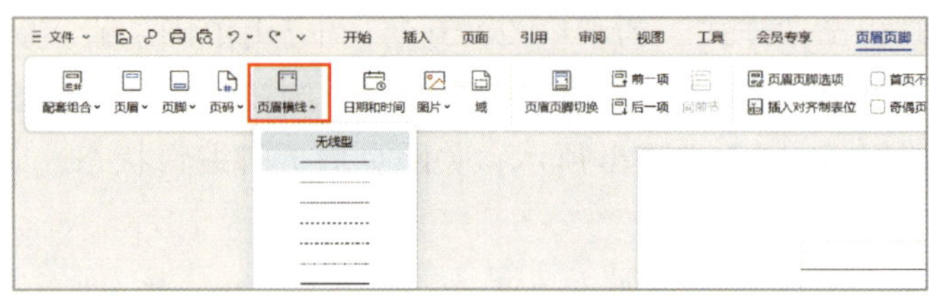

b）

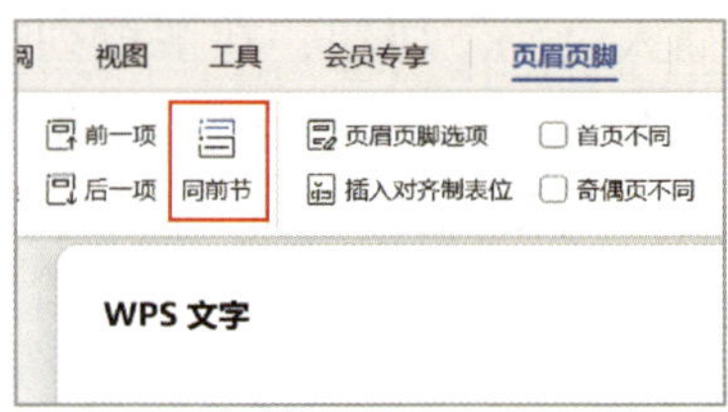

c）

图 1-5-28　设置目录页页眉

a）页眉编辑区　b）单击“页眉横线”按钮　c）单击“同前节”按钮

2. 设置正文页的页眉

双击正文页的页眉处鼠标，进入页眉页脚编辑模式，在页眉编辑区输入“2023 年第十三届校园技能文化节活动方案”，设置字体为“宋体”，字号为“五号”，按 Ctrl+E 组合键设置文字对齐方式为居中对齐，其他操作与设置目录页的页眉相同。

3. 插入页眉图片

光标定位在正文页的页眉文字前，在“页眉页脚”选项卡中单击“图片”下拉按钮，在下拉菜单中选择“本地图片”命令，弹出“插入图片”对话框，选择“logo.jpg”，单击“打开”按钮，插入“logo.jpg”图片，调整图片的大小以及位置，退出页眉编辑模式，完成校徽图片在正文页眉的插入，如图 1-5-29 所示。

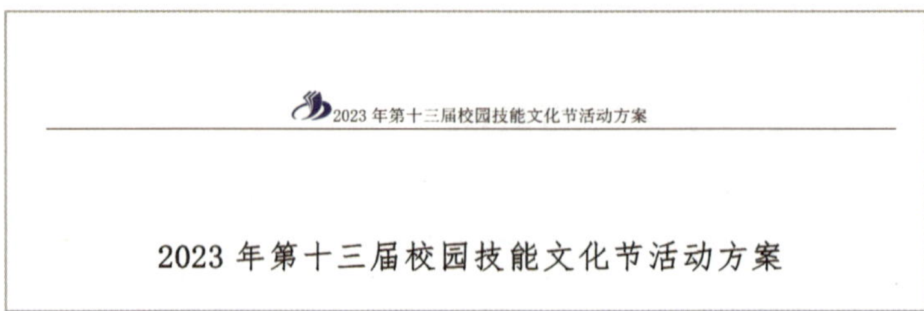

图 1-5-29　插入页眉图片

1. 制作个性化的页眉页脚和页码

WPS 软件提供了更有设计感、更加个性化的页眉页脚和页码，可以使文档更加生动美观。

在“插入”选项卡中单击“页眉和页脚”按钮，进入页眉和页脚编辑状态；分别单击“页眉”“页脚”“页码”的下拉按钮，均可在素材库中选取合适的样式，如图 1–5–30a 所示，样例如图 1–5–30b 所示。

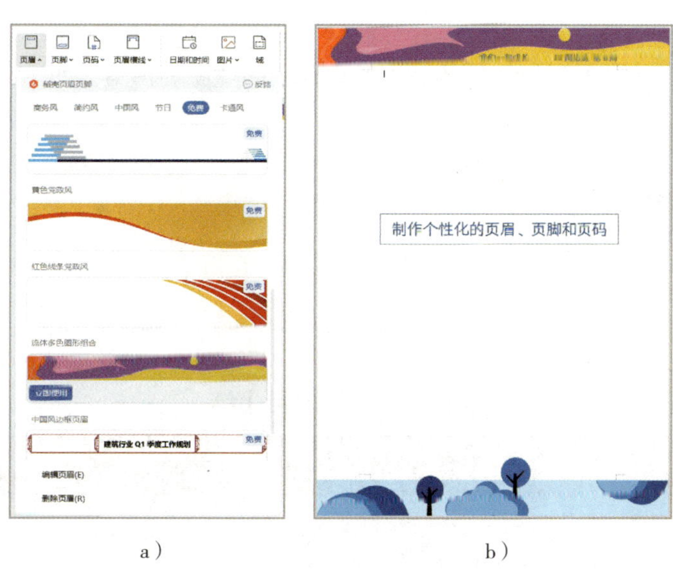

a）　　　　　　　　b）

图 1–5–30　设置目录页页眉

a）页眉素材库　b）样例

2. 为奇偶页创建不同的页眉页脚

要使奇偶页呈现不同页眉页脚，需要勾选“页眉和页脚”选项卡下的“奇偶页不同”复选框，如图 1–5–31a 所示。

以本项目为例，设置奇数页的页眉信息为左对齐，偶数页的页眉信息为右对齐，操作方法如下。

勾选“页眉和页脚”选项卡下的“奇偶页不同”复选框；在奇数页的页眉处双击鼠标左键，选中页眉文字，按 Ctrl+L 组合键设置文字对齐方式为左对齐；在偶数页的页眉处双击鼠标左键，选中页眉文字，按 Ctrl+R 组合键设置文字对齐方式为右对齐；关闭页眉页脚编辑状态完成设置，完成后的效果如图 1–5–31b 所示。

会员专享 页眉页脚 WPS AI
页眉页脚选项 首页不同 页眉同
插入对齐制表位 奇偶页不同 页脚同

a）

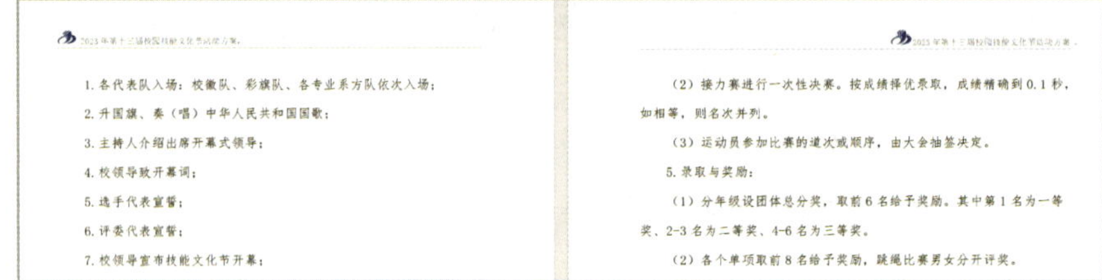
1. 各代表队入场：校徽队、彩旗队、各专业系方队依次入场；
2. 升国旗、奏（唱）中华人民共和国国歌；
3. 主持人介绍出席开幕式领导；
4. 校领导致开幕词；
5. 选手代表宣誓；
6. 评委代表宣誓；
7. 校领导宣布技能文化节开幕；

（2）接力赛进行一次性决赛。按成绩择优录取，成绩精确到 0.1 秒，如相等，则名次并列。

（3）运动员参加比赛的道次或顺序，由大会抽签决定。

5. 录取与奖励：

（1）分年级设团体总分奖，取前 6 名给予奖励。其中第 1 名为一等奖、2-3 名为二等奖、4-6 名为三等奖。

（2）各个单项取前 8 名给予奖励，跳绳比赛男女分开评奖。

b）

图 1-5-31 页眉页脚奇偶页不同
a）勾选“奇偶页不同”复选框 b）完成后的效果

项目小结

请对本项目的学习内容进行小结，完成表 1-5-1 的填写。

表 1-5-1 项目小结

目标	操作方法
主题样式	
新建样式	
插入目录	
插入封面	
文档的分节	

模块二

WPS 表格数据应用

项目一

制作学生基本信息表——WPS 表格数据的录入与编辑

WPS 表格是 WPS Office 中的另一个主要组件，具有强大的数据处理能力，主要用于制作各类数据表格。本项目主要讲解 WPS 表格数据的录入与编辑、美化表格等知识。

◆工作表的基本操作　　　　◆数据的录入与编辑
◆单元格的基本操作　　　　◆美化表格

学生入学后，刘老师要制作一份学生基本信息表，包含学生的学号、姓名、性别、民族、籍贯、出生日期等个人信息。

“学生基本信息表”效果图如图 2-1-1 所示。

	A	B	C	D	E	F	G	H
1	学生基本信息表							
2	学号	姓名	性别	民族	籍贯	出生日期	是否为团员	职务
3	001	张丽	女	汉	广东	2005/3/12	是	团支书
4	002	张昊明	男	汉	湖南	2006/12/21	否	
5	003	何智宇	男	汉	广西	2006/9/12	是	
6	004	郭星泽	男	汉	湖南	2005/6/3	是	学习委员
7	005	黄凌萱	女	汉	河北	2006/11/3	否	
8	006	梁晓霜	女	汉	广东	2006/9/18	是	班长
9	007	侯晗翌	男	汉	广东	2006/10/13	否	
10	008	胡乐岚	女	汉	湖北	2005/7/5	是	
11	009	王景天	男	汉	山东	2005/8/18	是	
12	010	赵海逸	男	汉	河北	2005/1/14	否	

学生基本信息表

图 2-1-1 “学生基本信息表”效果图

思路解析

刘老师在制作学生基本信息表时，先创建并保存一份 WPS 表格文件，并将其工作表重命名，再输入学生基本信息数据。输入信息时，要根据不同的数据类型，选择相应的输入方法，最后美化表格。其制作思路如下。

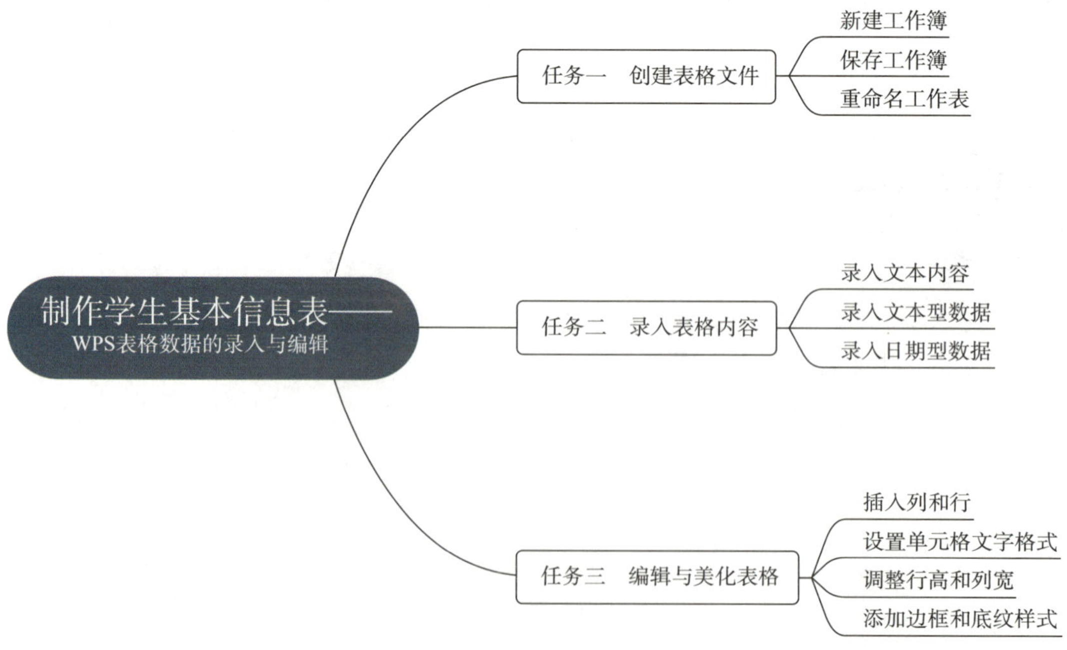

任务一 创建表格文件

能够创建表格文件。

工作表是由多个单元格按照行列方式排列组合而成的。一个 WPS 表格文件是一个工作簿，可以包含多张工作表。默认情况下，一个新建的工作簿包含一张工作表，该工作表默认命名为“Sheet1”。用户可以根据需要，增减工作表的数量和调整工作表的顺序。

一、新建工作簿

启动 WPS Office 程序，在弹出的窗口中选择“新建”命令；进入“新建”页面，在窗口右侧选择“Office 文档”栏中的“表格”选项，在窗口右侧单击“空白表格”按钮，如图 2-1-2a 所示；完成后的效果如图 2-1-2b 所示。

a）

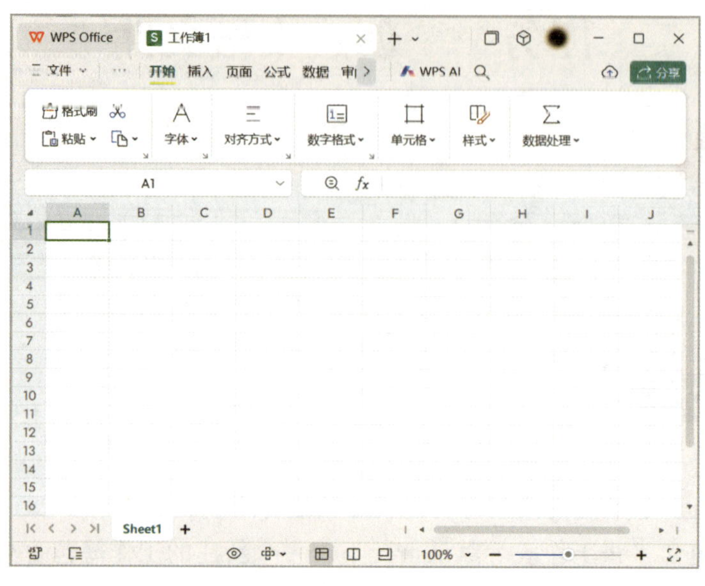

b）

图 2-1-2　新建工作簿

a）单击“空白表格”按钮　b）完成后的效果

二、保存工作簿

在新建的工作簿中，在文档左上角快速访问工具栏中，单击“保存”按钮，如图 2-1-3a 所示；弹出“另存为”对话框，设置文件的保存路径；在“文件名称”文本框中输入“学生基本信息表”，单击“保存”按钮，如图 2-1-3b 所示。

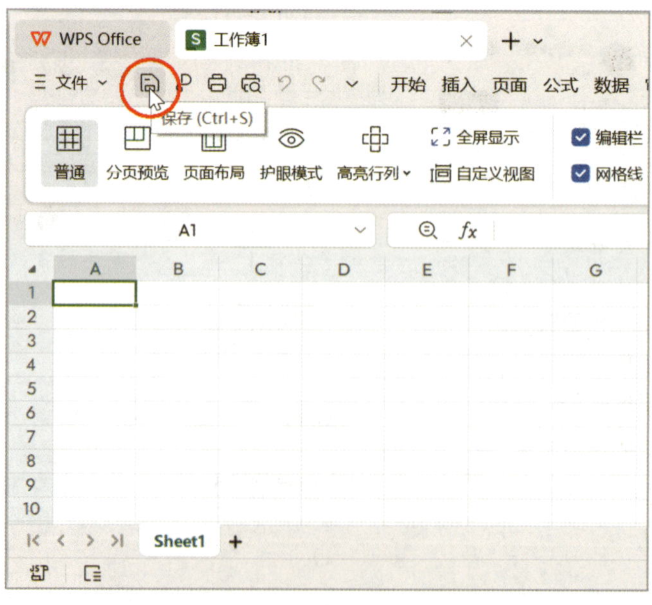

a）

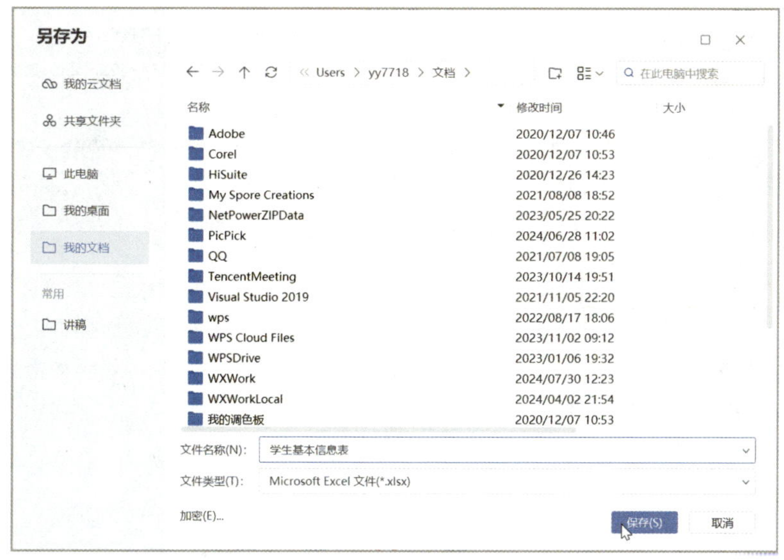

b）

图 2-1-3　保存工作簿

a）单击“保存”按钮　b）“另存为”对话框

文件保存格式

WPS 表格中默认的文件保存格式是“.xlsx”，这是与 Microsoft Office 兼容的常用格式，除此之外，WPS 表格还可以将文档保存为自有的“.et”格式、Microsoft Office 早期版本的“.xls”格式等，在“另存为”对话框中，可通过“文件类型”下拉列表进行选择。若需要将已保存的文件另存成一份其他格式或相同格式的备份文件，可单击“文件”菜单后，选择“另存为”命令。

三、重命名工作表

选中“Sheet1”工作表标签后右击，在弹出的右键快捷菜单中，选择“重命名”命令，如图 2-1-4a 所示；输入新的工作表名称“学生基本信息表”，完成后的效果如图 2-1-4b 所示。

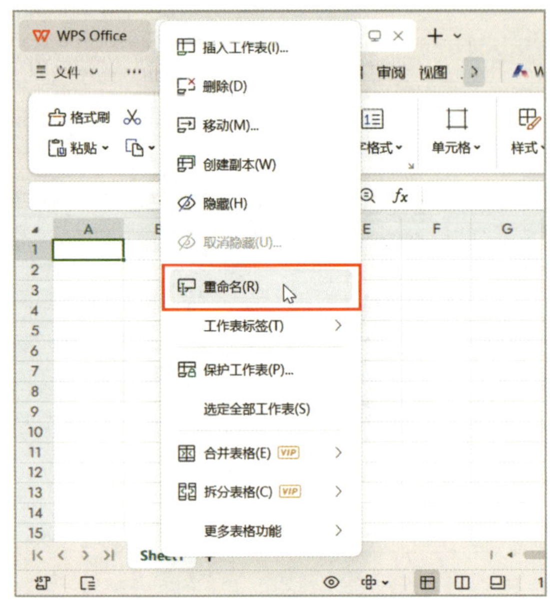

a）

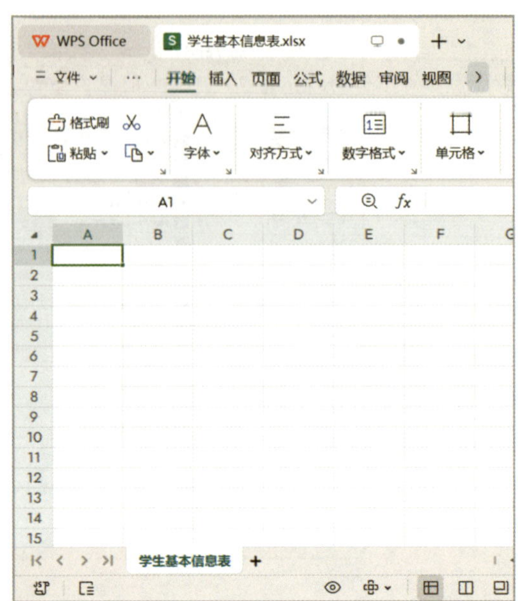

b）

图 2-1-4　重命名工作表

a）选择“重命名”命令　b）完成后的效果

新建与删除工作表

1. 新建工作表

在实际工作中，一张工作表可能无法满足用户的使用需求，这时可在工作簿中添加多张工作表，有以下几种方法。

方法一：单击工作表标签栏右侧的“新建工作表”按钮“+”。

方法二：按 Shift+F11 组合键。

方法三：选中某一工作表标签后右击，在弹出的右键快捷菜单中，选择“插入工作表”命令，弹出“插入工作表”对话框，单击“确定”按钮。

2. 删除工作表

当工作簿中存在多余的工作表时，可将其删除，方法是选中需要删除的工作表标签后右击，在弹出的右键快捷菜单中，选择“删除工作表”命令。

任务二　录入表格内容

能够在表格中录入不同类型的数据。

在 WPS 表格中，常见的数据类型有文本、数字、日期和时间等，不同的数据类型显示方式不同。在默认情况下，文本类型的对齐方式是左对齐，数字类型的对齐方式是右对齐。

一、录入文本内容

单击选中 A1 单元格，录入文本内容“学号”；按照相同的方法，在相应的单元格中录入其他文本内容，如图 2-1-5 所示。

K17

	A	B	C	D	E	F	G
1	学号	姓名	性别	民族	籍贯	出生日期	职务
2		张丽	女	汉	广东		团支书
3		张昊明	男	汉	湖南		
4		何智宇	男	汉	广西		
5		郭星泽	男	汉	湖南		学习委员
6		黄凌萱	女	汉	河北		
7		梁晓霜	女	汉	广东		班长
8		侯晗昱	男	汉	广东		
9		胡乐岚	女	汉	湖北		
10		王景天	男	汉	山东		
11		赵海逸	男	汉	河北		

学生基本信息表

图 2-1-5　录入文本内容

二、录入文本型数据

在工作表中，除需要输入一些文本内容外，还需要输入数值。在输入数值时，WPS 表格会自动将其以标准的数值格式保存在单元格中，但某些特殊的数据，如“001”，录入后 WPS 表格会自动将该数值转换为常规的数值格式“1”。若要使数字保持输入时的格式，需要将数值转换为文本，即文本型数据，具体录入方法如下。

1. 录入数据

选定 A2 单元格，将输入法切换至英文状态，先输入单引号“'”，再输入“001”，即在 A2 单元格中输入“'001”，如图 2-1-6a 所示，按 Enter 键，A2 单元格左上角出现绿色三角形标记，完成后的效果如图 2-1-6b 所示。

A2　× ✓ fx　'001

	A	B	C	D	E	F	G
1	学号	姓名	性别	民族	籍贯	出生日期	职务
2	'001	张丽	女	汉	广东		团支书
3		张昊明	男	汉	湖南		
4		何智宇	男	汉	广西		
5		郭星泽	男	汉	湖南		学习委员
6		黄凌萱	女	汉	河北		
7		梁晓霜	女	汉	广东		班长
8		侯晗翌	男	汉	广东		
9		胡乐岚	女	汉	湖北		
10		王景天	男	汉	山东		
11		赵海逸	男	汉	河北		

学生基本信息表

a）

A3　fx

	A	B	C	D	E	F	G
1	学号	姓名	性别	民族	籍贯	出生日期	职务
2	001	张丽	女	汉	广东		团支书
3		张昊明	男	汉	湖南		
4		何智宇	男	汉	广西		
5		郭星泽	男	汉	湖南		学习委员
6		黄凌萱	女	汉	河北		
7		梁晓霜	女	汉	广东		班长
8		侯晗翌	男	汉	广东		
9		胡乐岚	女	汉	湖北		
10		王景天	男	汉	山东		
11		赵海逸	男	汉	河北		

学生基本信息表

b）

图 2-1-6　录入文本型数据

a）用单引号将数据转换为文本型数据　b）完成后的效果

2. 使用填充柄填充数据

选定 A2 单元格，将光标移至 A2 单元格的右下角，当鼠标指针变成黑色粗十字形标志“+”时，如图 2-1-7a 所示，按住鼠标左键向下拖动至 A11 单元格，即可使用填充柄完成其他学生学号的录入，填充效果如图 2-1-7b 所示。

A2　fx　'001

	A	B	C	D	E	F	G
1	学号	姓名	性别	民族	籍贯	出生日期	职务
2	001		女	汉	广东		团支书
3		张昊明	男	汉	湖南		
4		何智宇	男	汉	广西		
5		郭星泽	男	汉	湖南		学习委员
6		黄凌萱	女	汉	河北		
7		梁晓霜	女	汉	广东		班长
8		侯晗翌	男	汉	广东		
9		胡乐岚	女	汉	湖北		
10		王景天	男	汉	山东		
11		赵海逸	男	汉	河北		

学生基本信息表

a）

A2　fx　'001

	A	B	C	D	E	F	G
1	学号	姓名	性别	民族	籍贯	出生日期	职务
2	001		女	汉	广东		团支书
3	002	张昊明	男	汉	湖南		
4	003	何智宇	男	汉	广西		
5	004	郭星泽	男	汉	湖南		学习委员
6	005	黄凌萱	女	汉	河北		
7	006	梁晓霜	女	汉	广东		班长
8	007	侯晗翌	男	汉	广东		
9	008	胡乐岚	女	汉	湖北		
10	009	王景天	男	汉	山东		
11	010	逸	男	汉	河北		

学生基本信息表

b）

图 2-1-7　使用填充柄填充其余学生的学号

a）鼠标指针变为黑色粗十字形标志　b）填充效果

填充柄的使用

在单元格中输入数据，如需要输入相同数据或输入序列性数据，可使用填充柄进行快速输入。

1. 填充相同数据

填充相同数据是指在同一列或行数据中输入多个连续相同数据的情况。此时，只需要在单元格中输入第一个数据再使用填充柄进行快速填充即可。

2. 输入等差序列

在制作表格时，有时需要输入等差序列，如“1，3，5，7，…”，此时，可以在 A1 单元格输入“1”，在 A2 单元格输入“3”，选定 A1:A2 单元格区域（“:”在 WPS 表格中表示起止范围），使用填充柄向下填充，即可输入等差序列数据。

3. 输入等比序列

等比序列是指数据成倍数关系的序列数据，如“2，4，8，16，…”，此时，可以在 A1 单元格输入“2”，在 A2 单元格输入“4”，在 A3 单元格输入“8”，选定 A1:A3 单元格区域，使用填充柄向下填充，即可输入等比序列数据。

三、录入日期型数据

在输入日期和时间时，可以直接输入一般的日期和时间格式，也可以通过设置单元格格式设置多种不同类型的日期和时间格式。

1. 设置日期类型

选定 F2:F11 单元格区域，在“开始”选项卡中单击“对话框启动器”按钮，如图 2-1-8a 所示；弹出“单元格格式”对话框，在“数字”选项卡中选择“日期”命令；在“类型”中选择“2001/3/7”，单击“确定”按钮，如图 2-1-8b 所示。

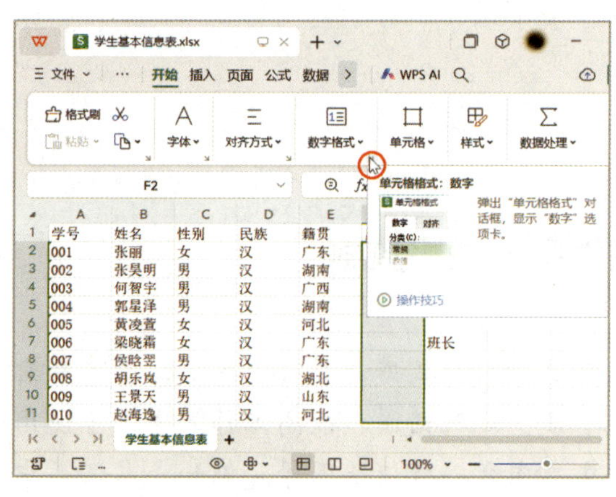

a）

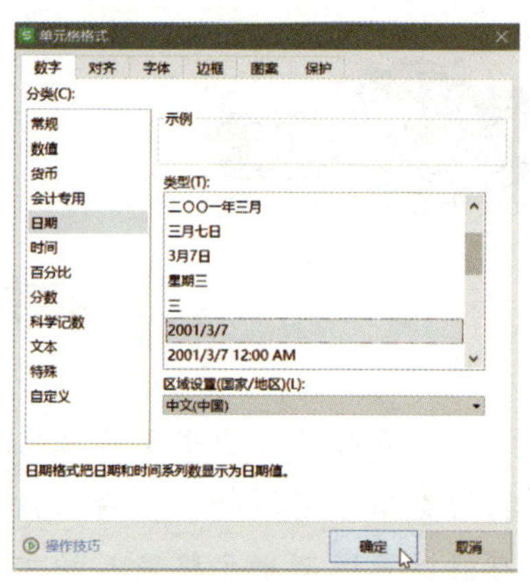

b）

图 2-1-8　设置日期型数据

a）单击“对话框启动器”按钮　b）“单元格格式”对话框

2. 录入数据

完成日期格式的设置后，在 F2:F11 单元格区域输入学生的出生日期，录入日期型数据后的效果如图 2-1-9 所示。

F11　　fx 2005/1/14

	A	B	C	D	E	F	G
1	学号	姓名	性别	民族	籍贯	出生日期	职务
2	001	张丽	女	汉	广东	2005/3/12	团支书
3	002	张昊明	男	汉	湖南	2006/12/21	
4	003	何智宇	男	汉	广西	2006/9/12	
5	004	郭星泽	男	汉	湖南	2005/6/3	学习委员
6	005	黄凌萱	女	汉	河北	2006/11/3	
7	006	梁晓霜	女	汉	广东	2006/9/18	班长
8	007	侯晗翌	男	汉	广东	2006/10/13	
9	008	胡乐岚	女	汉	湖北	2005/7/5	
10	009	王景天	男	汉	山东	2005/8/18	
11	010	赵海逸	男	汉	河北	2005/1/14	

学生基本信息表

图 2-1-9　录入日期型数据后的效果

数据显示为“####”的原因

录入数据后，若显示不完整，或显示为“####”字样，说明单元格列宽不足，需要增加列宽。

巧用数据有效性录入表格数据

数据有效性功能用于验证用户在单元格中输入的数据是否符合要求，以限制输入数据的类型或范围等。在输入数据时，为了减少输入错误，提高工作效率，可使用数据有效性来限制单元格输入的文本长度、文本内容、数值范围等。例如，本任务中输入“性别”列的内容时，可利用数据有效性对输入内容加以限制，保证该列中仅有“男”或“女”两个数据，其操作步骤如下。

1. 设置数据有效性

选定 C2:C11 单元格区域，在“数据”选项卡中单击“有效性”下拉按钮，在下拉列表中选择“有效性”命令，如图 2-1-10a 所示，弹出“数据有效性”对话框，将“允许”设置为“序列”，在“来源”文本框中输入以英文逗号为间隔的序列内容“男，女”，单击“确定”按钮，如图 2-1-10b 所示。

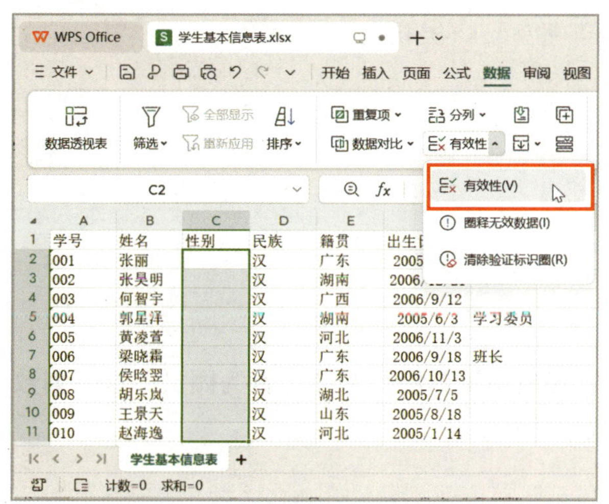

a）

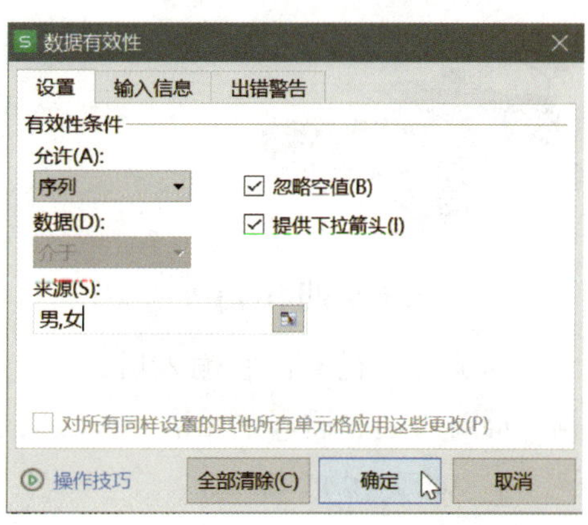

b）

图 2-1-10　设置数据有效性

a）选择“有效性”命令　b）“数据有效性”对话框

2. 输入单元格内容

选定 C2 单元格，在下拉列表中选择选项“女”，如图 2-1-11 所示；按照相同的方法，继续完成 C3:C11 单元格区域内容的录入。

	A	B	C	D	E	F	G
1	学号	姓名	性别	民族	籍贯	出生日期	职务
2	001	张丽			广东	2005/3/12	团支书
3	002	张昊明	男	汉	湖南	2006/12/21	
4	003	何智宇		汉	广西	2006/9/12	
5	004	郭星泽	女	汉	湖南	2005/6/3	学习委员
6	005	黄凌萱	女	汉	河北	2006/11/3	
7	006	梁晓霜		汉	广东	2006/9/18	班长
8	007	侯晗翌		汉	广东	2006/10/13	
9	008	胡乐岚		汉	湖北	2005/7/5	
10	009	王景天		汉	山东	2005/8/18	
11	010	赵海逸		汉	河北	2005/1/14	

学生基本信息表

图 2-1-11　使用数据有效性输入内容

任务三　编辑与美化表格

1. 能够在表格中插入列和行。
2. 能够修改行高和列宽。
3. 能够完成合并单元格等编辑与美化表格操作。

一、插入列和行

完成上一任务内容输入后，刘老师发现遗漏了标题行和“是否为团员”这一列数据，此时可通过插入单元格的方法实现数据的新增。

1. 插入新列

将光标移至 G 列的列号上，当光标变成黑色箭头标志“⬇”时，选定 G 列后右击，在弹出的右键快捷菜单中，选择“插入”命令，如图 2-1-12a 所示，完成空白列的插入；在相应单元格中录入“是否为团员”列内容，完成后的效果如图 2-1-12b 所示。此列内容仅有“是”“否”两项，可使用上一任务介绍的数据有效性功能加以限制，方便输入。

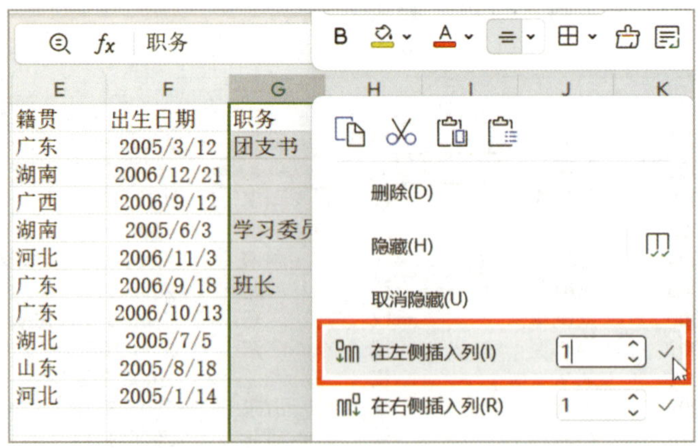

a）

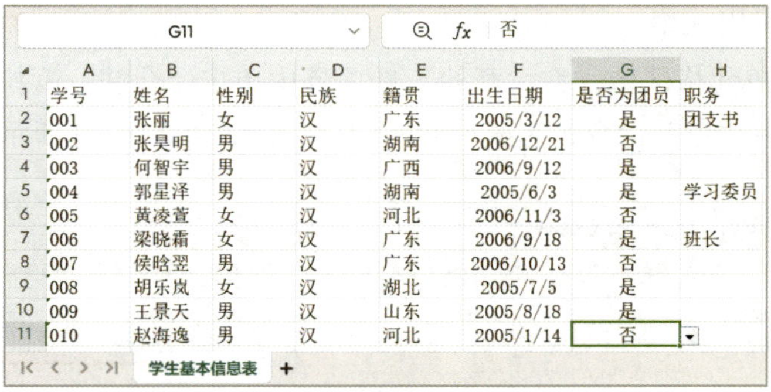

	A	B	C	D	E	F	G	H
1	学号	姓名	性别	民族	籍贯	出生日期	是否为团员	职务
2	001	张丽	女	汉	广东	2005/3/12	是	团支书
3	002	张昊明	男	汉	湖南	2006/12/21	否	
4	003	何智宇	男	汉	广西	2006/9/12	是	
5	004	郭星泽	男	汉	湖南	2005/6/3	是	学习委员
6	005	黄凌萱	女	汉	河北	2006/11/3	否	
7	006	梁晓霜	女	汉	广东	2006/9/18	是	班长
8	007	侯晗翌	男	汉	广东	2006/10/13	否	
9	008	胡乐岚	女	汉	湖北	2005/7/5	是	
10	009	王景天	男	汉	山东	2005/8/18	是	
11	010	赵海逸	男	汉	河北	2005/1/14	否	

b）

图 2-1-12　插入新列并完成内容录入

a）选择“插入”命令　b）完成后的效果

2. 插入新行

将光标移至第 1 行的行号上，当光标变成黑色箭头标志“➡”时，选定第 1 行后右击，在弹出的右键快捷菜单中单击“插入”命令，如图 2-1-13a 所示，完成空白行的插入；在 A1 单元格中输入“学生基本信息表”，完成后的效果如图 2-1-13b 所示。

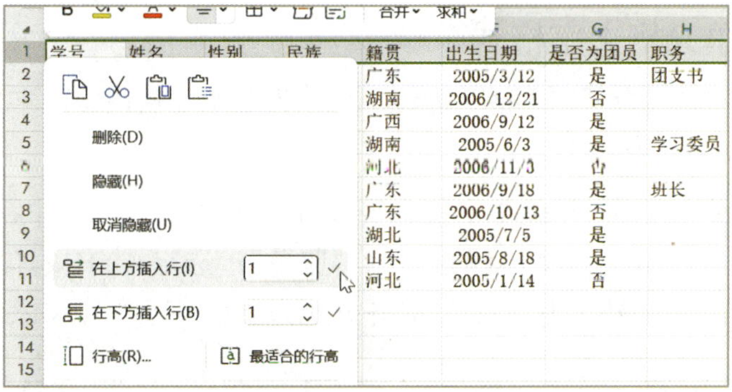

删除(D)
隐藏(H)
取消隐藏(U)
在上方插入行(I) 1
在下方插入行(B) 1
行高(R)...　最适合的行高

a）

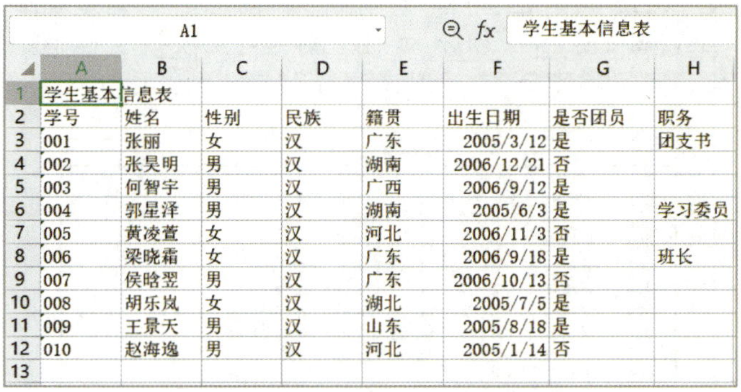

	A	B	C	D	E	F	G	H
1	学生基本信息表							
2	学号	姓名	性别	民族	籍贯	出生日期	是否团员	职务
3	001	张丽	女	汉	广东	2005/3/12	是	团支书
4	002	张昊明	男	汉	湖南	2006/12/21	否	
5	003	何智宇	男	汉	广西	2006/9/12	是	
6	004	郭星泽	男	汉	湖南	2005/6/3	是	学习委员
7	005	黄凌萱	女	汉	河北	2006/11/3	否	
8	006	梁晓霜	女	汉	广东	2006/9/18	是	班长
9	007	侯晗翌	男	汉	广东	2006/10/13	否	
10	008	胡乐岚	女	汉	湖北	2005/7/5	是	
11	009	王景天	男	汉	山东	2005/8/18	是	
12	010	赵海逸	男	汉	河北	2005/1/14	否	
13								

b）

图 2-1-13　插入新行并完成内容录入

a）单击“插入”命令　b）完成后的效果

3. 合并居中单元格

选定 A1:H1 单元格区域，在“开始”选项卡中单击“合并”下拉按钮，在下拉列表中，选择“合并居中”命令，完成单元格的合并，如图 2-1-14 所示。

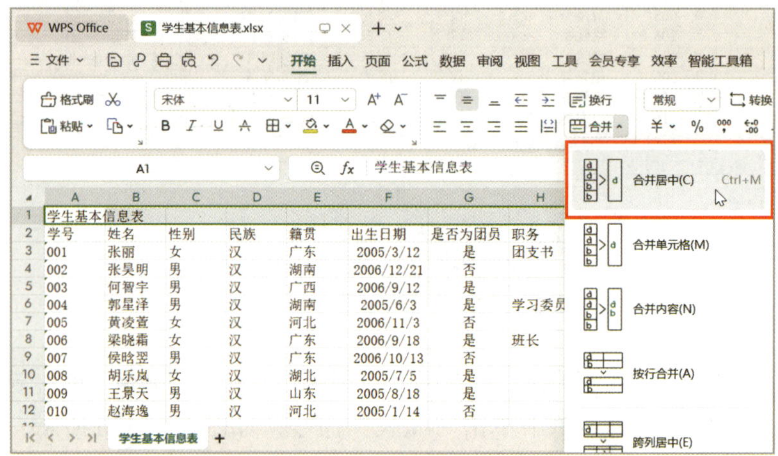

图 2-1-14 合并居中单元格

二、设置单元格文字格式

完成内容输入后，为了使表格更美观，可以设置单元格内容的字体、字形、字号、字体颜色、对齐方式等格式。

选定标题单元格内容“学生基本信息表”，在“开始”选项卡中，设置“字体”为“黑体”，“字号”为“14”，“字体颜色”为“蓝色”；选定 A2:H12 单元格区域，设置“字体”为“宋体”，“字号”为“12”，对齐方式为“水平居中”，如图 2-1-15 所示。

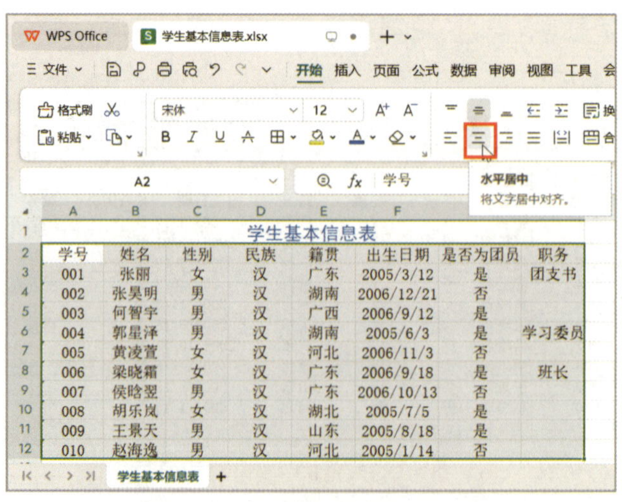

图 2-1-15 设置单元格文字格式

三、调整行高和列宽

在默认情况下，行高和列宽都是固定的，当单元格的内容较多时，可能导致无法完全显示文字，这时就需要调整行高或列宽。可以通过拖动的方式调整单元格的大小，也可以给单元格的行高、列宽设定一个值，或者让单元格自动匹配文字的长度。

1. 调整行高

将光标移至第 1 行和第 2 行的间隔线处，当鼠标指针变为黑色双向箭头标志“✣”时，按住鼠标左键向下拖动至合适的行高后释放，如图 2-1-16 所示。

行高: 25.50 (0.90 厘米)

学生基本信息表							
		性别	民族	籍贯	出生日期	是否团员	职务
001	张丽	女	汉	广东	2005/3/12	是	团支书
002	张昊明	男	汉	湖南	2006/12/21	否	
003	何智宇	男	汉	广西	2006/9/12	是	
004	郭星泽	男	汉	湖南	2005/6/9	是	学习委员
005	黄凌萱	女	汉	河北	2006/11/3	否	
006	梁晓霜	女	汉	广东	2006/9/18	是	班长
007	侯晗翌	男	汉	广东	2006/10/13	否	
008	胡乐岚	女	汉	湖北	2005/7/5	是	
009	王景天	男	汉	山东	2005/8/18	是	
010	赵海逸	男	汉	河北	2005/1/14	否	

图 2-1-16　用拖动方式调整行高

2. 调整其他行高

选定第 2 至第 12 行，在“开始”选项卡中单击“行和列”下拉按钮，在下拉列表中，选择“行高”命令，如图 2-1-17a 所示；弹出“行高”对话框，设置“行高”为“18”磅，单击“确定”按钮，如图 2-1-17b 所示。

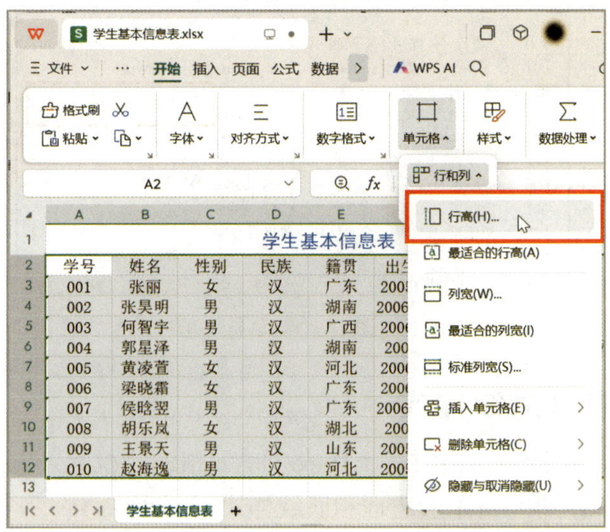

a)

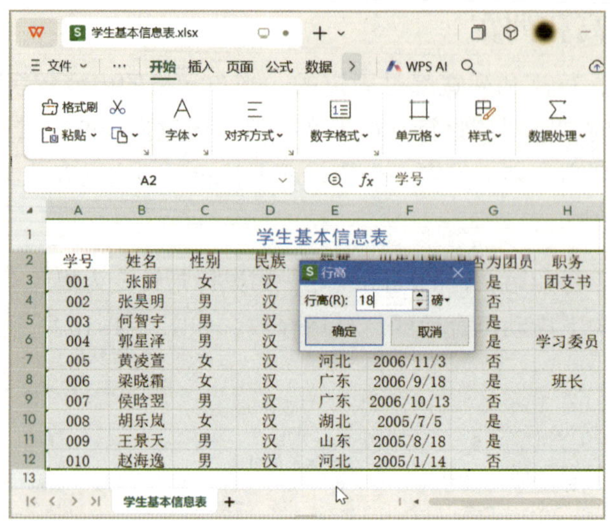

b）

图 2-1-17　设置行高数值

a）选择“行高”命令　b）“行高”对话框

3. 调整列宽

选定第 A 至第 H 列，在“开始”选项卡中单击“行和列”下拉按钮，在下拉列表中，选择“最适合的列宽”命令，如图 2-1-18 所示。

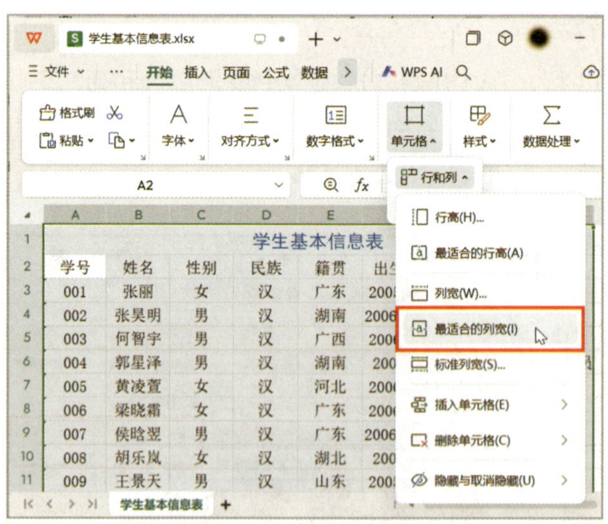

图 2-1-18　选择“最适合列宽”命令

四、添加边框和底纹样式

在默认情况下，在打印表格时，工作表中单元格的边框是不显示的，为了使表格更加清晰美观，可以给单元格添加边框和底纹样式。

1. 添加边框

选定 A2:H12 单元格区域，在“开始”选项卡中单击“所有框线”下拉按钮，在下拉列表中，选择“其他边框”命令，如图 2-1-19a 所示；弹出“单元格格式”对话框，在“边框”选项卡中设置线条栏中的“样式”为“实线”，“颜色”为“蓝色”，依次单击“预置”栏的“外边框”和“内部”按钮，单击“确定”按钮，如图 2-1-19b 所示。

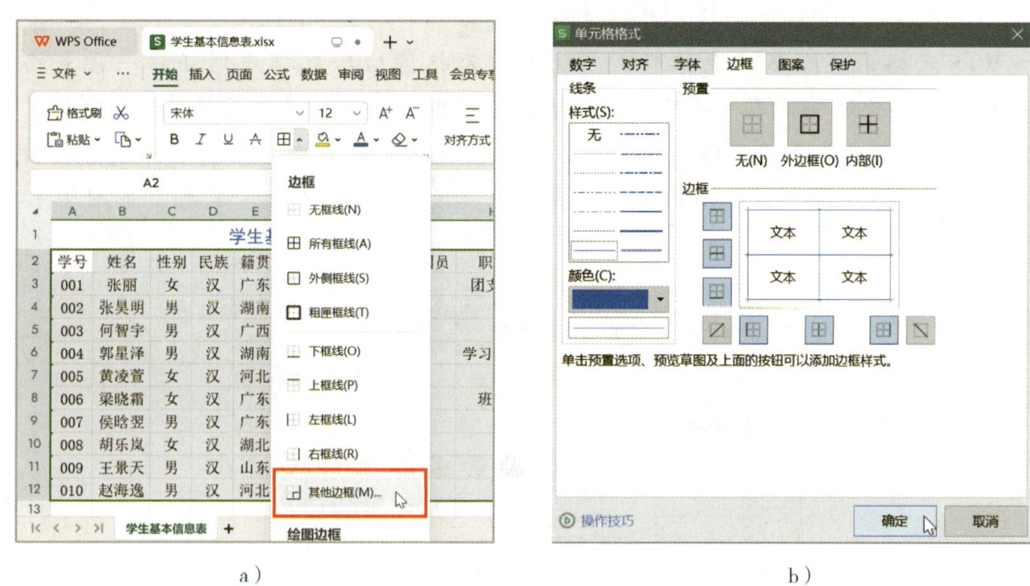

a）　　b）

图 2-1-19　设置边框

a）选择“其他边框”命令　b）“单元格格式”对话框

2. 添加底纹

选定 A2:H2 单元格区域，在“开始”选项卡中单击“填充颜色”下拉按钮，在下拉列表中，选择主题颜色为“矢车菊蓝，着色 1，浅色 80%”，如图 2-1-20 所示。

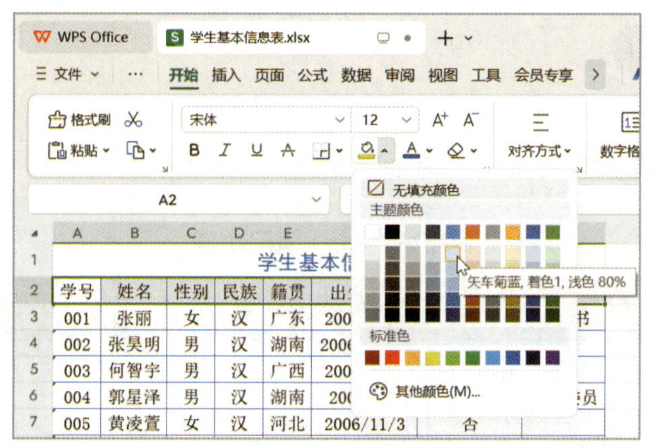

图 2-1-20　选择主题颜色为“矢车菊蓝，着色，浅色 80%”

表格样式

WPS表格内置了多种表格样式，选定单元格区域后直接应用任意一种表格样式，即可达到快速美化表格的目的，方法是选定需要添加表格样式的单元格区域，在“开始”选项卡中单击“表格样式”下拉按钮；在下拉列表中，单击选择任意一种样式，弹出“套用表格样式”对话框，设置相关参数后单击“确定”按钮，如图2-1-21所示。

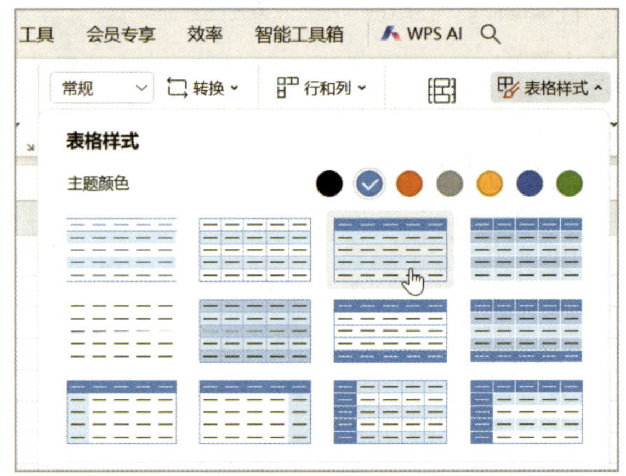

图 2-1-21 “表格样式”下拉列表

请对本项目的学习内容进行小结，完成表2-1-1的填写。

表 2-1-1 项目小结

目标		操作方法
工作表基本操作	插入工作表、删除工作表、复制工作表、重命名工作表名称	

续表

目标		操作方法
单元格的基本操作	合并居中单元格	
	插入行 / 列	
	删除行 / 列	
	调整行高 / 列宽	
数据的录入与编辑	录入文本内容	
	录入文本型数据	
	录入日期型数据	
	使用填充柄填充数据	
美化表格	添加边框	
	添加底纹	
	设置表格样式	

项目二
制作学生成绩表——WPS 表格公式及函数运算

数据计算是 WPS 表格中的重要功能，使用公式及函数进行数据计算，可提高办公效率。在 WPS 表格中，有查找引用函数、逻辑函数、统计函数等多种类型的函数。本项目主要介绍 SUM、AVERAGE、MAX、MIN、IF、RANK、VLOOKUP 等函数的使用方法及数据有效性的设置。

- ◆使用公式计算数据
- ◆使用函数计算数据
- ◆相对引用
- ◆绝对引用
- ◆设置数据有效性

刘老师要在一个工作簿中制作两份表格，一个是学生成绩表，一个是学生成绩查询表。制作学生成绩表时，先要计算每位学生的总分，计算各科的平均分、最高分、最低分，再根据学生的总分评定综合等级及计算学生排名。制作学生成绩查询表时，先要把学生姓名制作成下拉列表，通过单击选择某位学生的姓名，可查询该名学生的各项成绩。

“学生成绩表”和“学生成绩查询表”效果图如图 2–2–1 所示。

	A	B	C	D	E	F	G	H	I	J
1	学生成绩表									
2	序号	姓名	思政	语文	数学	英语	计算机	总分	排名	奖励
3	001	张丽	95	89	90	86	87	447	5	二等
4	002	张昊明	65	65	62	63	55	310	18	无
5	003	何智宇	85	85	85	82	83	420	8	三等
6	004	郭星泽	90	92	94	89	93	458	1	一等
7	005	黄凌萱	78	86	65	81	69	379	13	无
8	006	梁晓霜	89	90	92	90	92	453	4	一等
9	007	侯晗翌	87	92	93	91	91	454	3	一等
10	008	胡乐岚	80	83	85	87	91	426	7	二等
11	009	王景天	68	75	90	65	80	378	14	无
12	010	赵海逸	75	70	88	68	75	376	15	无
13	011	张子涵	82	95	80	84	78	419	9	三等
14	012	张冠智	76	85	70	92	82	405	12	三等
15	013	罗钰轩	63	61	58	59	60	301	19	无
16	014	周雨泽	65	60	76	68	69	338	16	无
17	015	李漫妮	85	73	84	90	74	406	11	三等
18	016	孙嫦曦	63	65	60	54	70	312	17	无
19	017	王梦洁	84	73	79	85	86	407	10	三等
20	018	张晟涵	61	55	56	60	64	296	20	无
21	019	孙文昊	93	92	95	90	88	458	1	一等
22	020	李熙栋	90	71	90	88	93	432	6	二等
23	平均分		78.70	77.85	79.60	78.60	79.00	393.75		
24	最高分		95	95	95	92	93	458		
25	最低分		61	55	56	54	55	296		

a）

A3　fx　郭星泽

	A	B	C	D	E	F	G	H	I
1	学生成绩查询表								
2	姓名	思政	语文	数学	英语	计算机	总分	排名	奖励
3	郭星泽	90	92	94	89	93	458	1	一等

张丽
张昊明
何智宇
郭星泽
黄凌萱
梁晓霜
侯晗翌
胡乐岚
王景天

郭星泽

b）

图 2-2-1　“学生成绩表”和“学生成绩查询表”效果图
a）“学生成绩表”效果图　b）“学生成绩查询表”效果图

刘老师在制作学生成绩表和学生成绩查询表时，使用了数据引用、函数计算等功能。其制作思路如下。

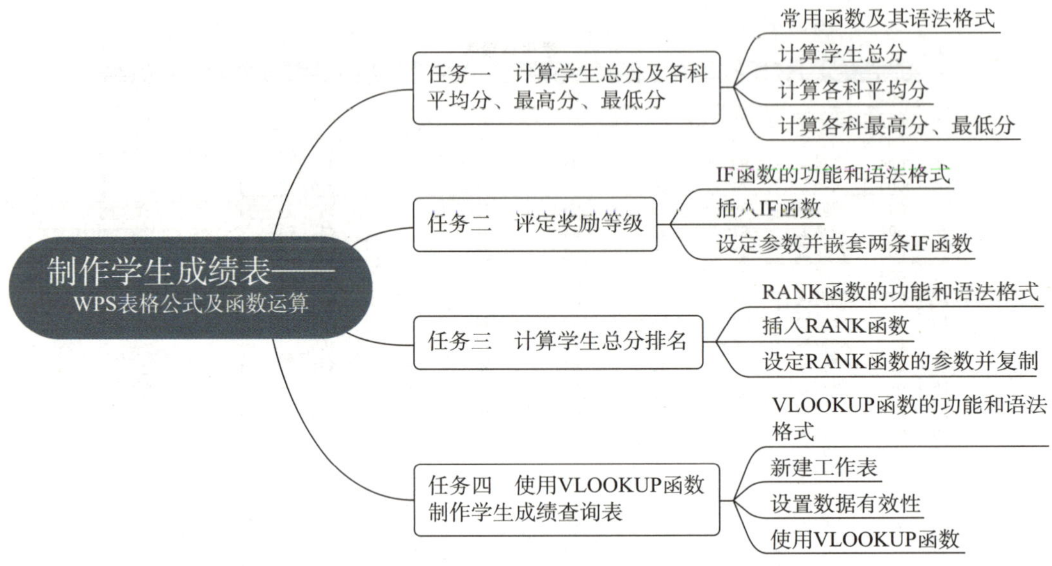

任务一　计算学生总分及各科平均分、最高分、最低分

能够使用 SUM、AVERAGE、MAX 及 MIN 函数进行计算。

一、常用函数及其语法格式

函数实际上是一个预先定义的特定的计算公式。使用函数不仅可以完成复杂的计算，还可以简化公式的复杂程度。函数作为公式的一种特殊形式，也是以“=”开始，如“=SUM(C3:G3)”，其含义是对 C3、D3、E3、F3、G3 单元格数值进行求和。

1. SUM 函数

功能：返回所有数值之和。

语法：SUM(数值 1, 数值 2,…)。其中“数值 1，数值 2，…”为需要求和的 1 到 255 个数值。

2. AVERAGE 函数

功能：返回所有数值的平均值（算术平均值）。

语法：AVERAGE(数值 1, 数值 2,…)。其中“数值 1，数值 2，…”为需要计算平均值的 1 到 255 个数值。

3. MAX 函数

功能：返回数值列表中的最大值，忽略文本型数据和逻辑型数据。

语法：MAX(数值 1, 数值 2,…)。其中“数值 1，数值 2，…”为需要计算最大值的 1 到 255 个数值。

4. MIN 函数

功能：返回参数列表中的最小值，忽略文本型数据和逻辑型数据。

语法：MIN(数值 1, 数值 2,…)。其中“数值 1，数值 2，…”为需要计算最小值的 1 到 255 个数值。

上述函数中，均可像前例一样，用“:”标示数据范围。

二、计算学生总分

1. 插入 SUM 函数

打开素材文件“学生成绩表 .xlsx”，选定 H3 单元格，在“公式”选项卡中单击“自动求和”下拉按钮，在下拉列表中，选择“求和”命令，如图 2-2-2a 所示；参数部分直接输入或拖动鼠标选中 C3:G3 单元格区域，按 Enter 键，完成学生“张丽”总分的计算，如图 2-2-2b 所示。

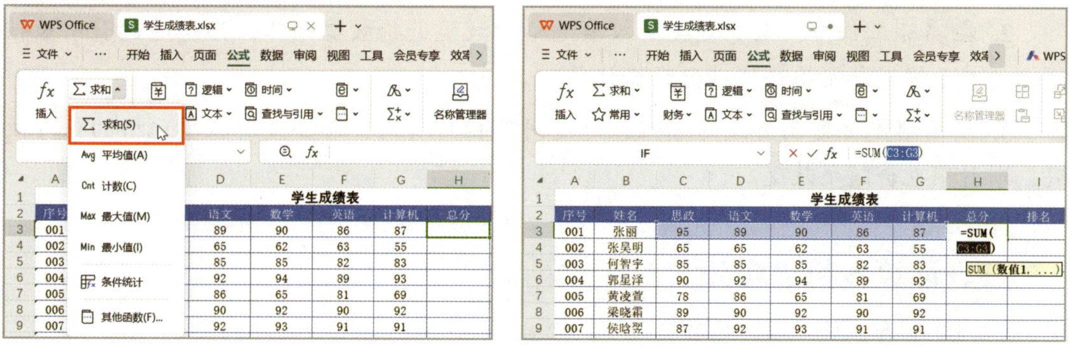

a）　　b）

图 2-2-2　插入 SUM 函数

a）选择“求和”命令　b）输入公式效果

2. 使用填充柄复制公式

选定 H3 单元格，将光标移动至 H3 单元格的右下角，当鼠标指针变成图 2–2–3a 所示黑色粗十字形标志“**+**”时，按住鼠标左键向下拖动至 H22 单元格，完成总分列的计算，填充效果如图 2–2–3b 所示。

H3 =SUM(C3:G3)

	A	B	C	D	E	F	G	H
1				学生成绩表				
2	序号	姓名	思政	语文	数学	英语	计算机	总分
3	001	张丽	95	89	90	86	87	447
4	002	张昊明	65	65	62	63	55	
5	003	何智宇	85	85	85	82	83	
6	004	郭星泽	90	92	94	89	93	
7	005	黄凌萱	78	86	65	81	69	
8	006	梁晓霜	89	90	92	90	92	
9	007	侯晗翌	87	92	93	91	91	
10	008	胡乐岚	80	83	85	87	91	
11	009	王景天	68	75	90	65	80	
12	010	赵海逸	75	70	88	68	75	
13	011	张子涵	82	95	80	84	78	
14	012	张冠智	76	85	70	92	82	
15	013	罗钰轩	63	61	58	59	60	

学生成绩表

a）

H3 =SUM(C3:G3)

	A	B	C	D	E	F	G	H
9	007	侯晗翌	87	92	93	91	91	454
10	008	胡乐岚	80	83	85	87	91	426
11	009	王景天	68	75	90	65	80	378
12	010	赵海逸	75	70	88	68	75	376
13	011	张子涵	82	95	80	84	78	419
14	012	张冠智	76	85	70	92	82	405
15	013	罗钰轩	63	61	58	59	60	301
16	014	周雨泽	65	60	76	68	69	338
17	015	李漫妮	85	73	84	90	74	406
18	016	孙婉曦	63	65	60	54	70	312
19	017	王梦洁	84	73	79	85	86	407
20	018	张晟涵	61	55	56	60	64	296
21	019	孙文昊	93	92	95	90	88	458
22	020	李熙栋	90	71	90	88	93	432
23	平均分							

学生成绩表

b）

图 2–2–3 使用填充柄复制公式

a）鼠标指针变为黑色粗十字形标志 b）填充效果

数值的引用

1. 在计算总分时，除了可使用 SUM 函数计算外，还可以使用手动录入公式的方法计算。例如，本任务中计算总分，选定 H3 单元格，在编辑栏中录入“=C3+D3+E3+F3+G3”，按 Enter 键，即可计算出“张丽”的总分。

2. 在实际工作中，很少直接输入单元格的数值进行数据计算，而是通过引用数值所在的单元格或单元格区域进行数据计算。

3. 使用填充柄复制公式的过程，是使用了相对引用，即公式所在单元格的位置改变，则引用也会随之改变。

三、计算各科平均分

1. 插入 AVERAGE 函数

选定 C23 单元格，在“公式”选项卡中单击“自动求和”下拉按钮，在下拉列表中选择“平均值”命令，如图 2–2–4a 所示；参数部分直接输入或拖动鼠标选定 C3:C22 单元格区域，按 Enter 键，完成“思政”平均分的计算，完成后的效果如图 2–2–4b 所示。

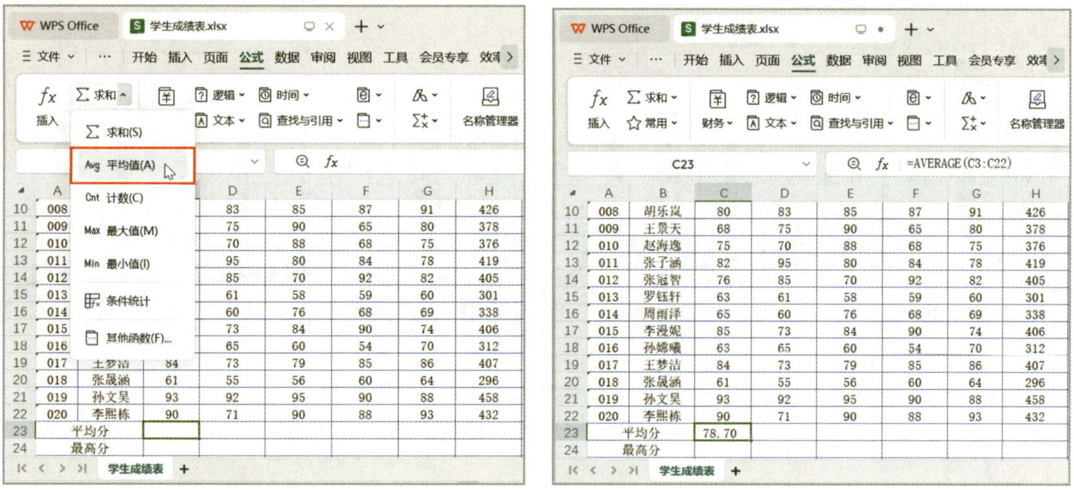

a）　　　　　　　　　　b）

图 2-2-4　插入 AVERAGE 函数
a）选择“平均值”命令　b）完成后的效果

2. 使用填充柄复制公式

选定 C23 单元格，使用填充柄向右填充至 H23 单元格，完成语文、数学、英语、计算机总分及平均分的计算，如图 2-2-5 所示。

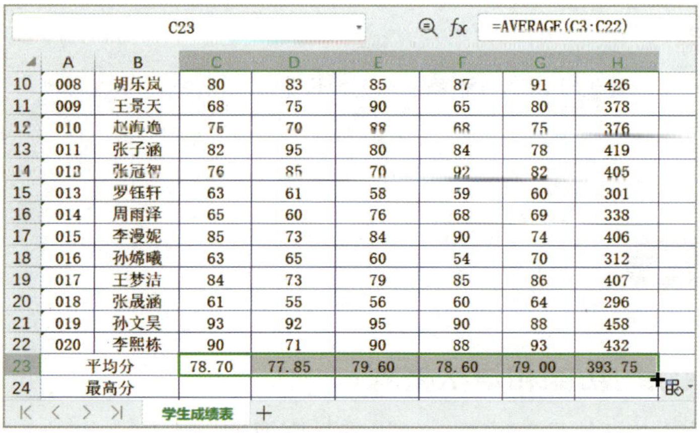

图 2-2-5　使用填充柄计算平均分

四、计算各科最高分、最低分

使用 MAX 函数在 C24 单元格中计算出“思政”的最高分，其公式为“=MAX(C3:C22)”，采用拖动填充柄的方式，可以完成其他科目最高分的计算，如图 2-2-6a 所示；使用 MIN 函数在 C25 单元格中计算出“思政”的最低分，其公式为“=MIN(C3:C22)”，采用拖动填充柄的方式，也可以完成其他科目最低分的计算，如图 2-2-6b 所示。

C24 =MAX(C3:C22)

	A	B	C	D	E	F	G	H
12	010	赵海逸	75	70	88	68	75	376
13	011	张子涵	82	95	80	84	78	419
14	012	张冠智	76	85	70	92	82	405
15	013	罗钰轩	63	61	58	59	60	301
16	014	周雨泽	65	60	76	68	69	338
17	015	李漫妮	85	73	84	90	74	406
18	016	孙嫦曦	63	65	60	54	70	312
19	017	王梦洁	84	73	79	85	86	407
20	018	张晟涵	61	55	56	60	64	296
21	019	孙文昊	93	92	95	90	88	458
22	020	李熙栋	90	71	90	88	93	432
23	平均分		78.70	77.85	79.60	78.60	79.00	393.75
24	最高分		95	95	95	92	93	458
25	最低分							
26								

学生成绩表

a）

C25 =MIN(C3:C22)

	A	B	C	D	E	F	G	H
12	010	赵海逸	75	70	88	68	75	376
13	011	张子涵	82	95	80	84	78	419
14	012	张冠智	76	85	70	92	82	405
15	013	罗钰轩	63	61	58	59	60	301
16	014	周雨泽	65	60	76	68	69	338
17	015	李漫妮	85	73	84	90	74	406
18	016	孙嫦曦	63	65	60	54	70	312
19	017	王梦洁	84	73	79	85	86	407
20	018	张晟涵	61	55	56	60	64	296
21	019	孙文昊	93	92	95	90	88	458
22	020	李熙栋	90	71	90	88	93	432
23	平均分		78.70	77.85	79.60	78.60	79.00	393.75
24	最高分		95	95	95	92	93	458
25	最低分		61	55	56	54	55	296
26								

学生成绩表

b）

图 2-2-6　使用函数计算最高分、最低分

a）计算最高分　b）计算最低分

任务二　评定奖励等级

能够使用 IF 函数根据条件进行计算。

一、IF 函数的功能和语法格式

功能：判断一个条件是否满足；如果满足则返回一个值，如果不满足则返回另外一个值。

语法：IF(测试条件，真值，假值)。其中，测试条件是作为判断条件的表达式，表达式成立则结果为真，不成立则结果为假；真值表示测试条件为真时返回的值；假值表示测试条件为假时返回的值。

本任务中，奖励等级档次划分见表 2-2-1。

表 2-2-1　奖励等级档次划分

总分	等级
总分≥450	一等
425≤总分＜450	二等
400≤总分＜425	三等
总分＜400	无

在上一任务完成的学生成绩表中，评定“张丽”的奖励等级，其公式为“=IF(H3>=450," 一等 ",IF(H3>=425," 二等 ",IF(H3>=400," 三等 "," 无 ")))”。

二、插入 IF 函数

选定 J3 单元格，在“公式”选项卡中，单击“插入函数”按钮，如图 2-2-7a 所示；弹出“插入函数”对话框，选择“选择函数”列表框中的“IF”函数；单击“确定”按钮，如图 2-2-7b 所示。

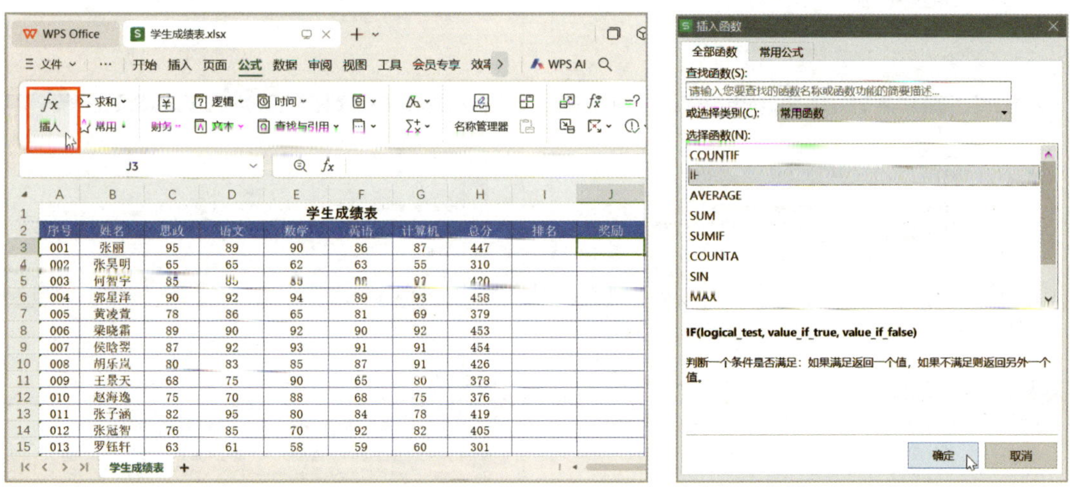

a）　　　　　　　　　　b）

图 2-2-7　插入 IF 函数

a）单击“插入函数”按钮　b）“插入函数”对话框

三、设定参数并嵌套三条 IF 函数

1. 输入参数

在弹出的“函数参数”对话框中，设置“测试条件”为“H3>=450”，“真值”为“一等”，然后单击“假值”文本框后，选择“名称框”列表中的“IF”函数，如图 2-2-8a 所示。

2. 嵌套第二条 IF 函数

选择“名称框”列表中的“IF”函数后，在弹出“函数参数”对话框中设置“测试条件”为“H3>=425”，“真值”为“二等”，单击“假值”文本框后，选择名称框列表中的“IF”函数，如图 2–2–8b 所示。

3. 嵌套第三条 IF 函数

在弹出“函数参数”的对话框中，设置“测试条件”为“H3>=400”，“真值”为“三等”，“假值”为“无”；单击“确定”按钮，计算出“张丽”的奖励等级，如图 2–2–8c 所示。

函数使用熟练后，也可在编辑栏或单元格中直接输入函数表达式。

4. 使用填充柄复制公式

选定 J3 单元格，使用填充柄向下填充至 J22 单元格，完成每位学生奖励等级的计算，如图 2–2–8d 所示。

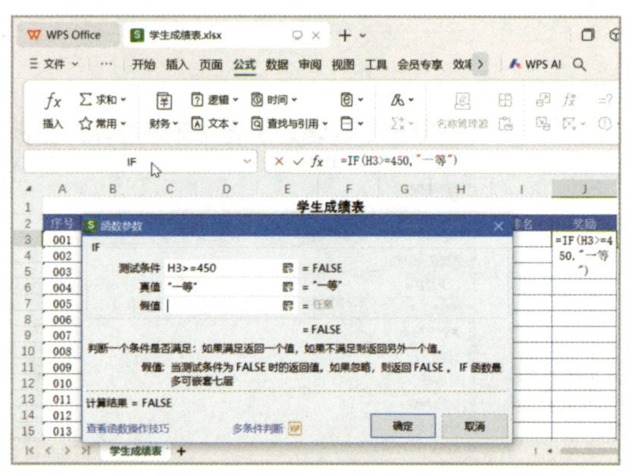

a）

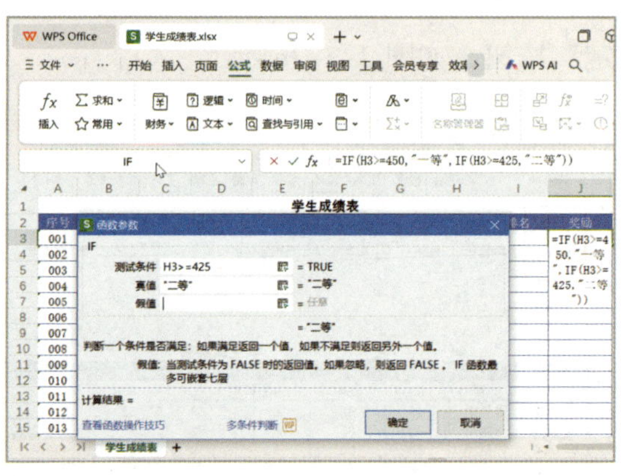

b）

c）

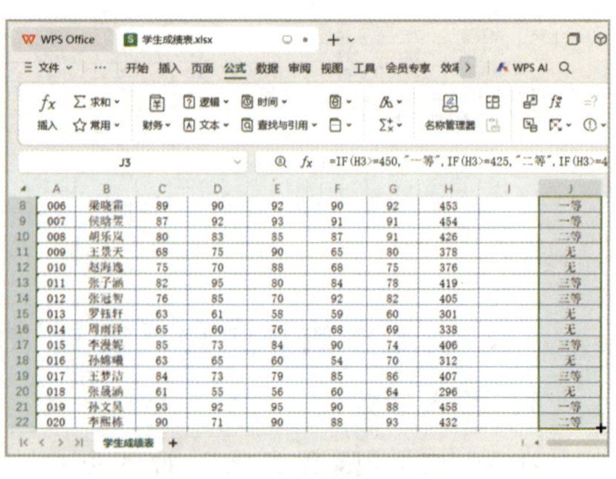

d）

图 2–2–8　设定参数并嵌套三条 IF 函数

a）输入第一条 IF 函数的参数　b）嵌套第二条 IF 函数　c）嵌套第三条 IF 函数　d）使用填充柄复制公式

函数嵌套

函数嵌套是指函数内嵌套另外一个函数或一个函数成为另外一个函数的参数。在实际应用中，如果一条 IF 函数无法满足计算需求，这时可以使用多条 IF 函数进行嵌套。

如本任务中，使用了函数语句“=IF(H3>=450,"一等",IF(H3>=425,"二等",IF(H3>=400,"三等","无")))”，其语法解释为：如果 H3>=450 成立，则执行第二个参数（返回结果“一等”）；如果不成立，则执行第三个参数，在这里第三个参数为第二个 IF 函数，继续判定单元格 H3 的值是否大于等于 425，成立则返回“二等”，否则继续执行第三个 IF 函数，最后完成四个奖励等级的判断。

IF 函数最多可嵌套七层，在嵌套下一条函数时，要确保插入点的光标在正确位置，否则会出现语法错误。

任务三　计算学生总分排名

能够使用 RANK 函数进行计算。

一、RANK 函数的功能和语法格式

功能：返回某个数字在一列数字中相对于其他数值的大小排名。

语法：RANK（数值，引用，排位方式），其中“数值”为需要找到排位的指定数字；“引用”为一组数据或对一个数据列表的引用，非数字值将被忽略；“排位方式”为指定排位的方式，如为零值或空，为降序；如为非零值，为升序。

本任务中，根据学生的总分以降序方式进行排名。其中计算学生“张丽”名次的公式为“=RANK(H3,$H$3:$H$22,0)”，其中“$H$3:$H$22”使用了绝对引用。“$”表示在使用填充柄复制公式时，不改变其后的行号或列号。

二、插入 RANK 函数

选定 I3 单元格，单击“插入函数”按钮，如图 2-2-9a 所示；弹出“插入函数”对话框，在“查找函数”文本框中输入“rank”，选择“选择函数”列表框中的“RANK”函数，单击“确定”按钮，如图 2-2-9b 所示。

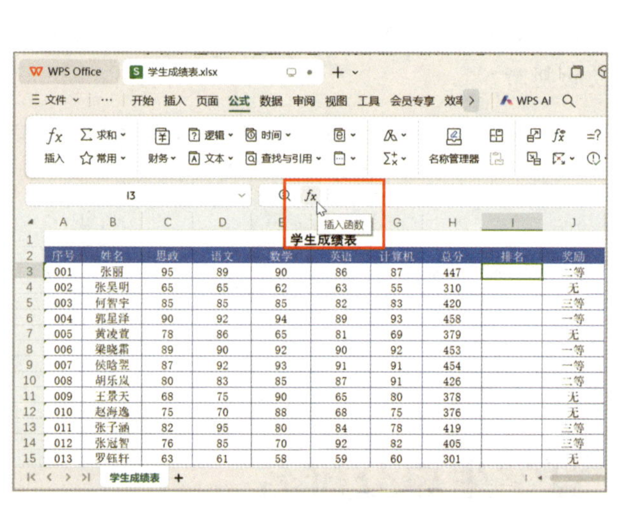

a）

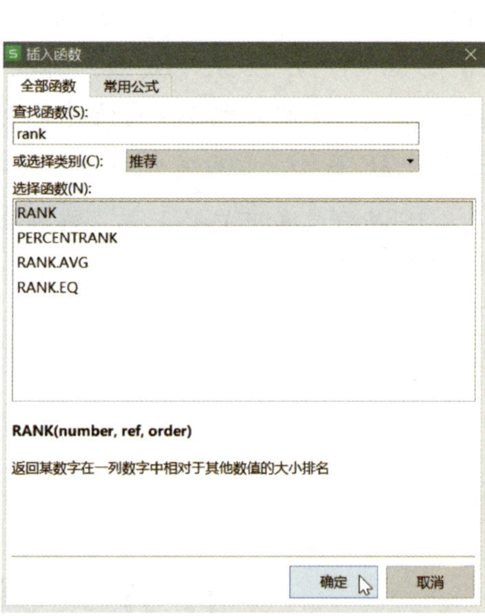

b）

图 2-2-9　插入 RANK 函数

a）单击“插入函数”按钮　b）“插入函数”对话框

三、设定 RANK 函数的参数并复制

1. 设定 RANK 函数的参数

在弹出的“函数参数”对话框中，设置“数值”为“H3”，“引用”为“$H$3:$H$22”（选定单元格范围后按 F4 键可快速添加绝对引用符“$”，反复按 F4 键还可切换不同的添加形式），“排位方式”为“0”，单击“确定”按钮，如图 2-2-10a 所示。

2. 使用填充柄复制公式

选定 I3 单元格，使用填充柄向下填充至 I22 单元格，完成每位学生排名的计算，完成后的效果如图 2-2-10b 所示。

函数参数
RANK
数值 H3 = 447
引用 $H$3:$H$22 = {447;310;420;458;379;45...
排位方式 0 = 0
= 5
返回某数字在一列数字中相对于其他数值的大小排名
排位方式: 指定排位的方式。如果为 0 或忽略，降序；非零值，升序
计算结果 = 5
查看该函数的操作技巧
确定 取消

a）

I3 =RANK(H3, $H$3:$H$22, 0)

	A	B	C	D	E	F	G	H	I	J
8	006	梁晓霜	89	90	92	90	92	453	4	一等
9	007	侯晗翌	87	92	93	91	91	454	3	一等
10	008	胡乐岚	80	83	85	87	91	426	7	二等
11	009	王景天	68	75	90	65	80	378	14	无
12	010	赵海逸	75	70	88	68	75	376	15	无
13	011	张子涵	82	95	80	84	78	419	9	三等
14	012	张冠智	76	85	70	92	82	405	12	三等
15	013	罗钰轩	63	61	58	59	60	301	19	无
16	014	周雨泽	65	60	76	68	69	338	16	无
17	015	李漫妮	85	73	84	90	74	406	11	三等
18	016	孙婚曦	63	65	60	54	70	312	17	无
19	017	王梦洁	84	73	79	85	86	407	10	三等
20	018	张晟涵	61	55	56	60	64	296	20	无
21	019	孙文昊	93	92	95	90	88	458	1	一等
22	020	李熙栋	90	71	90	88	93	432	6	[illegible]等

学生成绩表

b）

图 2-2-10 设定 RANK 函数参数并复制

a）“函数参数”对话框 b）完成后的效果

引用的类型和相同数值的排序规则

绝对引用是指在计算过程中，公式所在单元格位置改变，但公式中引用的单元格保持不变。使用绝对引用时，被引用的单元格需添加绝对引用符“$”，如 $A$1。在输入公式时选定单元格或单元格区域后，按 F4 键可快速添加绝对引用符。在本任务中，在 RANK 函数中引用单元格区域“$H$3:$H$22”时添加绝对引用符，是为确保使用填充柄向下复制时，被引用的 H3:H22 单元格区域保持不变。

使用 RANK 函数进行排名时，经常会出现相同的数值，相同的数值排名相同，但会影响后一位的排名。如本任务中，“总分”列中出现了两个相同的数值“458”，其“排名”都是“1”，此时就不再有“排名”“2”的数值，后一位的“排名”是“3”。

任务四　使用 VLOOKUP 函数制作学生成绩查询表

能够使用 VLOOKUP 函数查找数据。

一、VLOOKUP 函数的功能和语法格式

功能：给定一个需要查找的目标，再从指定的查找区域中查找到相应的数据，并将此数据返回到指定位置。

语法：VLOOKUP(查找值 , 数据表 , 列序数 , 匹配条件)，VLOOKUP 函数参数说明见表 2–2–2。

表 2–2–2　VLOOKUP 函数参数说明

参数	简要说明	输入数据类型
查找值	要查找的值	数值或文本字符串
数据表	要查找的区域	数据表区域
列序数	返回数据在查找区域的第几列	正整数
匹配条件	精确匹配 / 大致匹配	FALSE/TRUE

二、新建工作表

在素材文件“学生成绩表 .xlsx”中，新建一个名为“成绩查询表”的工作表；在 A1 单元格中录入内容“学生成绩查询表”，设置其字体为“黑体”，字号为“12”，字形为“加粗”，合并居中 A1:I1 单元格区域；在 A2:I2 单元格区域中录入成绩查询表的各项标题，如图 2–2–11 所示。

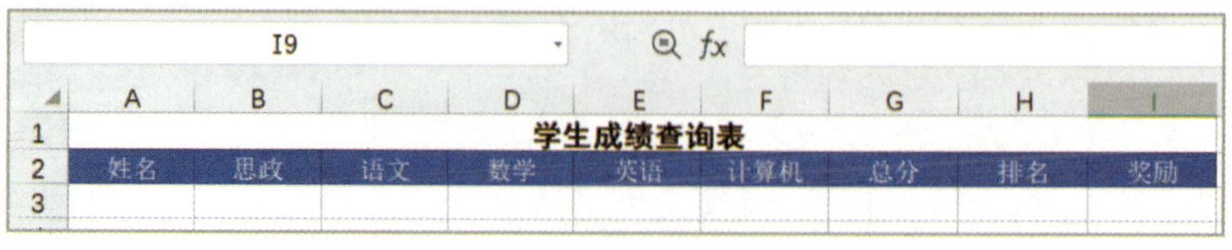

图 2–2–11　学生成绩查询表

三、设置数据有效性

在 A3 单元格中，使用数据有效性功能，在“数据有效性”对话框中，设置“允许”为“序列”，“来源”为引用“学生成绩表”工作表中的 B3:B22 单元格区域，如图 2-2-12a 所示；单击“确定”按钮，制作姓名下拉列表，完成后的效果如图 2-2-12b 所示。

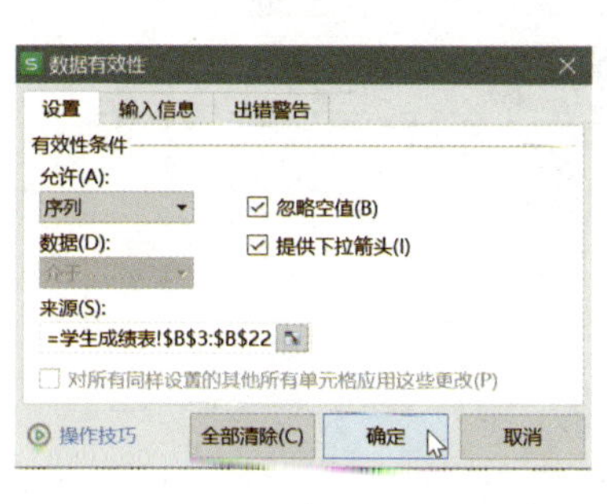

a）

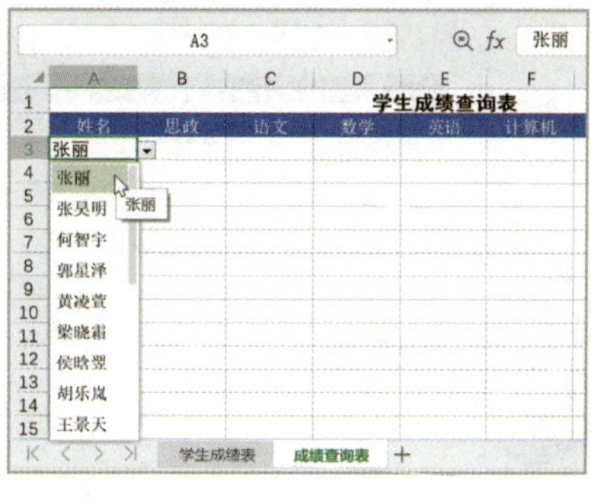

b）

图 2-2-12　使用数据有效性制作姓名下拉列表

a）“数据有效性”对话框　b）完成后的效果

四、使用 VLOOKUP 函数

1. 插入 VLOOKUP 函数

在 A3 单元格中选择“张丽”，再选定 B3 单元格；单击编辑栏前的“插入函数”按钮，弹出“插入函数”对话框，在“查找函数”文本框中输入“VLOOKUP”，选择“选择函数”列表框中的“VLOOKUP”函数，单击“确定”按钮。

2. 设定参数

弹出“函数参数”对话框，设置“查找值”为“A3”，“数据表”为“学生成绩表!$B$3:$J$22”，“列序数”为“2”，“匹配条件”为“FALSE”，单击“确定”按钮，如图 2-2-13a 所示；完成后可查询 A3 单元格显示的同学的“思政”成绩，完成后的效果如图 2-2-13b 所示。

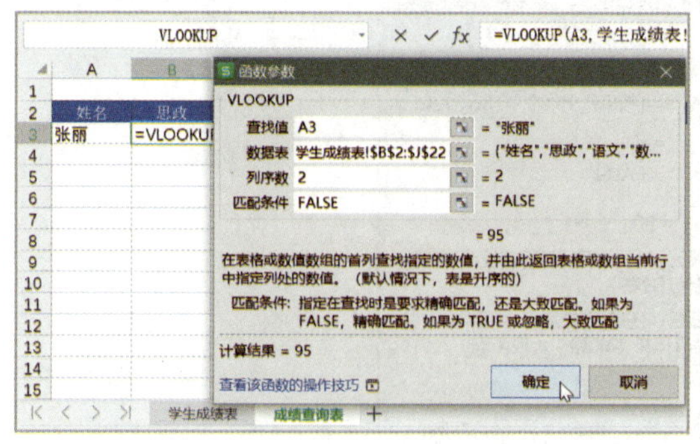

a）

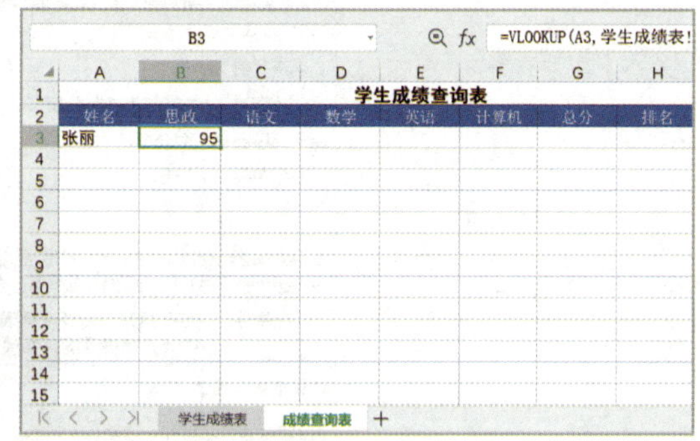

b）

图 2-2-13　选择姓名查询“思政”成绩

a）“函数参数”对话框　b）完成后的效果

3. 查询其他各科成绩信息

按照相同的方法，在 C3、D3、E3、F3、G3、H3、I3 单元格中分别使用 VLOOKUP 函数查询各科成绩的信息，完成后的效果如图 2-2-14 所示。

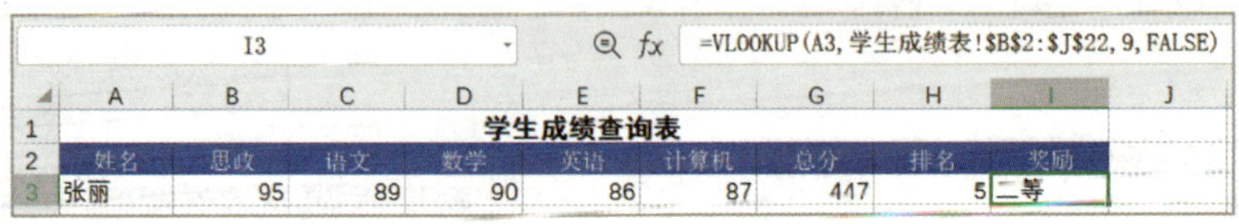

	A	B	C	D	E	F	G	H	I	J
1	学生成绩查询表									
2	姓名	思政	语文	数学	英语	计算机	总分	排名	奖励	
3	张丽	95	89	90	86	87	447	5	二等	

图 2-2-14　完成后的效果

VLOOKUP 函数的使用技巧

VLOOKUP 函数的“数据表”项可以跨工作表引用，且可使用绝对引用，例如“学生成绩表 !$B$3:$J$22”。

在其“函数参数”对话框中设定“数据表”项的查找区域时，“查找值”项必须在此单元格区域中的第一列，且该区域中必须包含返回值。

在 VLOOKUP 函数中可嵌套 COLUMN 函数获取当前列的序号，提高效率，例如制作学生成绩查询表时，具体操作步骤如下。

在 B3 单元格中插入 VLOOKUP 函数，弹出“函数参数”对话框，设置“查找值”为“$A3”，“数据表”为“学生成绩表 !$B$3:$J$22”，“列序数”为“COLUMN()”，“匹配条件”为“FALSE”，如图 2-2-15 所示，单击“确定”按钮；完成后，使用填充柄向右填充至 I3 单元格即可实现整行内容的查询，不必再逐一输入 VLOOKUP 函数。

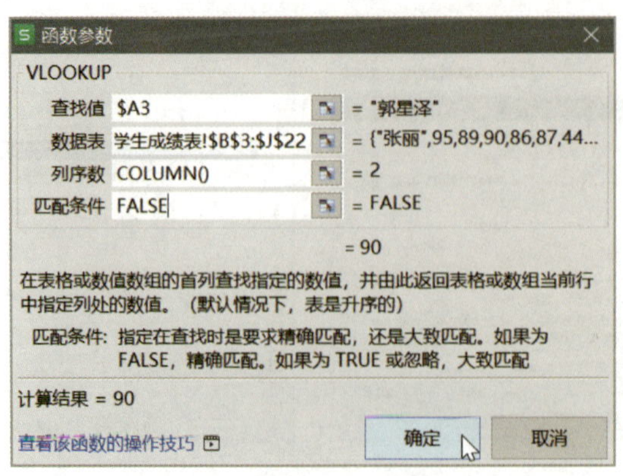

图 2-2-15　VLOOKUP+COLUMN 函数的使用

请对本项目的学习内容进行小结，完成表 2–2–3 和表 2–2–4 的填写。

表 2–2–3　引用的类型及说明

引用类型	作用	举例
相对引用		
绝对引用		
跨工作表引用		
跨工作簿引用		

表 2–2–4　WPS 表格常用的函数

函数名称	作用	举例
SUM		
AVERAGE		
COUNT		

续表

函数名称	作用	举例
COUNTA		
MAX		
MIN		
IF		
RANK		
VLOOKUP		

项目三
分析学生成绩表——WPS 表格数据的分析

WPS 表格拥有强大的数据处理和分析功能，可以帮助用户在繁杂的数据中挖掘出有效的信息。本项目主要讲解在表格中设置条件格式突出显示单元格数据及数据排序、数据筛选和数据分类汇总等知识。

◆设置条件格式
◆数据排序
◆数据筛选
◆数据分类汇总

在项目二中，刘老师使用公式、函数完成了学生成绩的统计，现在需要对学生的成绩进行分析，如查看学科中成绩不合格的数据、排序总分、统计奖励等级人数等相关信息。

“分析学生成绩表”效果图如图 2-3-1 所示。

	A	B	C	D	E	F	G	H	I	J
1	学生成绩表									
2	序号	姓名	思政	语文	数学	英语	计算机	总分	排名	奖励
3	004	郭星泽	90	92	94	89	93	458	1	一等
4	019	孙文昊	93	92	95	90	88	458	1	一等
5	007	侯晗翌	87	92	93	91	91	454	3	一等
6	006	梁晓霜	89	90	92	90	92	453	4	一等
7									一等 计数	4
8	001	张丽	95	89	90	86	87	447	5	二等
9	020	李熙栋	90	71	90	88	93	432	6	二等
10	008	胡乐岚	80	83	85	87	91	426	7	二等
11									二等 计数	3
12	003	何智宇	85	85	85	82	83	400	8	三等
13	011	张子涵	00	93	80	84	78	419	9	三等
14	017	王梦洁	84	73	79	85	86	407	10	三等
15	015	李漫妮	85	73	84	90	74	406	11	三等
16	012	张冠智	76	85	70	92	82	405	12	三等
17									三等 计数	5
18	005	黄凌萱	78	86	65	81	69	379	13	无
19	009	王景天	68	75	90	65	80	378	14	无
20	010	赵海逸	75	70	88	68	75	376	15	无
21	014	周雨泽	65	60	76	68	69	338	16	无
22	016	孙嫦曦	63	65	60	54	70	312	17	无
23	002	张昊明	65	65	62	63	55	310	18	无
24	013	罗钰轩	63	61	58	59	60	301	19	无
25	018	张晟涵	61	55	56	60	64	296	20	无
26									无 计数	8
27									总计数	20

学生成绩表

图 2-3-1 “分析学生成绩表”效果图

刘老师在分析查看学生成绩时，先突出显示每一科成绩中不合格的数据，再将总分按照由高分到低分的顺序进行排序，然后筛选出总分中高于平均值的数据，最后对奖励等级人数进行统计汇总。其制作思路如下。

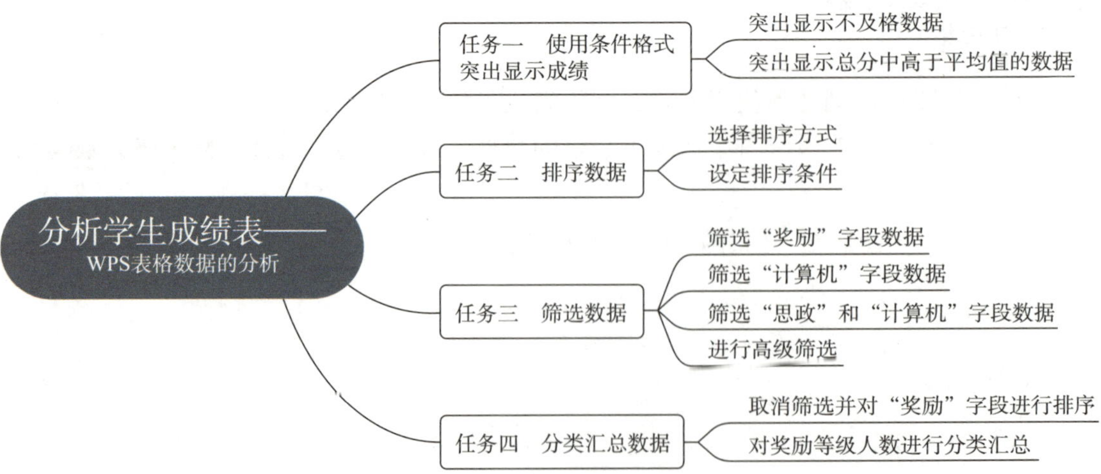

任务一　使用条件格式突出显示成绩

能够使用条件格式突出显示单元格数据。

条件格式是指当单元格中的数据满足已设定的条件规则时，系统会改变单元格的显示状态以突出显示满足条件的数据。

本任务中，需要突出显示各科目成绩中不及格的数据和总分中高于平均值的数据。

一、突出显示不及格数据

选定 C3:G22 单元格区域，在“开始”选项卡中单击“条件格式”下拉按钮，在下拉列表中用鼠标指针指向“突出显示单元格规则”，在弹出的子菜单中选择“小于”命令；弹出“小于”对话框，在文本框中录入“60”，在“设置为”下拉列表中选择“浅红填充色深红色文本”选项，如图 2-3-2a 所示，单击“确定”按钮，完成后的效果如图 2-3-2b 所示。

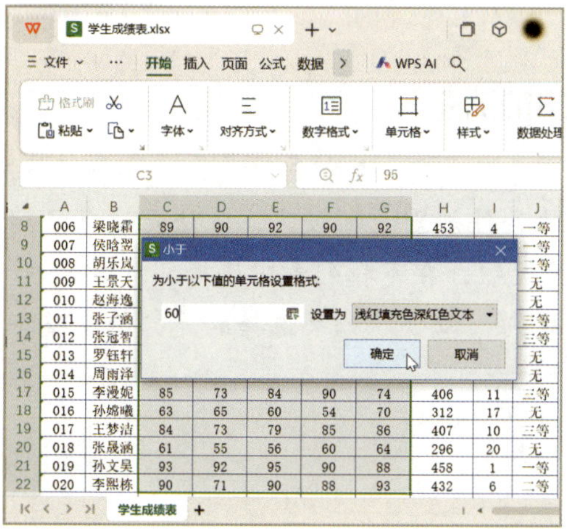

a）　　b）

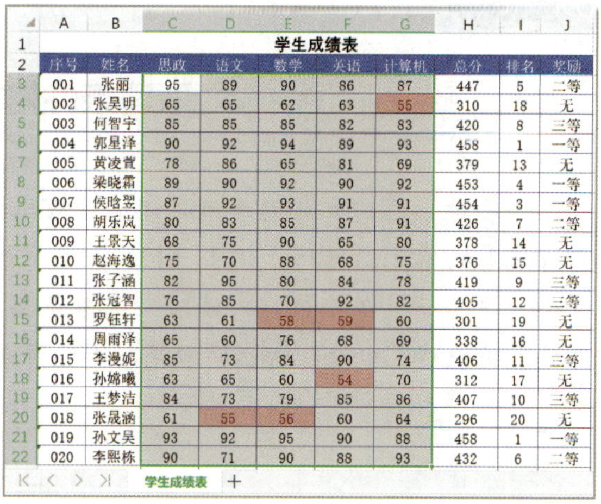

图 2-3-2　突出显示不及格分数

a）设置突出显示单元格规则　b）完成后的效果

二、突出显示总分中高于平均值的数据

选定 H3:H22 单元格区域，在“开始”选项卡中单击“条件格式”下拉按钮，在下拉列表中用鼠标指针指向“项目选取规则”命令，在弹出的子菜单中选择“高于平均值”命令，如图 2-3-3a 所示。完成后的效果如图 2-3-3b 所示。

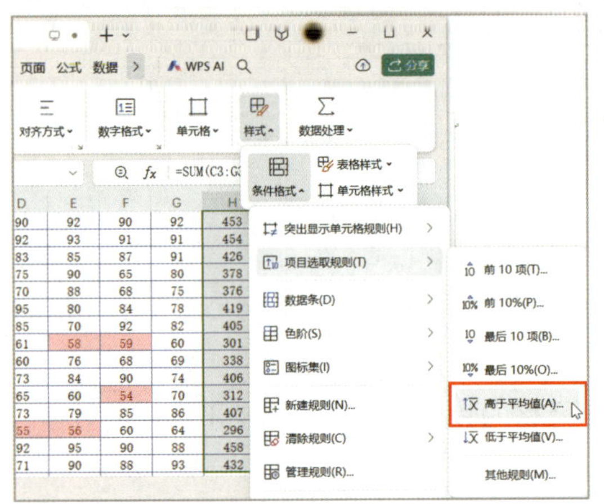

a）

学生成绩表

序号	姓名	思政	语文	数学	英语	计算机	总分	排名	奖励
001	[illegible]	[illegible]	[illegible]	[illegible]	[illegible]	[illegible]	[illegible]	[illegible]	[illegible]
002	张昊明	65	65	62	63	55	310	18	无
003	何智宇	85	85	85	82	83	420	8	三等
004	郭星泽	90	92	94	89	93	458	1	一等
005	黄凌萱	78	86	65	81	69	379	13	无
006	梁晓霜	89	90	92	90	92	453	4	一等
007	侯晗翌	87	92	93	91	91	454	3	一等
008	胡乐岚	80	83	85	87	91	426	7	二等
009	王景天	68	75	90	65	80	378	14	无
010	赵海逸	75	70	88	68	75	376	15	无
011	张子涵	82	95	80	84	78	419	9	三等
012	张冠智	76	85	70	92	82	405	12	三等
013	罗钰轩	63	61	58	59	60	301	19	无
014	周雨泽	65	60	76	68	69	338	16	无
015	李漫妮	85	73	84	90	74	406	11	三等
016	孙嫦曦	63	65	60	54	70	312	17	无
017	王梦洁	84	73	79	85	86	407	10	三等
018	张晟涵	61	55	56	60	64	296	20	无
019	孙文昊	93	92	95	90	88	458	1	一等
020	李熙栋	90	71	90	88	93	432	6	二等

学生成绩表

b）

图 2-3-3　突出显示高于平均值数据

a）选择“高于平均值”命令　b）完成后的效果

取消条件格式的方法

如果对于已建立好的规则不满意，可取消此条件规则重新设定，方法是选定已建立好规则的单元格区域，单击“条件格式”下拉按钮，在下拉列表中选择“清除规则”命令，在其子菜单中选择“清除所选单元格的规则”命令。如果选择的是“清除整个工作表的规则”命令，那么将取消整个工作表的规则。

任务二　排序数据

能够将数据按照相应的次序排列。

数据排序是指将数据按照相应的次序进行排列。数据排序的次序分为升序、降序和自定义序列排序。排序的规则包括数值大小、字母顺序、拼音顺序和笔画顺序等。

本任务中需要对总分字段数据以降序的次序方式进行排列。

一、选择排序方式

选定 A2:J22 单元格区域，在“数据”选项卡中单击“排序”下拉按钮，在下拉列表中选择“自定义排序”命令，如图 2-3-4 所示。

图 2-3-4　选择“自定义排序”命令

二、设定排序条件

在弹出的“排序”对话框中，设置“主要关键字”为“总分”，“排序依据”为

“数值”，“次序”为“降序”，单击“确定”按钮，如图 2-3-5a 所示，完成后的效果如图 2-3 5b 所示。

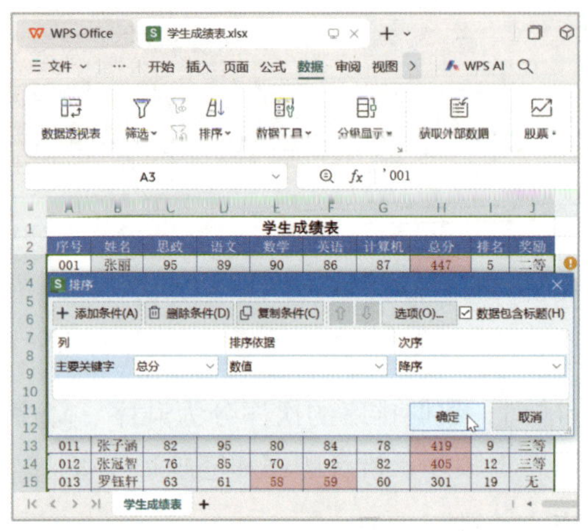

a）

	A	B	C	D	E	F	G	H	I	J
1	学生成绩表									
2	序号	姓名	思政	语文	数学	英语	计算机	总分	排名	奖励
3	004	郭星泽	90	92	94	89	93	458	1	一等
4	019	孙文昊	93	92	95	90	88	458	1	一等
5	007	侯晗翌	87	92	93	91	91	454	3	一等
6	006	梁晓霜	89	90	92	90	92	453	4	一等
7	001	张丽	95	89	90	86	87	447	5	二等
8	020	李熙栋	90	71	90	88	93	432	6	二等
9	008	胡乐岚	80	83	85	87	91	426	7	二等
10	003	何智宇	85	85	85	82	83	420	8	三等
11	011	张子涵	82	95	80	84	78	419	9	三等
12	017	王梦洁	84	73	79	85	86	407	10	三等
13	015	李漫妮	85	73	84	90	74	406	11	三等
14	012	张冠智	76	85	70	92	82	405	12	三等
15	005	黄凌萱	78	86	65	81	69	379	13	无
16	009	王景天	68	75	90	65	80	378	14	无
17	010	赵海逸	75	70	88	68	75	376	15	无
18	014	周雨泽	65	60	76	68	69	338	16	无
19	016	孙嫦曦	63	65	60	54	70	312	17	无
20	002	张昊明	65	65	62	63	55	310	18	无
21	013	罗钰轩	63	61	58	59	60	301	19	无
22	018	张晟涵	61	55	56	60	64	296	20	无

学生成绩表

b）

图 2-3-5　设定排序条件

a）设置排序条件　b）完成后的效果

多条件排序和自定义序列排序

1. 多条件排序

多条件排序是指同时设定多个字段的排序条件对数据表进行排序。如对“总分”字段和“思政”字段数据均以降序次序方式排序的方法是选定 A2:J22 单元格区域，在“数据”选项卡中单击“排序”下拉按钮，在下拉列表中选择“自定义排序”命令；弹出“排序”对话框，设置“主要关键字”为“总分”，“次序”为“降序”；单击“添加条件”按钮，设置“次要关键字”为“思政”，“次序”为“降序”，单击“确定”按钮，如图 2-3-6a 所示；完成后当总分出现同分时，思政分数高的学生排在前，完成后的效果如图 2-3-6b 所示。

2. 自定义序列排序

自定义序列排序是指在预设的几种次序不能满足排序需要时，用户可按自定义的排列次序进行排序。如对“奖励”字段进行升序次序排序，设置排序条件如图 2-3-7a 所示，其结果显示的次序是“二等、三等、无、一等”，并未按照“一等、二等、三等、无”的顺序进行排列，完成后的效果如图 2-3-7b 所示。此时可设置自定义序列排序来解决以上问题，方法是选定 A2:J22 单元格区域，在“数据”选项卡中单击“排序”按钮；弹出“排序”对话框，设置“主要关键字”为“奖励”，“次序”为“自定义序列”；弹出“自定义序列”对话框，在“输入序列”编辑框中依次输入“一等”“二等”“三等”“无”，每输入完一个条件按一次 Enter 键换行；单击“添加”按钮，再单击“确定”按钮，如图 2-3-8a 所示；切换至“排序”对话框中，设置“次序”为“一等，二等，三等，无”，单击“确定”按钮，完成后的效果如图 2-3-8b 所示。

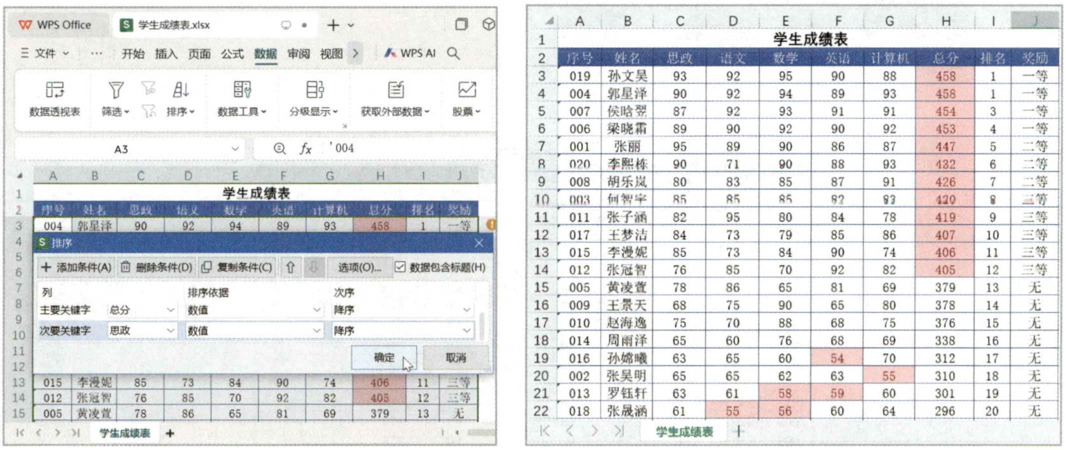

a）

学生成绩表

序号	姓名	思政	语文	数学	英语	计算机	总分	排名	奖励
019	孙文昊	93	92	95	90	88	458	1	一等
004	郭星泽	90	92	94	89	93	458	1	一等
007	侯晗翌	87	92	93	91	91	454	3	一等
006	梁晓霜	89	90	92	90	92	453	4	一等
001	张丽	95	89	90	86	87	447	5	二等
020	李熙栋	90	71	90	88	93	432	6	二等
008	胡乐岚	80	83	85	87	91	426	7	二等
003	何智宇	85	85	85	82	83	420	8	三等
011	张子涵	82	95	80	84	78	419	9	三等
017	王梦洁	84	73	79	85	86	407	10	三等
015	李漫妮	85	73	84	90	74	406	11	三等
012	张冠智	76	85	70	92	82	405	12	三等
005	黄凌萱	78	86	65	81	69	379	13	无
009	王景天	68	75	90	65	80	378	14	无
010	赵海逸	75	70	88	68	75	376	15	无
014	周雨泽	65	60	76	68	69	338	16	无
016	孙嫦曦	63	65	60	54	70	312	17	无
002	张昊明	65	65	62	63	55	310	18	无
013	罗钰轩	63	61	58	59	60	301	19	无
018	张晟涵	61	55	56	60	64	296	20	无

b）

图 2-3-6　多条件排序

a）设置排序条件　b）完成后的效果

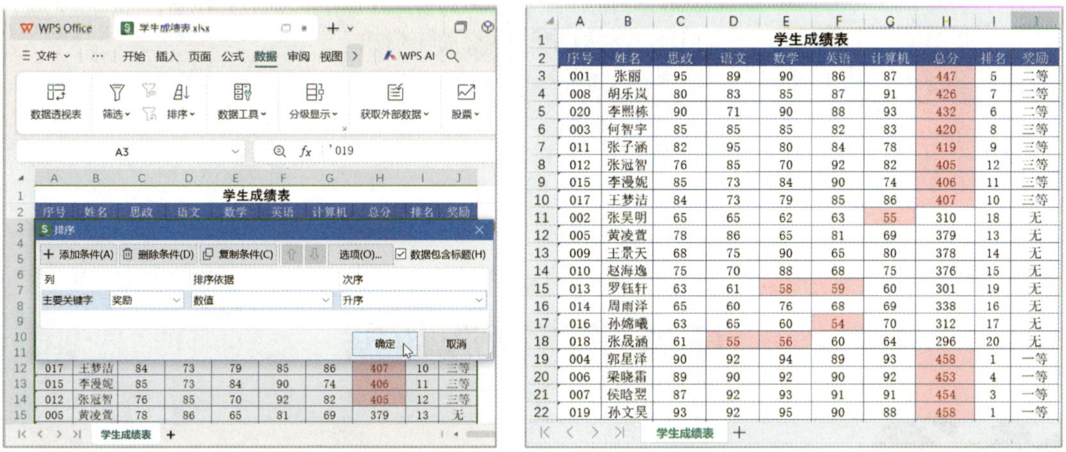

a）

学生成绩表

序号	姓名	思政	语文	数学	英语	计算机	总分	排名	奖励
001	张丽	95	89	90	86	87	447	5	二等
008	胡乐岚	80	83	85	87	91	426	7	二等
020	李熙栋	90	71	90	88	93	432	6	二等
003	何智宇	85	85	85	82	83	420	8	三等
011	张子涵	82	95	80	84	78	419	9	三等
012	张冠智	76	85	70	92	82	405	12	三等
015	李漫妮	85	73	84	90	74	406	11	三等
017	王梦洁	84	73	79	85	86	407	10	三等
002	张昊明	65	65	62	63	55	310	18	无
005	黄凌萱	78	86	65	81	69	379	13	无
009	王景天	68	75	90	65	80	378	14	无
010	赵海逸	75	70	88	68	75	376	15	无
013	罗钰轩	63	61	58	59	60	301	19	无
014	周雨泽	65	60	76	68	69	338	16	无
016	孙嫦曦	63	65	60	54	70	312	17	无
018	张晟涵	61	55	56	60	64	296	20	无
004	郭星泽	90	92	94	89	93	458	1	一等
006	梁晓霜	89	90	92	90	92	453	4	一等
007	侯晗翌	87	92	93	91	91	454	3	一等
019	孙文昊	93	92	95	90	88	458	1	一等

b）

图 2-3-7　按默认序列排序

a）设置排序条件　b）完成后的效果

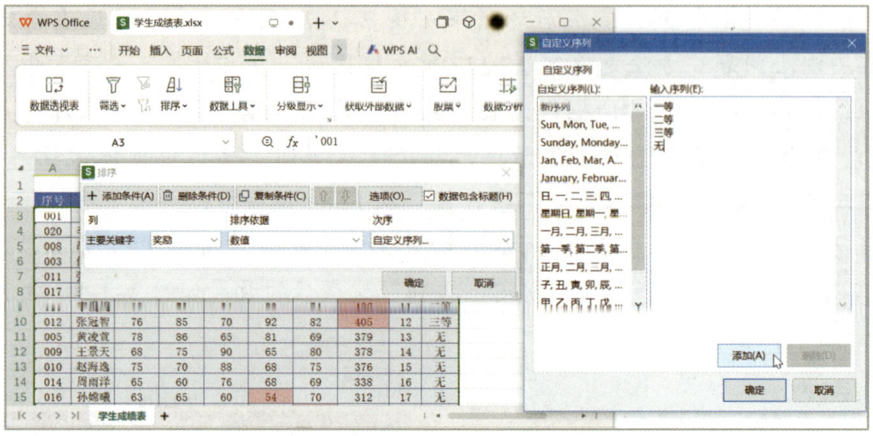

a）

学生成绩表									
序号	姓名	思政	语文	数学	英语	计算机	总分	排名	奖励
019	孙文昊	93	92	95	90	88	458	1	一等
004	郭星泽	90	92	94	89	93	458	1	一等
007	侯晗翌	87	92	93	91	91	454	3	一等
006	梁晓霜	89	90	92	90	92	453	4	一等
001	张丽	95	89	90	86	87	447	5	二等
020	李熙栋	90	71	90	88	93	432	6	二等
008	胡乐岚	80	83	85	87	91	426	7	二等
003	何智宇	85	85	85	82	83	420	8	三等
011	张子涵	82	95	80	84	78	419	9	三等
017	王梦洁	84	73	79	85	86	407	10	三等
015	李漫妮	85	73	84	90	74	406	11	三等
012	张冠智	76	85	70	92	82	405	12	三等
005	黄凌萱	78	86	65	81	69	379	13	无
009	王景天	68	75	90	65	80	378	14	无
010	赵海逸	75	70	88	68	75	376	15	无
014	周雨泽	65	60	76	68	69	338	16	无
016	孙嫦曦	63	65	60	54	70	312	17	无
002	张昊明	65	65	62	63	55	310	18	无
013	罗钰轩	63	61	58	59	60	301	19	无
018	张晟涵	61	55	56	60	64	296	20	无

b）

图 2-3-8　自定义序列排序

a）设置自定义序列　b）完成后的效果

任务三　筛选数据

能够使用筛选工具筛选符合条件的数据。

数据筛选是指根据设定条件只显示符合条件的数据，同时隐藏不符合条件的数据。数据筛选可分为自动筛选、高级筛选和自定义筛选。

自动筛选一般用于简单的筛选。本任务首先需要筛选出“奖励”字段为“一等”“二等”“三等”且“计算机”成绩大于或等于 90 分的数据，即可使用自动筛选。

高级筛选一般用于条件较为复杂的筛选。在数据筛选的过程中，可能会遇到筛选条件较为复杂的情况，自动筛选无法满足筛选需求，此时可以使用高级筛选。使用高级筛选后的结果可以在原数据表格中显示，也可以在其他单元格区域中显示。本任务还需要筛选出“思政”或“计算机”成绩中至少一项大于或等于 90 分的数据，因此需使用高级筛选功能。

一、筛选“奖励”字段数据

选定 A2:J2 单元格区域，在“数据”选项卡中单击“筛选”下拉按钮，在下拉列表中选择“筛选”命令，如图 2-3-9a 所示；完成后每个标题右侧将出现下拉按钮；单击“奖励”字段右侧的下拉按钮，在下拉列表中勾选“一等”“二等”“三等”复选框，如图 2-3-9b 所示；单击“确定”按钮；完成后工作表中将只显示一等、二等、三等奖励数据，奖励数据为“无”的将被隐藏，筛选后的数据如图 2-3-10 所示。

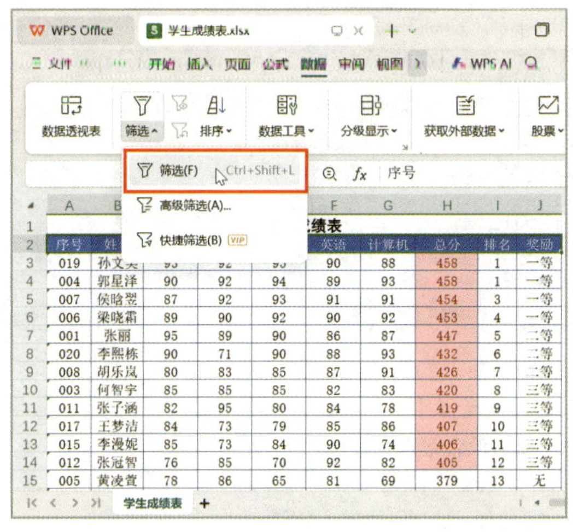

a）

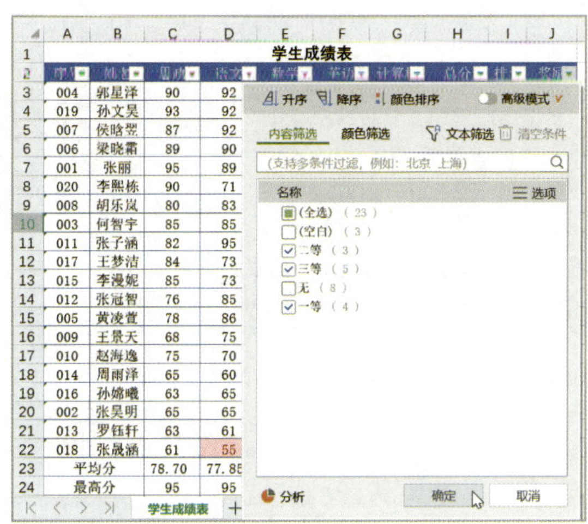

b）

图 2-3-9　添加筛选条件

a）选择“筛选”命令　b）勾选筛选条件复选框

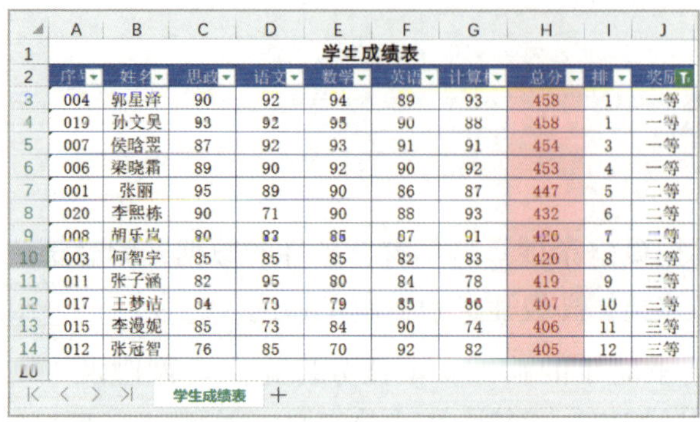

	学生成绩表								
序号	姓名	思政	语文	数学	英语	计算机	总分	排名	奖励
004	郭星泽	90	92	94	89	93	458	1	一等
019	孙文昊	93	92	95	90	88	458	1	一等
007	侯晗翌	87	92	93	91	91	454	3	一等
006	梁晓霜	89	90	92	90	92	453	4	一等
001	张丽	95	89	90	86	87	447	5	二等
020	李熙栋	90	71	90	88	93	432	6	二等
008	胡乐岚	80	83	85	87	91	426	7	二等
003	何智宇	85	85	85	82	83	420	8	三等
011	张子涵	82	95	80	84	78	419	9	三等
017	王梦洁	84	73	79	85	86	407	10	三等
015	李漫妮	85	73	84	90	74	406	11	三等
012	张冠智	76	85	70	92	82	405	12	三等

图 2-3-10 筛选后的数据

二、筛选“计算机”字段数据

完成“奖励”字段的数据筛选后，还需要筛选出“计算机”成绩大于或等于90分的数据。

单击“计算机”字段右侧的下拉按钮，在下拉列表中选择“数字筛选”命令，在展开的子菜单中选择“大于或等于”命令，如图2-3-11a所示；弹出“自定义自动筛选方式”对话框，将“计算机”设置为“大于或等于”“90”，如图2-3-11b所示；单击“确定”按钮；完成后查看筛选结果，筛选结果如图2-3-12所示。

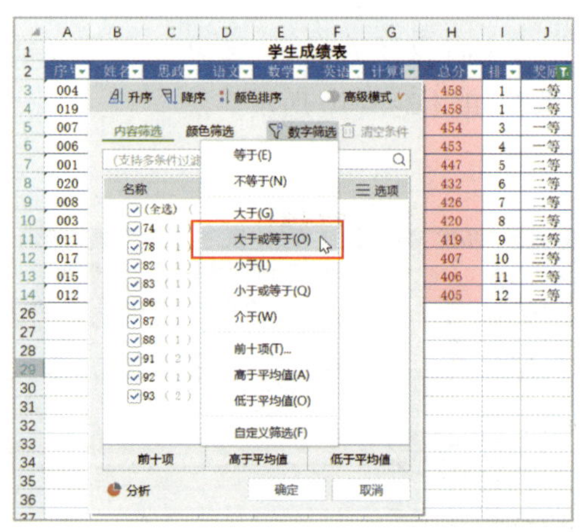

a）

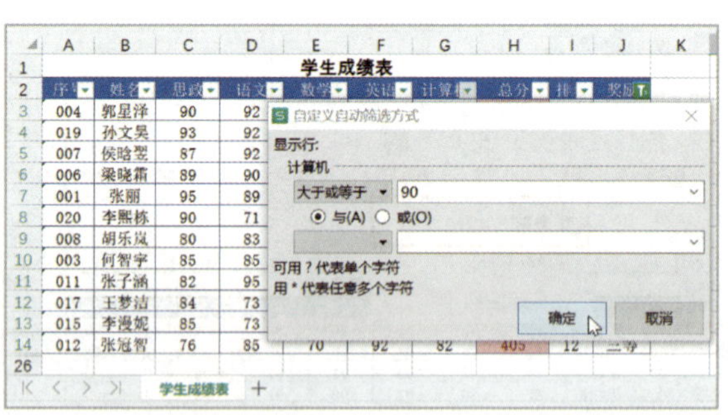

b）

图 2-3-11 添加自定义筛选条件

a）选择“大于或等于”命令 b）设置筛选条件

	学生成绩表								
序号	姓名	思政	语文	数学	英语	计算机	总分	排名	奖励
004	郭星泽	90	92	94	89	93	458	1	一等
007	侯晗翌	87	92	93	91	91	454	3	一等
006	梁晓霜	89	90	92	90	92	453	4	一等
020	李熙栋	90	71	90	88	93	432	6	二等
008	胡乐岚	80	83	85	87	91	426	7	二等

图 2-3-12 筛选结果

重新显示被隐藏的数据

经过筛选后，工作表中只显示符合条件的数据，隐藏了不符合条件的数据，如需重新显示被隐藏的数据，有以下两种方法。

1. 在“数据”选项卡中再次单击“自动筛选”按钮，关闭数据筛选功能，即可显示被隐藏的数据。

2. 单击已被筛选的字段标题右侧的下拉按钮，弹出下拉列表，勾选“全选”复选框，单击“确定”按钮，可恢复显示此列所有数据。如果还有其他数据列被筛选过，那么重复以上操作即可恢复显示全部数据。

三、筛选“思政”和“计算机”字段数据

1. 保存好前面一项筛选结果后，取消筛选。

2. 在 L2:M4 单元格区域中，按图 2-3-13a 所示形式输入筛选条件，此时两个条件为“或”关系。

3. 在“数据”选项卡中单击“筛选”下拉按钮，在下拉列表中选择“高级筛选”命令，如图 2-3-13b 所示。

L	M
思政	计算机
>=90	
	>=90

a）　　　　b）

图 2-3-13　创建筛选条件

a）输入筛选条件　b）选择“高级筛选”命令

四、进行高级筛选

在弹出的“高级筛选”对话框中，勾选“方式”栏中的“将筛选结果复制到其他位置”单选框；单击“列表区域”的“折叠”按钮，选择A2:J22单元格区域；单击“条件区域”的“折叠”按钮，选择L2:M4单元格区域；单击“复制到”的“折叠”按钮，选择A28单元格，如图2-3-14a所示；单击“确定”按钮。完成后查看筛选结果，符合条件的数据被筛选至A28单元格开始的单元格区域中，筛选结果如图2-3-14b所示。

高级筛选
方式
○ 在原有区域显示筛选结果(F)
◉ 将筛选结果复制到其他位置(O)
列表区域(L): 学生成绩表!$A$2:J
条件区域(C): 学生成绩表!$L$2:M
复制到(T): 学生成绩表!$A$28
☐ 扩展结果区域，可能覆盖原有数据(V)
☐ 选择不重复的记录(R)
确定 取消

a）

28	序号	姓名	思政	语文	数学	英语	计算机	总分	排名	奖励
29	001	张丽	95	89	90	86	87	447	5	二等
30	004	郭星泽	90	92	94	89	93	458	1	一等
31	006	梁晓霜	89	90	92	90	92	453	4	一等
32	007	侯晗翌	87	92	93	91	91	454	3	一等
33	008	胡乐岚	80	83	85	87	91	426	7	二等
34	019	孙文昊	93	92	95	90	88	458	1	一等
35	020	李熙栋	90	71	90	88	93	432	6	二等

学生成绩表

b）

图2-3-14 进行高级筛选
a）“高级筛选”对话框 b）筛选结果

高级筛选使用技巧

1. 条件区域的建立方法

使用高级筛选功能时，首先需要建立条件区域，条件区域可建立在数据表格外空白的单元格区域中。填写条件时，字段名填写在同一行单元格区域中，对应条件填写在相应的字段名下方的单元格。条件区域的字段名必须与原数据的字段名内容一致。当条件A、条件B为“与”关系时，条件填写在同一行单元格区域中；当条件A与条件B为“或”关系时，条件填写在不同行单元格区域中，高级筛选条件区域的建立方法见表2-3-1。

2. 在原有区域显示筛选的结果

如果要将高级筛选的结果在原数据中显示，可在“高级筛选”对话框中的“方式”栏勾选“在原有区域显示筛选结果”单选框。

表 2-3-1　高级筛选条件区域的建立方法

条件关系	“与”关系		“或”关系	
表达方式	字段名	字段名	字段名	字段名
	条件 A	条件 B	条件 A	
				条件 B

任务四　分类汇总数据

能够对表格中的数据进行分类汇总计算。

分类汇总是指将数据列表中相同类别的数据进行分类显示，并计算各类数据的汇总值。经过分类汇总后的数据表格结构清晰，便于按类别查看数据汇总的结果。进行分类汇总前须先对要汇总的数据列进行排序，以便将相同类别的数据进行分类。对于复杂的数据统计，可以使用嵌套分类汇总，先对大类别数据进行分类汇总，再对子类别数据进行分类汇总。

本任务中，需要对各奖励等级人数进行分类统计。

一、取消筛选并对“奖励”字段进行排序

在“数据”选项卡中单击“筛选”按钮，取消筛选。选定 A2:J22 单元格区域，使用自定义序列排序，根据“奖励”字段对表中数据按升序排序，完成后的效果如图 2-3-15 所示。

	A	B	C	D	E	F	G	H	I	J
1	学生成绩表									
2	序号	姓名	思政	语文	数学	英语	计算机	总分	排名	奖励
3	004	郭星泽	90	92	94	89	93	458	1	一等
4	019	孙文昊	93	92	95	90	88	458	1	一等
5	007	侯晗翌	87	92	93	91	91	454	3	一等
6	006	梁晓霜	89	90	92	90	92	453	4	一等
7	001	张丽	95	89	90	86	87	447	5	二等
8	020	李熙栋	90	71	90	88	93	432	6	二等
9	008	胡乐岚	80	83	85	87	91	426	7	二等
10	003	何智宇	85	85	85	82	83	420	8	三等
11	011	张子涵	82	95	80	84	78	419	9	三等
12	017	王梦洁	84	73	79	85	86	407	10	三等
13	015	李漫妮	85	73	84	90	74	406	11	三等
14	012	张冠智	76	85	70	92	82	405	12	三等
15	005	黄凌萱	78	86	65	81	69	379	13	无
16	009	王景天	68	75	90	65	80	378	14	无
17	010	赵海逸	75	70	88	68	75	376	15	无
18	014	周雨泽	65	60	76	68	69	338	16	无
19	016	孙嫦曦	63	65	60	54	70	312	17	无
20	002	张昊明	65	65	62	63	55	310	18	无
21	013	罗钰轩	63	61	58	59	60	301	19	无
22	018	张晟涵	61	55	56	60	64	296	20	无

学生成绩表

图 2-3-15　完成后的效果

二、对奖励等级人数进行分类汇总

在“数据”选项卡中单击“分类汇总”按钮，弹出“分类汇总”对话框；设置“分类字段”为“奖励”，“汇总方式”为“计数”，“选定汇总项”为“奖励”，如图 2-3-16a 所示；单击“确定”按钮，分类汇总的结果如图 2-3-16b 所示。

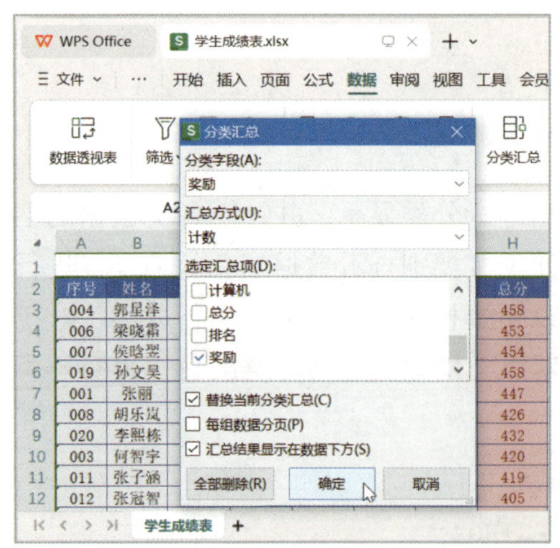

a）

	A	B	C	D	E	F	G	H	I	J
1	学生成绩表									
2	序号	姓名	思政	语文	数学	英语	计算机	总分	排名	奖励
3	004	郭星泽	90	92	94	89	93	458	1	一等
4	019	孙文昊	93	92	95	90	88	458	1	一等
5	007	侯晗翌	87	92	93	91	91	454	3	一等
6	006	梁晓霜	89	90	92	90	92	453	4	一等
7									一等 计数	4
8	001	张丽	95	89	90	86	87	447	5	二等
9	020	李熙栋	90	71	90	88	93	432	6	二等
10	008	胡乐岚	80	83	85	87	91	426	7	二等
11									二等 计数	3
12	003	何智宇	85	85	85	82	83	420	8	三等
13	011	张子涵	82	95	80	84	78	419	9	三等
14	017	王梦洁	84	73	79	85	86	407	10	三等
15	015	李漫妮	85	73	84	90	74	406	11	三等
16	012	张冠智	76	85	70	92	82	405	12	三等
17									三等 计数	5
18	005	黄凌萱	78	86	65	81	69	379	13	无
19	009	王景天	68	75	90	65	80	378	14	无
20	010	赵海逸	75	70	88	68	75	376	15	无
21	014	周雨泽	65	60	76	68	69	338	16	无
22	016	孙嫦曦	63	65	60	54	70	312	17	无
23	002	张昊明	65	65	62	63	55	310	18	无
24	013	罗钰轩	63	61	58	59	60	301	19	无
25	018	张晟涵	61	55	56	60	64	296	20	无
26									无 计数	8
27									总计数	20

学生成绩表

b）

图 2-3-16　对奖励等级人数进行分类汇总

a）“分类汇总”对话框　b）分类汇总的结果

分类汇总的嵌套和删除

1. 嵌套分类汇总

嵌套分类汇总是指在表格数据中，当大类别数据中还包含子类别数据时，通过嵌套分类汇总先对大类别数据进行一次分类汇总，再对子类别数据进行二次分类汇总。在进行二次分类汇总时，在“分类汇总”对话框中需取消勾选“替换当前分类汇总”复选框，如果不取消，第二次分类汇总结果会将第一次分类汇总结果替换掉。

2. 删除分类汇总

对当前分类汇总效果不满意时，可选定单元格区域，打开“分类汇总”对话框，单击“全部删除”按钮，即可删除当前分类汇总。

请对本项目的学习内容进行小结，完成表 2-3-2 的填写。

表 2-3-2　项目小结

目标		操作方法
条件格式	突出显示单元格规则、项目选取规则	
数据排序	单条件排序	
	多条件排序	
	自定义序列排序	

续表

目标		操作方法
数据筛选	自动筛选	
	高级筛选	
数据分类汇总	简单分类汇总	
	嵌套分类汇总	

项目四

制作学生成绩统计图——WPS 表格图表的应用

在 WPS 表格中，可以将表格数据转换为图表，以便更加直观、形象地展示数据的变化趋势。当数据量较大且需要从不同的角度和层次对数据进行分析时，可以创建数据透视表和数据透视图对数据进行汇总分析与统计。本项目主要讲解在 WPS 表格中创建与编辑图表、修饰与美化图表以及创建和使用数据透视表、数据透视图分析数据的相关知识。

- ◆创建与编辑图表
- ◆美化与修饰图表
- ◆创建数据透视表和数据透视图
- ◆使用数据透视表和数据透视图分析数据

刘老师想通过制作学生成绩统计图，查看 3 班思政、语文、数学等科目各分数段人数的分布情况；再通过制作数据透视表和数据透视图统计分析 1 班、2 班、3 班各科分数段人数的分布情况。

学生成绩统计效果图如图 2-4-1 所示。

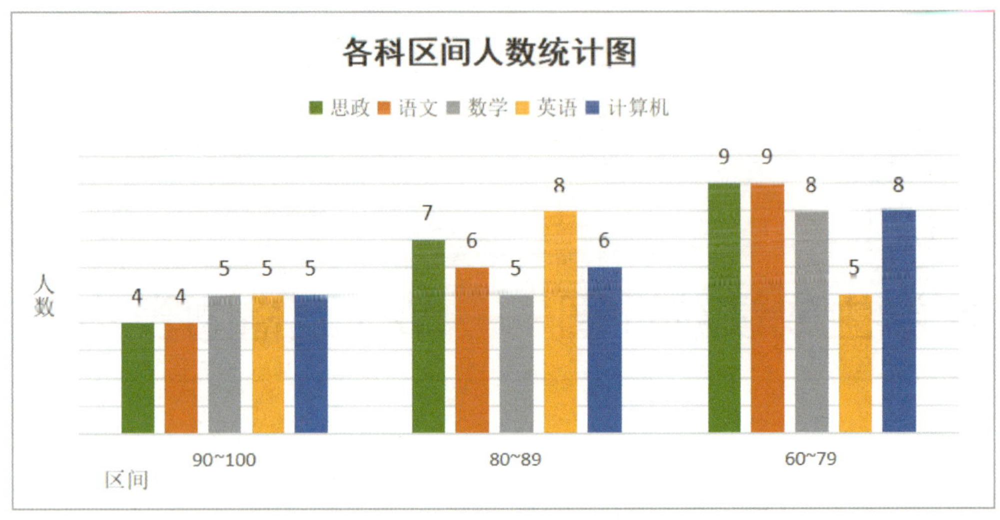

a）

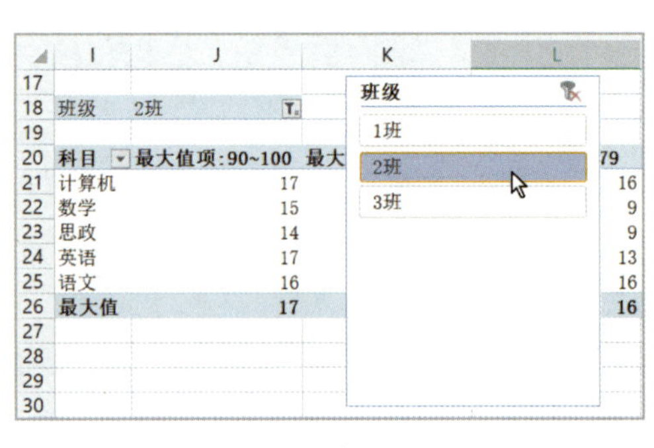

b）

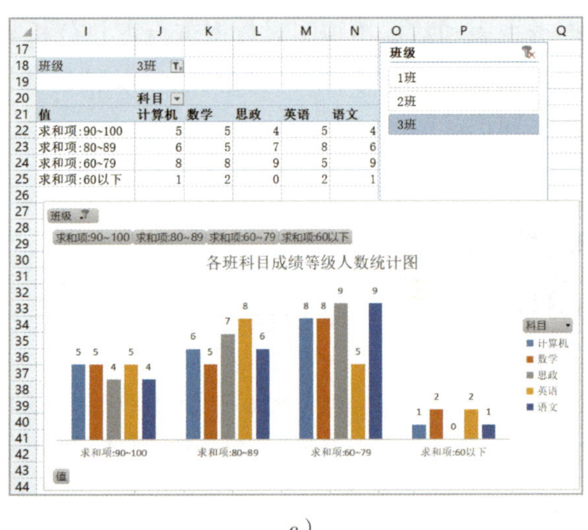

c）

图 2-4-1 学生成绩统计效果图

a）“3 班各科区间人数统计图”效果图 b）“各班科目各分数段人数数据透视表”效果图

c）“各班科目各分数段人数数据透视图”效果图

刘老师在制作学生成绩统计图时，先要创建图表，再编辑图表，使图表正确体现数据，最后美化图表。其制作思路如下。

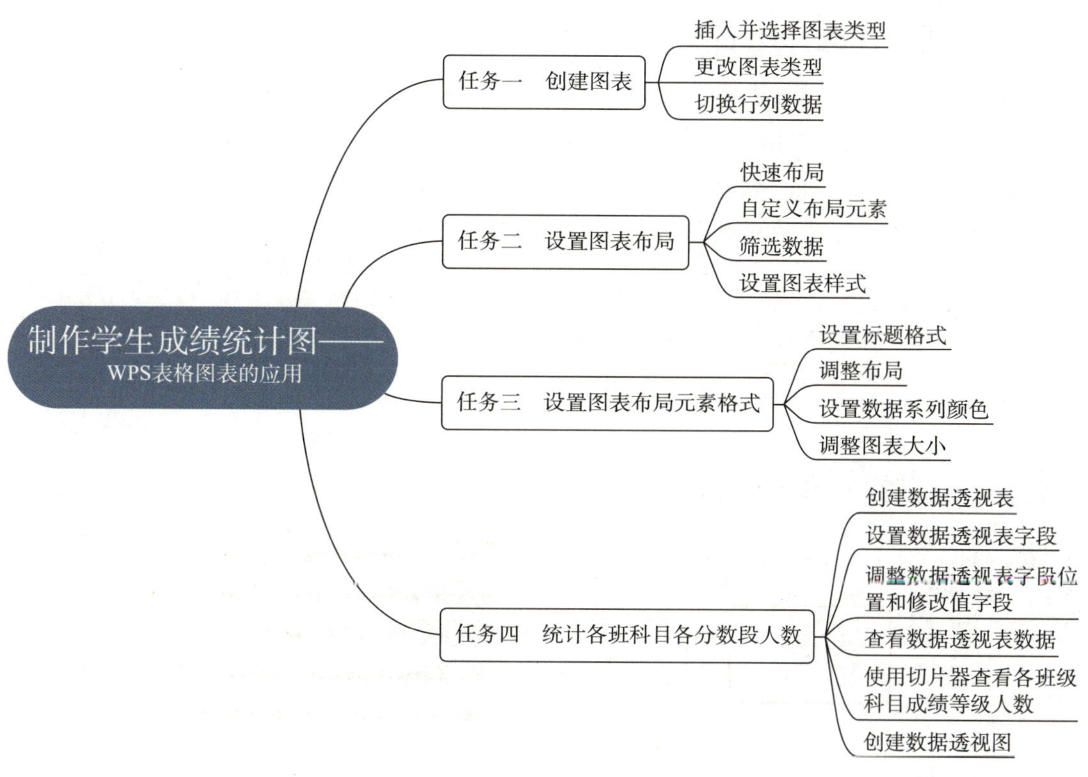

任务一　创建图表

能够创建图表与快速更改图表类型。

在 WPS 表格中，图表类型包括柱形图、折线图、饼图、条形图、面积图、XY 散点图、股价图、雷达图和组合图等。

本任务中，先使用学生成绩表数据创建簇状条形图，再将其更换为簇状柱形图。

一、插入并选择图表类型

打开素材文件“学生成绩统计表.xlsx”中的“Sheet1”工作表，选定 A2:F6 单元格区域，在“插入”选项卡中，单击“图表”按钮，在弹出的“插入图表”对话框中选择“条形图”选项，在“簇状”组中，选择一个合适的图表类型，如图 2-4-2a 所示；完成后查看图表，完成后的效果如图 2-4-2b 所示。

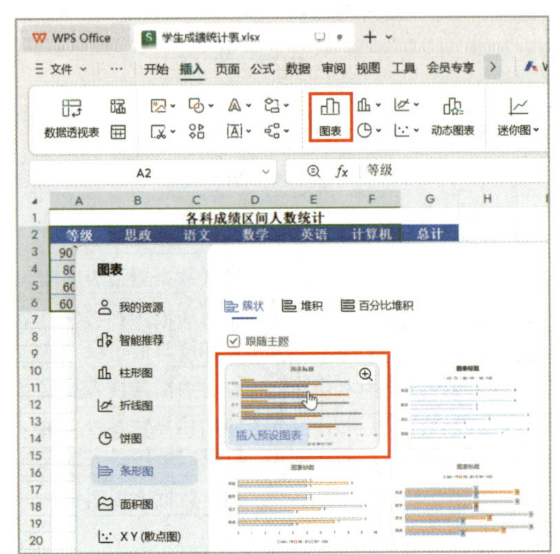

a）

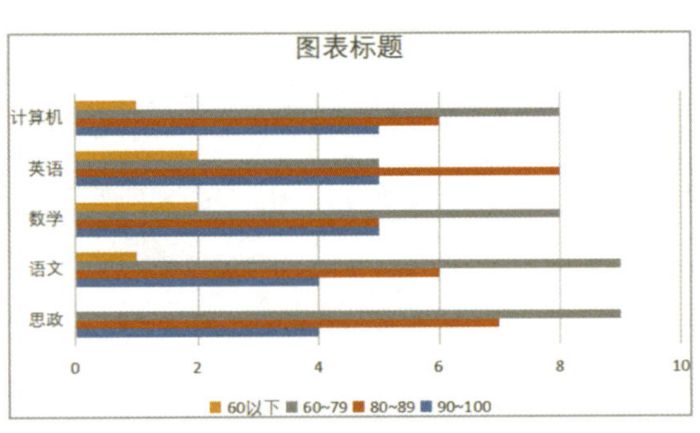

b）

图 2-4-2　创建簇状条形图

a）选择一个合适的图表类型　b）完成后的效果

二、更改图表类型

创建图表后若发现所选图表类型不合适，可以通过更改图表类型快速更换为另一种图表类型。

选定图表，在“图表工具”选项卡中单击“更改类型”按钮，弹出“更改图表类型”对话框，单击“柱形图”选项，选择“簇状”组中合适的图表类型，如图 2-4-3a 所示；完成后查看图表，完成后的效果如图 2-4-3b 所示。

三、切换行列数据

表格中的数据分为横向排列和纵向排列两种形式，默认情况下，创建图表时，WPS 表格会根据数据的排列方向自动生成数据系列。如果在创建图表后发现图表中的数据系列生成方式与实际需求不符合，可以切换数据行列。

选定图表，在“图表工具”选项卡中，单击“切换行列”按钮，如图 2-4-4a 所示，完成后的效果如图 2-4-4b 所示。

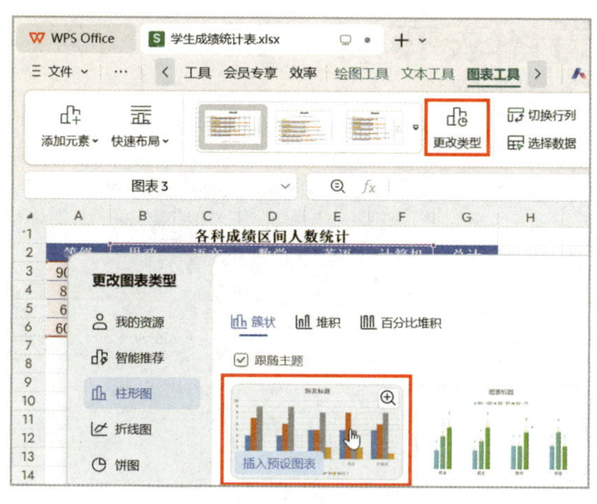

a）

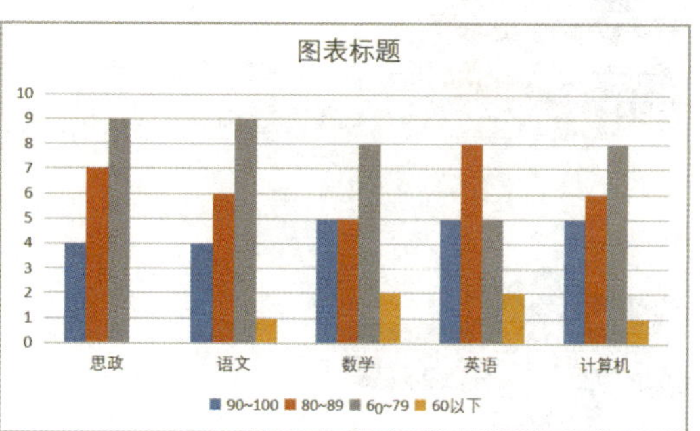

b）

图 2-4-3　更改图表类型

a）选择“簇状柱型图”组中合适的图表类型　b）完成后的效果

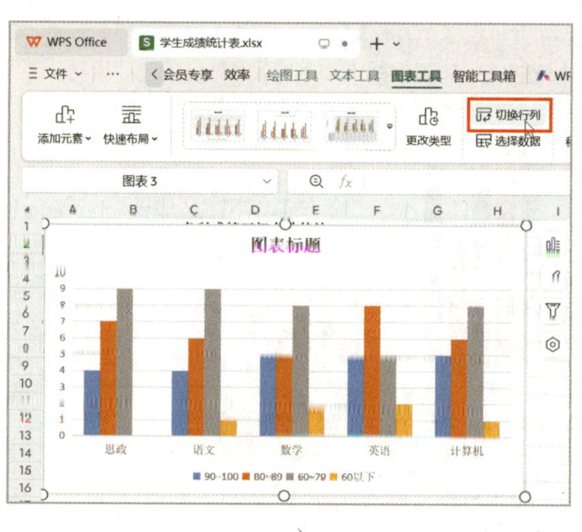

a）

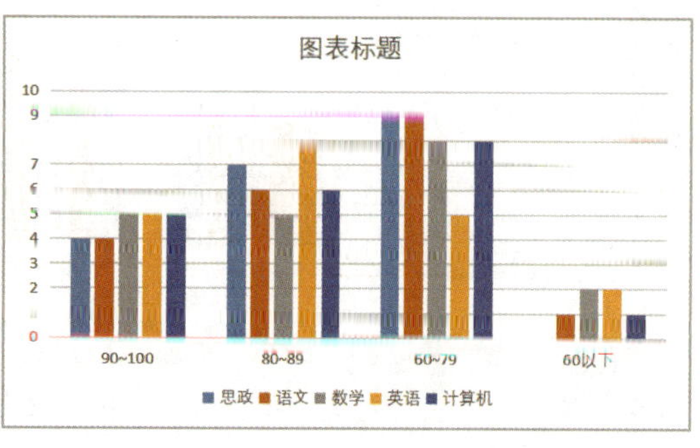

b）

图 2-4-4　切换行列数据

a）单击“切换行列”按钮　b）完成后的效果

任务二　设置图表布局

能够快速调整图表的布局元素。

图表布局是指图表中的元素构成及各元素的位置。图表的布局元素有图表标题、横/纵坐标、图例、数据系列等，如图 2-4-5 所示。完成图表创建后，可根据需要对图表布局元素进行调整，使图表结构更加合理。

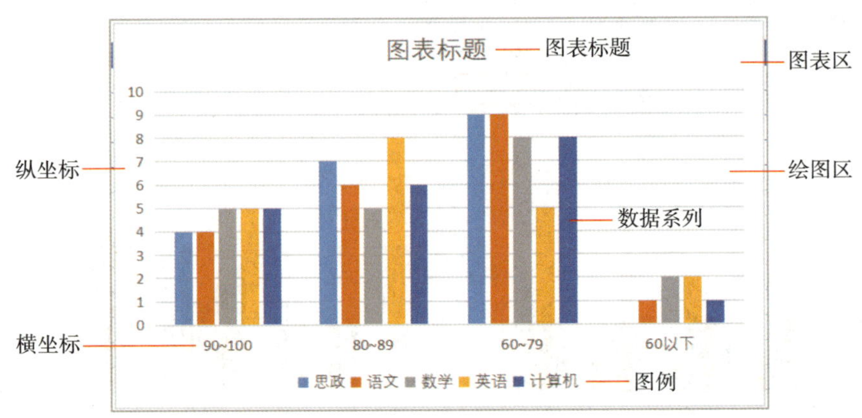

图 2-4-5　图表元素

一、快速布局

WPS 表格内置了多种布局样式，通过设置布局样式，可以快速调整图表的布局。

选定图表，在“图表工具”选项卡中，单击“快速布局”下拉按钮，在下拉列表中选择“布局 1”选项，如图 2-4-6 所示。

二、自定义布局元素

快速布局的样式不一定能完全满足实际的需要，此时可通过自定义布局更改图表元素。

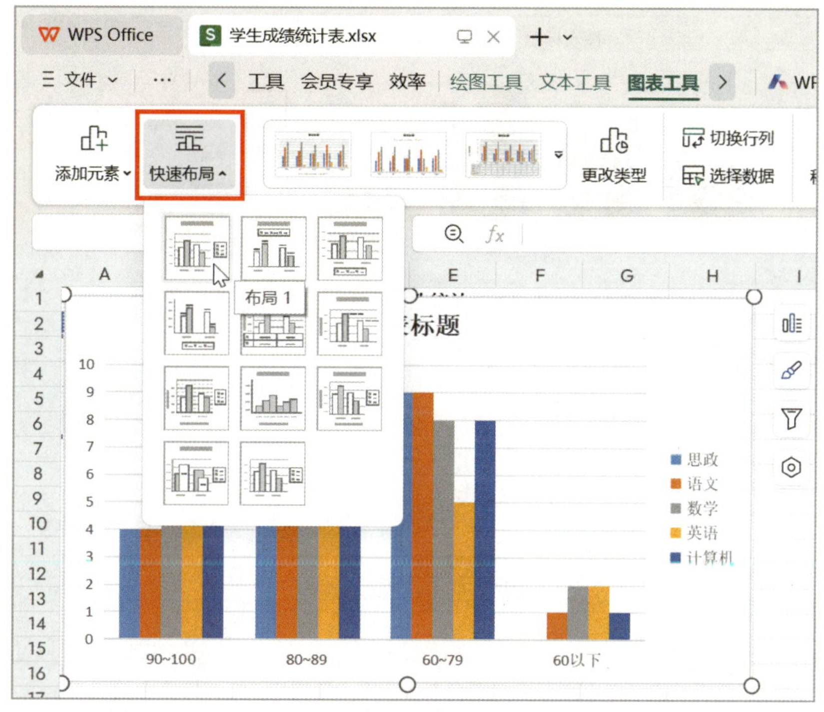

图 2-4-6　单击“快速布局”下拉按钮

选定图表，单击图表右上方的“图表元素”按钮；在弹出的“图表元素”列表中依次勾选“坐标轴”“轴标题”“图表标题”“数据标签”“图例”复选框，如图 2-4-7 所示。

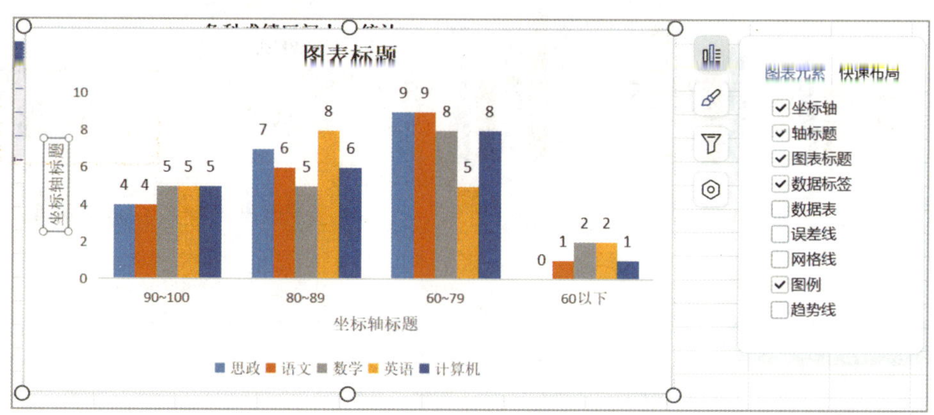

图 2-4-7　自定义布局元素

三、筛选数据

单击图表右上方的“图表筛选器”按钮；在“类别”下拉列表中取消勾选“60 以下”复选框，单击“应用”按钮，如图 2-4-8 所示。

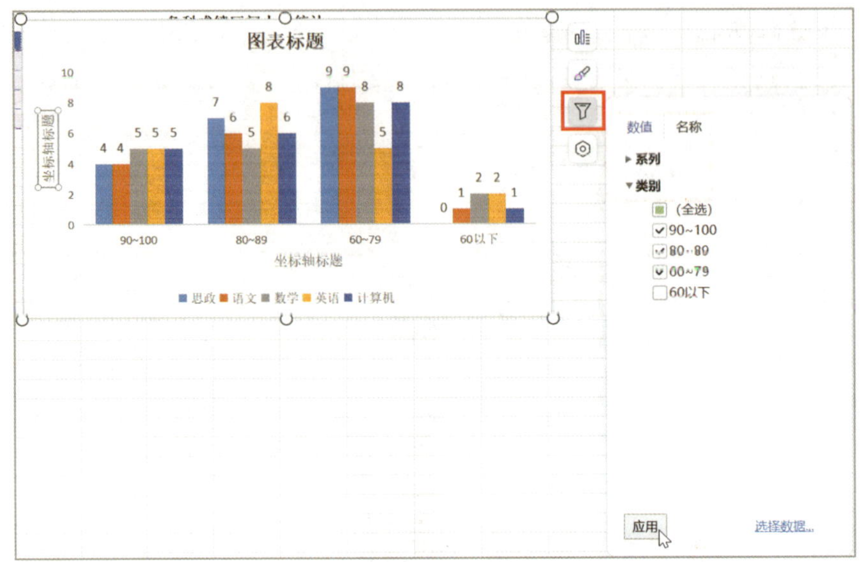

图 2-4-8 筛选数据

四、设置图表样式

单击图表右上方的“图表样式”按钮；在弹出的样式列表中选择“样式 2”选项，如图 2-4-9 所示。

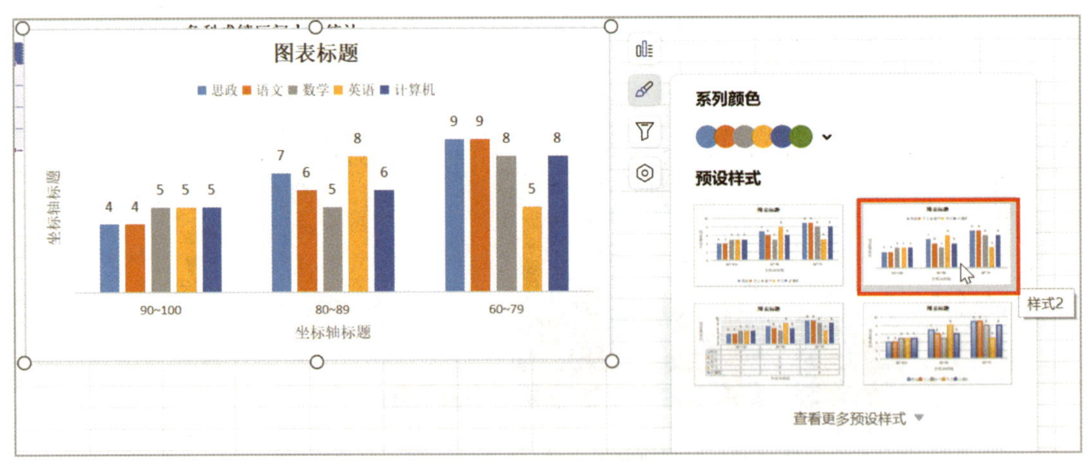

图 2-4-9 设置图表样式

任务三　设置图表布局元素格式

能够编辑图表中的布局元素格式。

对图表中布局元素的格式进行设置，可以使图表更加美观。

一、设置标题格式

1. 设置图表标题格式

单击图表中的标题文本框，输入新标题内容“各科区间人数统计图”；将标题内容的字体格式设置为“黑体”“14 号”“加粗”，如图 2-4-10 所示。

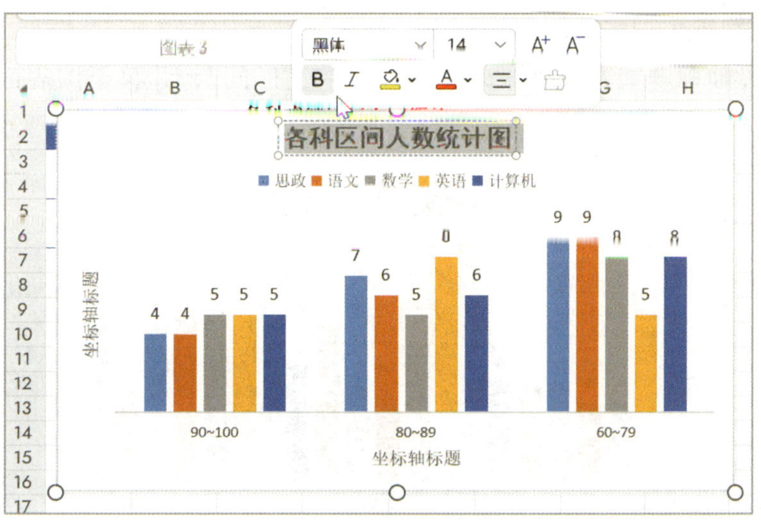

图 2-4-10　设置图表标题格式

2. 设置纵坐标轴标题格式

默认情况下纵坐标轴标题文字方向不便于查看，需调整文字方向。选中纵坐标轴标题后右击，在弹出的右键快捷菜单中，选择“设置坐标轴标题格式”命令，如图 2-4-11a 所示；界面右侧弹出“属性”窗格，切换到“属性”窗格中的“文本选项”选项卡，继续选择“文本框”子选项卡，将“文字方向”设置为“竖排（从右向左）”，如图 2–4–11b 所示；在纵坐标轴标题文本框中录入新标题内容“人数”。

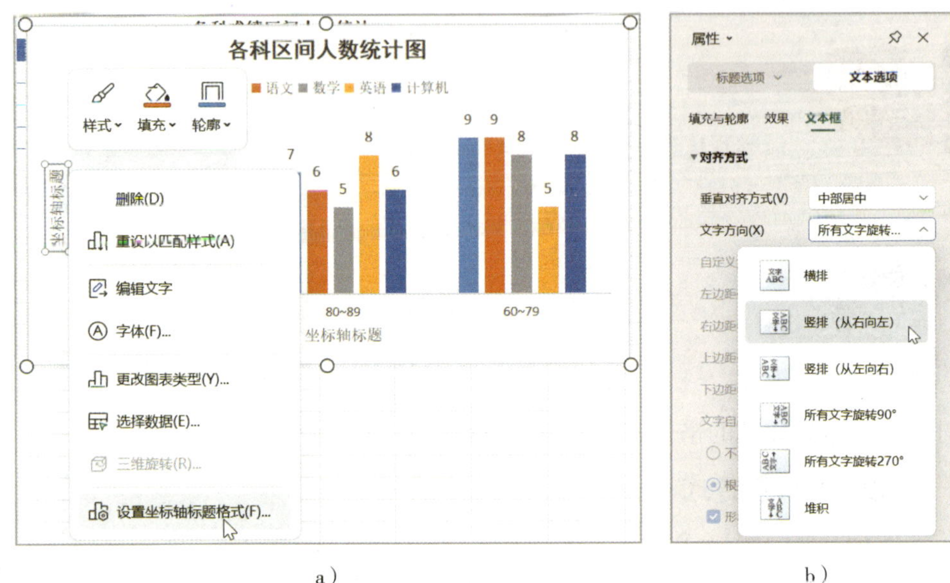

a） b）

图 2–4–11 设置纵坐标轴标题格式

a）选择“设置坐标轴标题格式”命令 b）设置坐标轴标题文字方向

3. 设置横坐标轴标题格式

在横坐标轴标题文本框中录入新标题内容“区间”，并移至图表区左下侧，如图 2–4–12 所示。

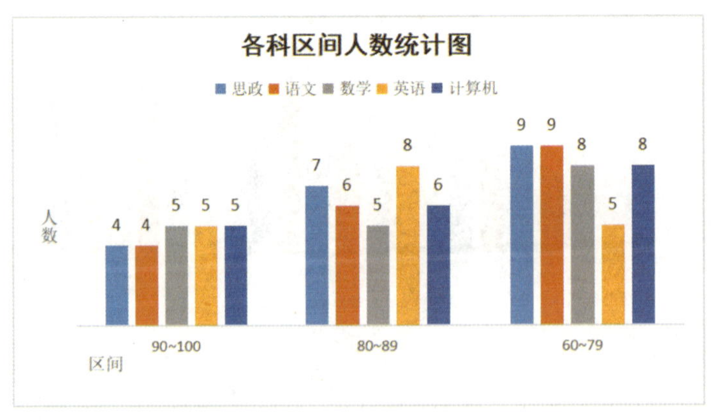

图 2–4–12 设置横坐标轴标题格式

二、调整布局

选定图表，单击“图表工具”选项卡中的“添加元素”下拉按钮，如图 2–4–13a 所示；在下拉列表中选择“网格线”选项，在展开的子菜单列表中选择“主轴主要水平网格线”选项，完成后的效果如图 2–4–13b 所示。

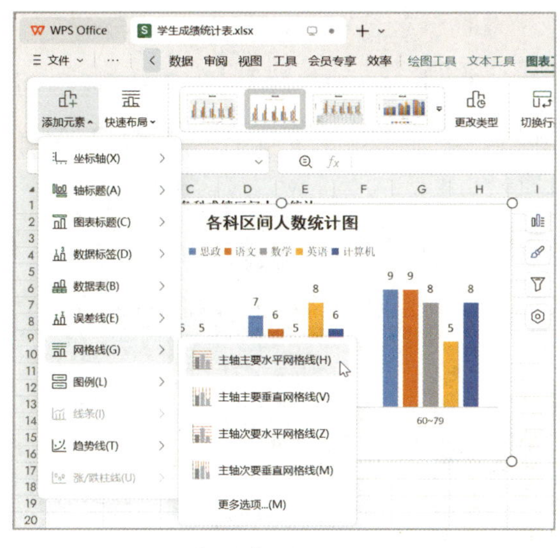
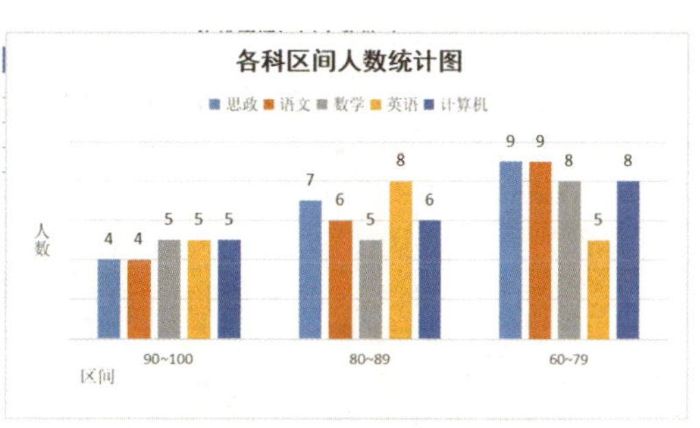

a）　　　　　　　　　　b）

图 2-4-13　添加网格线

a）选择“添加元素”命令　b）完成后的效果

三、设置数据系列颜色

选中图表中的“思政”科目数据系列后右击，在弹出的右键快捷菜单中，选择“设置数据系列格式”命令，如图 2-4-14a 所示；弹出“属性”窗格，切换到“填充与线条”选项卡，设置其填充颜色为“浅绿，着色 6”，如图 2-4-14b 所示。

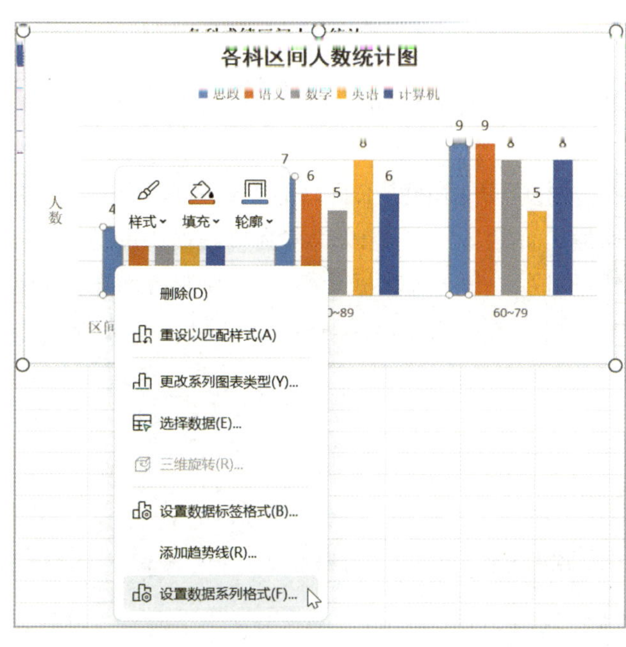

a）　　　　　　　　　　b）

图 2-4-14　设置数据系列颜色

a）选择“设置数据系列格式”命令　b）完成后的效果

四、调整图表大小

选定图表，在“属性”窗格的“图表选项”选项卡中，选择“大小”下拉列表，将图表大小设置为“高度”为“8.00 厘米”，“宽度”为“15.00 厘米”，如图 2-4-15 所示。

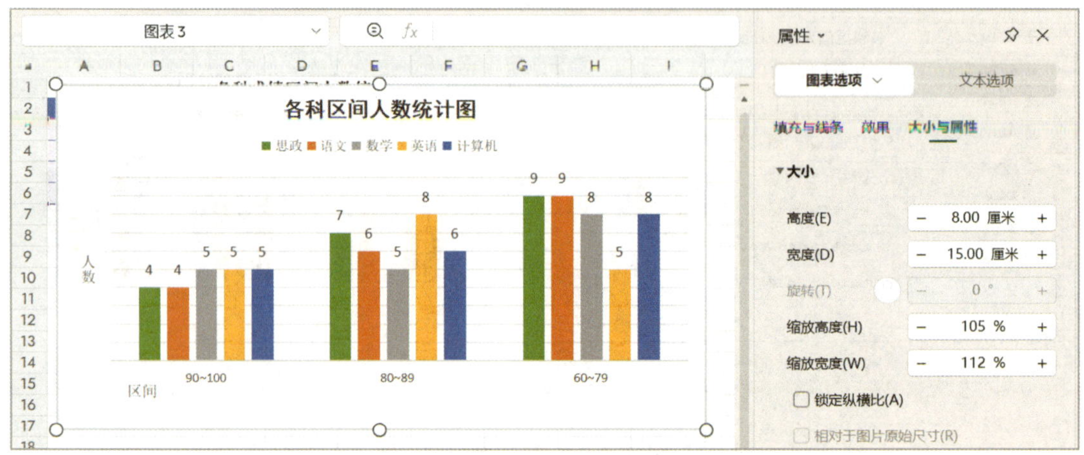

图 2-4-15 调整图表大小

任务四 统计各班级科目成绩各等级人数

数据透视表是 WPS 表格中具有强大数据分析功能的工具。数据透视表可以对数据进行筛选、汇总计算，如求和、求平均值、计数等，还可以动态调整表格中的行标签、列标签和页字段的版面布局，以便按照不同方式分析数据。每一次改变版面布局时，数据透视表会按照新的布局重新计算数据。另外，根据数据透视表还可以生成数据透视图，能更加直观地展现数据趋势。

能够制作数据透视表和数据透视图，汇总查看分析数据。

一、创建数据透视表

打开素材文件“学生成绩统计表.xlsx”中的“sheet2”工作表，选定 I20 单元格，在“插入”选项卡中单击“数据透视表”按钮；弹出“创建数据透视表”对话框，在“请选择单元格区域”文本框中填写或直接圈选 A2:G17 单元格区域，勾选“现有工作表”单选框，单击“确定”按钮，如图 2–4–16a 所示。此时创建的数据透视表为空表，需添加字段才能显示内容，完成后的效果如图 2–4–16b 所示。

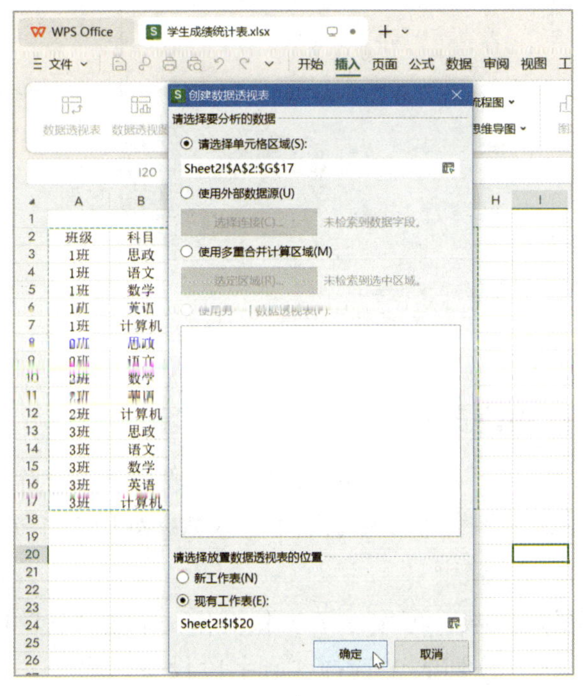

a）

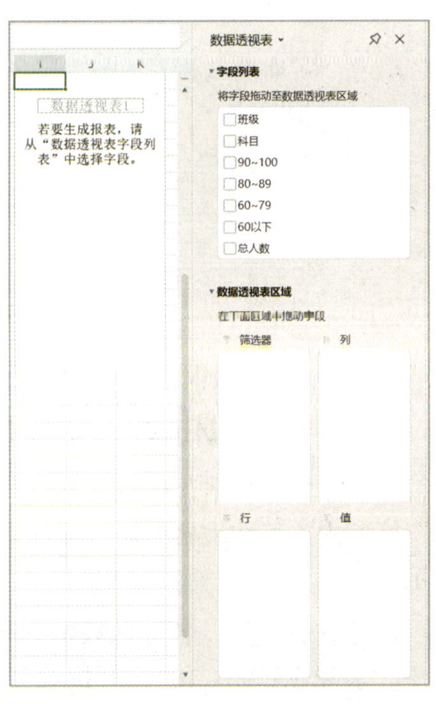

b）

图 2–4–16　创建数据透视表

a）“创建数据透视表”对话框　b）完成后的效果

二、设置数据透视表字段

在右侧的“数据透视表”窗格中，将“字段列表”中的“科目”字段拖动至数据透视表区域的“行”区域中；按照相同的方法，将“班级”字段拖动至“行”区域“科目”字段的下方，将“90～100”字段、“80～89”字段、“60～79”字段、“60 以下”字段拖动至“值”区域，如图 2–4–17 所示。

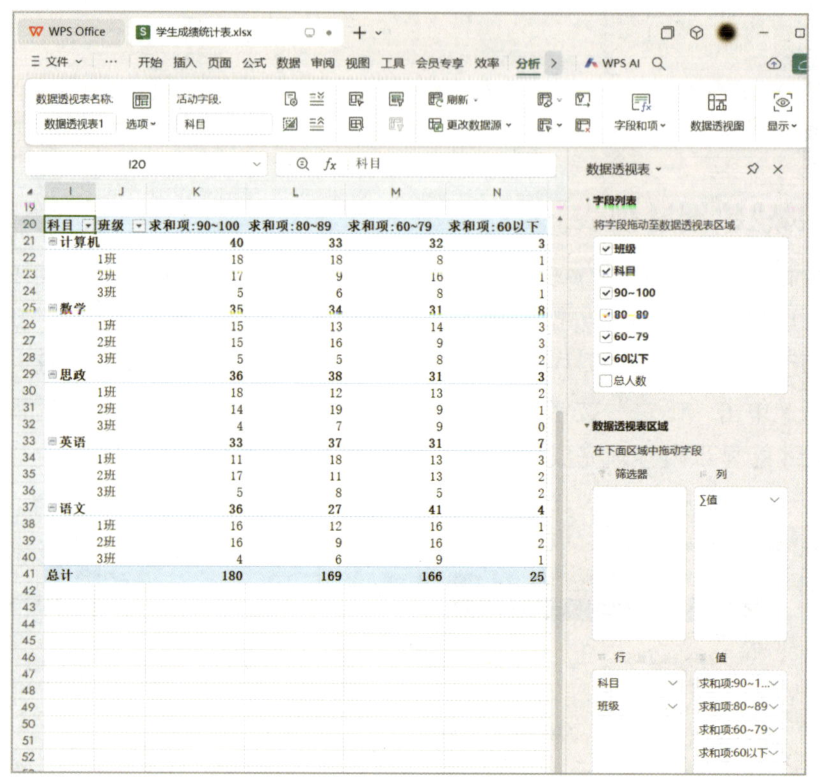

图 2-4-17　设置数据透视表字段

此时，在数据透视表中可以清晰地查看到 3 个班级汇总后的各科目成绩等级的人数。

三、调整数据透视表字段位置和修改值字段

在右侧的“数据透视表”窗格中，将“行”区域中的“班级”字段拖动至“筛选器”区域中，可在表格中通过筛选查看各个班级各科目成绩等级人数，如图 2-4-18a 所示。

若需查看各科、各分数段的各班平均人数，可按以下步骤操作：单击“值”区域中“求和项：90～100”下拉按钮，在下拉列表中选择“值字段设置”命令，如图 2-4-18b 所示；弹出“值字段设置”对话框，选择“值字段汇总方式”栏中的“平均值”命令，如图 2-4-18c 所示，为便于查看，可单击左下角的“数字格式”按钮，弹出“单元格格式”对话框，将数字的格式设置为显示两位小数的数值，单击“确定”按钮后返回“值字段设置”对话框，单击“确定”按钮，完成该字段的设置；按照相同的方式将其他成绩等级的汇总方式也设置为“平均值”。

四、查看数据透视表数据

将数据透视表中 I26 单元格文本修改为“平均值”；完成后，从数据透视表中即可查看各科各成绩等级的平均人数，如图 2-4-19 所示。

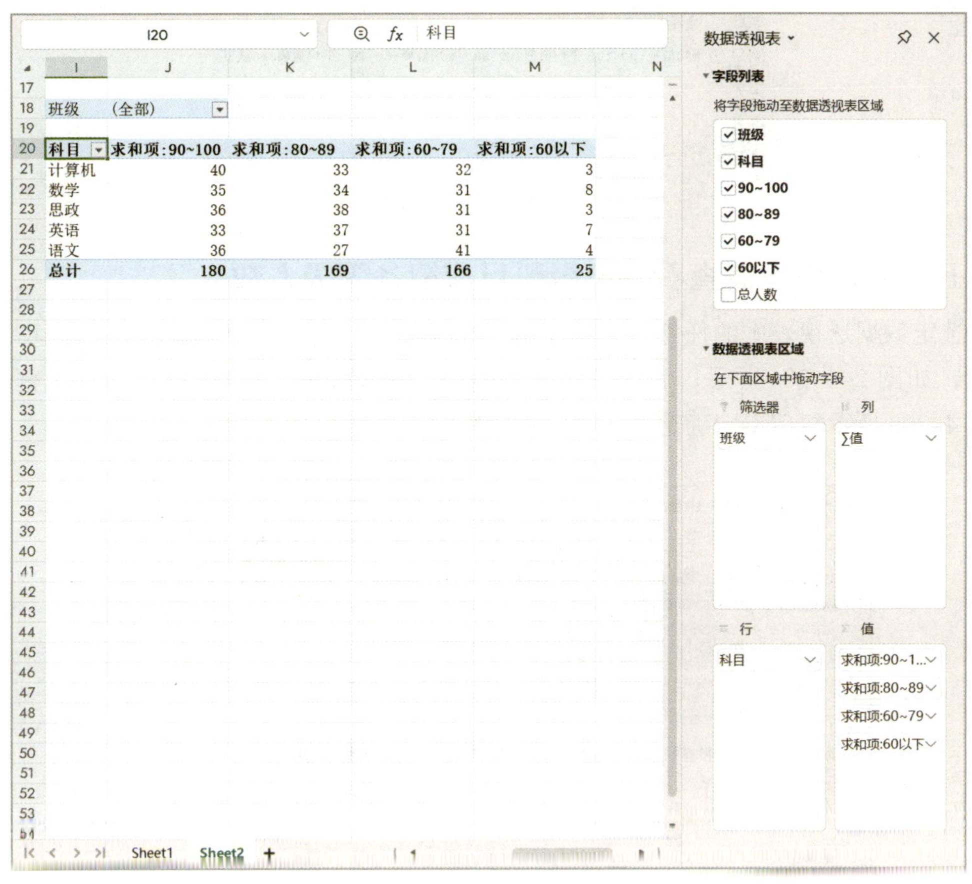

a）

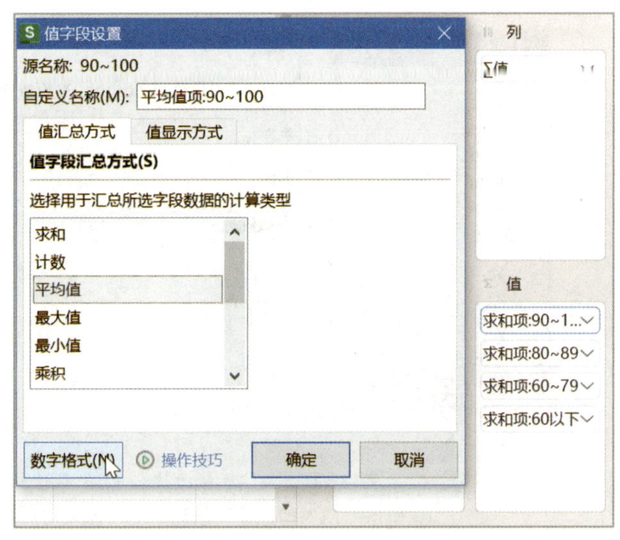

b）　　　　c）

图 2-4-18　调整数据透视表字段

a）调整“班级”字段位置　b）选择“值字段设置”命令　c）“值字段设置”对话框

班级	(全部)			
科目	平均值项:90~100	平均值项:80~89	平均值项:60~79	平均值项:60以下
计算机	13.33	11.00	10.67	1.00
数学	11.67	11.33	10.33	2.67
思政	12.00	12.67	10.33	1.00
英语	11.00	12.33	10.33	2.33
语文	12.00	9.00	13.67	1.33
平均值	12.00	11.27	11.07	1.67

图 2-4-19 各科各成绩等级的平均人数

五、使用切片器查看各班级科目成绩各等级人数

选定数据透视表中的任意一个单元格，在“分析”选项卡中，单击“插入切片器”按钮，如图 2-4-20a 所示；弹出“插入切片器”对话框，勾选“班级”复选框，如图 2-4-20b 所示；单击“确定”按钮，完成后的效果如图 2-4-20c 所示。

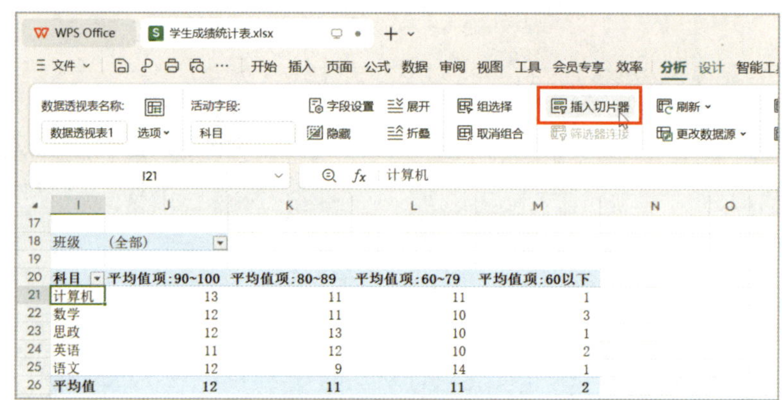

班级	(全部)			
科目	平均值项:90~100	平均值项:80~89	平均值项:60~79	平均值项:60以下
计算机	13	11	11	1
数学	12	11	10	3
思政	12	13	10	1
英语	11	12	10	2
语文	12	9	14	1
平均值	12	11	11	2

a）

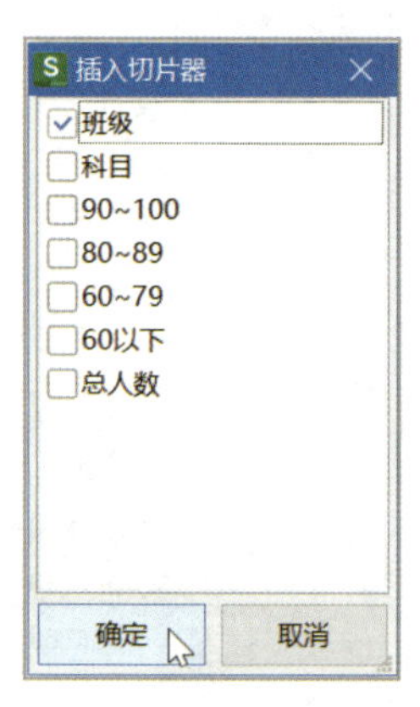

b）

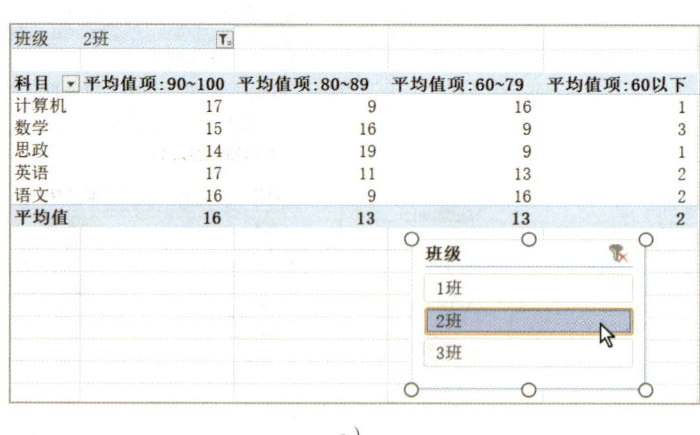

班级	2班			
科目	平均值项:90~100	平均值项:80~89	平均值项:60~79	平均值项:60以下
计算机	17	9	16	1
数学	15	16	9	3
思政	14	19	9	1
英语	17	11	13	2
语文	16	9	16	2
平均值	16	13	13	2

c）

图 2-4-20 使用切片器查看各班级科目成绩各等级人数
a）单击“插入切片器”按钮 b）“插入切片器”对话框 c）完成后的效果

完成后，可通过单击“切片筛选器”中的选项查看各班各科成绩各等级的平均人数。如需要清除筛选，单击切片器上的“清除筛选器”按钮；如需删除整个切片器，

右击切片器，在弹出的右键快捷菜单中选择“删除班级”命令。

六、创建数据透视图

先将“值”字段项目的汇总方式设置为求和；将数据透视表中 I26 单元格文本修改为“总计”。选定数据透视表中任意一个单元格，在“分析”选项卡中单击“数据透视图”按钮，在弹出的“插入图表”对话框中，选择一个合适的簇状柱形图，如图 2-4-21a 所示；完成创建数据透视图后，为图表添加图表标题内容“各班科目成绩等级人数统计图”，切换行列数据，添加数据标签，取消网格线，删除纵坐标轴，并筛选查看 3 班数据，完成后的效果如图 2-4-21b 所示。

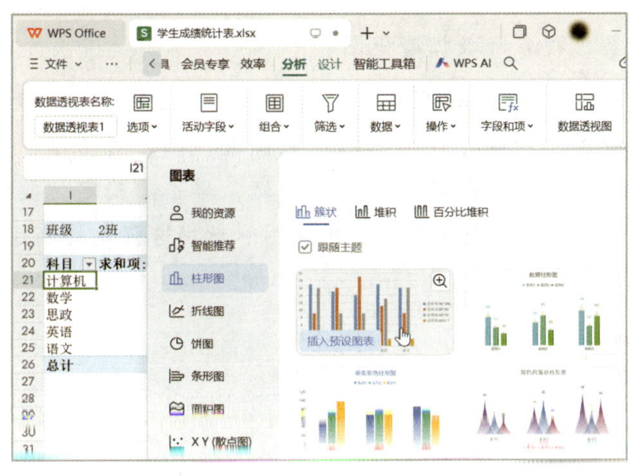

a）

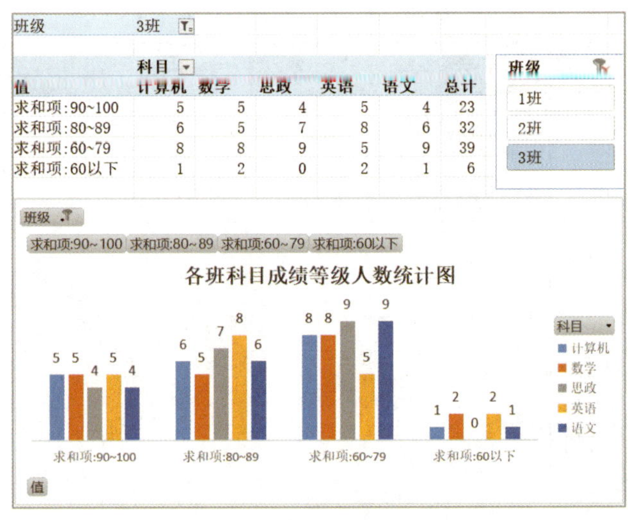

班级	3班					
	科目					
值	计算机	数学	思政	英语	语文	总计
求和项:90~100	5	5	4	5	4	23
求和项:80~89	6	5	7	8	6	32
求和项:60~79	8	8	9	5	9	39
求和项:60以下	1	2	0	2	1	6

b）

图 2-4-21　创建数据透视图

a）选择一个合适的簇状柱形图　b）完成后的效果

数据透视表和数据透视图的使用技巧

1. 删除数据透视表

删除数据透视表的方法是选定数据透视表中某一个单元格，在“分析”选项卡中单击“删除数据透视表”按钮。

2. 同时创建数据透视表和数据透视图

在 WPS 表格中，可以同时创建数据透视表和数据透视图，方法是选择“插入”选项卡下的“数据透视图”命令，弹出“创建数据透视图”对话框，在“请选择要分析的数据”编辑框中，选择数据所在的单元格区域，单击“确定”按钮；将相应的字段拖动至数据透视图区域中，完成同时数据透视图和数据透视表的创建。

请对本项目的学习内容进行小结，完成表 2-4-1 的填写。

表 2-4-1　项目小结

<table>
<tr><th colspan="2">目标</th><th>操作方法</th></tr>
<tr><td colspan="2">创建图表</td><td></td></tr>
<tr><td rowspan="3">设置图表布局</td><td>快速布局</td><td></td></tr>
<tr><td>设置图表标题、轴标题、数据标签、网格线、图例等图表布局元素</td><td></td></tr>
<tr><td>设置图表样式</td><td></td></tr>
</table>

续表

目标	操作方法
设置图表布局元素格式	
创建数据透视表	
创建数据透视图	

项目五
招生数据分析——WPS 表格数据分析综合实训

WPS 表格具有强大的数据处理功能，可以对数据进行整理、统计与分析。前面已经分别学习了 WPS 表格的各项功能，本项目主要是将所学知识进行综合运用。

◆数据的编辑　　◆数据的分析
◆公式与函数　　◆图表应用

某学校招生部门需要对今年中招平台报考的学生数据进行分析汇报，制作完成后的效果图如图 2-5-1 所示。具体要求如下。

1. 将“原始数据”工作表中的投档分及各科目分数设置为数值格式，同时对数据进行表格样式设置，效果图如图 2-5-1a 所示。

2. 在“各专业分值数据”工作表中统计各专业第一志愿报考人数、分值区间人数及占比，效果图如图 2-5-1b 所示。

3. 已知 001-010 专业为东校区专业，011-020 专业为西校区专业，按校区筛选招生数据，并分别放在“东校区”“西校区”两张工作表中，并按专业名称进行分类汇总，效果图如图 2-5-1c 所示。

4. 在统计工作表中统计各功能区报考学校的人数及报考占比，各校区人数统计，绘制各功能区报考人数占比三维饼图，如图 2-5-1d 所示。

	号							价等级					
2	405	B区社青类考生	艾勇	男	往届生	汉族	398.00	C	(013)艺术设计(高				
3	404	D区五神中学	白梦	女	应届生	汉族	365.00	A	(017)市场营销(高	(018)会计(高级	(019)商务管理(高		
4	405	B区唐人中学	薄欣婷	女	应届生	汉族	393.00	B	(001)机械设备装	(002)模具制造(高	(003)数字化设计	(005)电气自动化	
5	403	C区香中	边乐奇	男	应届生	汉族	395.00	A	(018)会计(高级	(019)商务管理(高	(017)市场营销(高	(020)旅游与酒店	
6	404	D区五神中学	蔡洪羽	男	应届生	汉族	361.00	A	(017)市场营销(高	(020)旅游与酒店	(003)数字化设计	(008)服务机器人	
7	403	C区山海中学	蔡俊鸿	男	应届生	汉族	373.00	B	(009)电子技术应	(003)数字化设计	(011)计算机网络	(012)云计算技术	
8	403	C区五岳中学	蔡威威	男	应届生	汉族	389.00	A	(020)旅游与酒店	(013)艺术设计(高	(016)电子商务(高	(018)会计(高级	
9	404	D区美景中学	蔡文迪	男	往届生	汉族	385.00	C	(001)机械设备装	(006)机电一体化	(017)市场营销(高	(007)工业机器人	
10	403	C区新青中学	曹明明	男	应届生	汉族	386.00	A	(002)模具制造(高	(004)数控加工(数	(011)计算机网络		
11	402	G市五中	曹铭瑞	男	应届生	汉族	379.00	B	(001)机械设备装	(005)电气自动化	(004)数控加工(数	(006)机电一体化	
12	403	C区香中	曹琴钰	女	应届生	汉族	381.00	A	(013)艺术设计(高	(018)会计(高级	(019)商务管理(高	(016)电子商务(高	
13	402	G市南方中学	曹思明	男	应届生	汉族	351.00	A	(009)电子技术应	(011)计算机网络	(010)电子技术应	(012)云计算技术	
14	403	C区南城中学	曹钰	女	应届生	汉族	403.00	B	(006)机电一体化	(005)电气自动化	(003)数字化设计	(001)机械设备装	
16	403	C区第二初级中学	岑聪聪	男	应届生	汉族	376.00	A	(013)艺术设计(高	(018)会计(高级	(017)市场营销(高	(016)电子商务(高	
16	404	D区五神中学	曾安宇	男	应届生	汉族	326.00	A	(009)电子技术应	(010)电子技术应	(005)电气自动化		
17	402	G市十一中	曾宝怡	女	应届生	汉族	364.00	B	(002)模具制造(高	(015)跨境电子商	(017)市场营销(高	(020)旅游与酒店	
18	402	G市四海中学	曾宝珠	女	应届生	汉族	428.00	A	(005)电气自动化	(007)工业机器人	(006)机电一体化		
19	403	白乡初级中学	曾鸿瑞	男	应届生	汉族	385.00	A	(016)电子商务(高	(010)电子技术应	(017)市场营销(高		
20	402	G市华夏中学	曾继科	男	应届生	汉族	329.00	B	(009)电子技术应	(005)电气自动化	(016)电子商务(高	(006)机电一体化	
21	402	G市乾中	曾家栋	男	应届生	汉族	381.00	B	(011)计算机网络	(018)会计(高级	(017)市场营销(高	(013)艺术设计(高	

a）

3	系别	专业名称	第一志愿人数	250分以下	250分以下占比	250分~299分	250分~299分占比	300分~349分	300分~349分占比	350分~399分	350分~399分占比	400分以上	400分以上占比
4		(001)机械设备装配与自动控制（摩天宇模式）(高	109	12	11.0%	48	44.0%	29	26.6%	20	18.3%	0	0.0%
5	机械技术系	(002)模具制造(高级)(工科)	77	10	13.0%	39	50.6%	23	29.9%	5	6.5%	0	0.0%
6		(003)数字化设计与制造(高级)(工科)	14	1	7.1%	4	28.6%	6	42.9%	3	21.4%	0	0.0%
7		(004)数控加工(数控车工)(高级)(工科)	25	4	16.0%	13	52.0%	4	16.0%	4	16.0%	0	0.0%
8		(005)电气自动化设备安装与维修(高级)(工科)	68	10	14.7%	22	32.4%	30	44.1%	5	7.4%	1	1.5%
9	电气技术系	(006)机电一体化技术(高级)(工科)	50	7	14.0%	21	42.0%	16	32.0%	5	10.0%	1	2.0%
10		(007)工业机器人应用与维护(高级)(工科)	45	4	8.9%	20	44.4%	18	40.0%	3	6.7%	0	0.0%
11		(008)服务机器人应用与维护(高级)(工科)	16	1	6.3%	7	43.8%	5	31.3%	3	18.8%	0	0.0%
12	电子技术系	(009)电子技术应用(智能家居工程)(高级)(工科)	35	6	17.1%	14	40.0%	13	37.1%	2	5.7%	0	0.0%
13		(010)电子技术应用（5G通信）(高级)(工科)	74	2	2.7%	37	50.0%	21	28.4%	9	12.2%	5	6.8%
14		(011)计算机网络应用(高级)(工科)	93	10	10.8%	41	44.1%	31	33.3%	11	11.8%	0	0.0%
15	信息技术系	(012)云计算技术应用(高级)(工科)	20	3	15.0%	6	30.0%	7	35.0%	3	15.0%	1	5.0%
16		(013)艺术设计(高级)(工科)	123	18	14.6%	53	43.1%	37	30.1%	15	12.2%	0	0.0%
17		(014)[illegible]	[illegible]	4	[illegible]	14	36.8%	14	36.8%	3	7.9%	2	5.3%
18		(015)跨境电子商务(高级)(文科)	26	3	11.5%	8	30.8%	11	42.3%	4	15.4%	0	0.0%
19	现代商贸系	(016)电子商务(高级)(文科)	92	8	8.7%	36	39.1%	28	30.4%	20	21.7%	0	0.0%
20		(017)市场营销(高级)(文科)	56	7	12.5%	28	50.0%	17	30.4%	4	7.1%	0	0.0%

b）

县区号	毕业学校名称	姓名	性别	考生类别	民族	投档分	语文	数学	英语	物理	化学	体育	道德与法治	历史	综合评价等级	专业一	专业二	专业三	专业四	是否服从
403	B区唐人中学	张[illegible]	女	应届生	汉族	254.00	63.50	37.00	[illegible]	[illegible]	[illegible]	43.00	C	C	B	(001)机械设备装配	(002)模具制造(高	(003)数字化设计与	(004)数控加工(数	
403	C区东城中学	[illegible]	女	应届生	汉族	[illegible]	[illegible]	34.50	33.80	27.00	32.00	45.00	C	C	A	(001)机械设备装配	(005)电气自动化设	(007)工业机器人应	(006)机电一体化技	
403	C区五岳中学	张明健	女	应届生	仡佬族	253.00	52.00	56.50	42.50	33.00	25.00	43.60	C	D	C	(001)机械设备装配	(002)模具制造(高	(005)电气自动化设	(006)机电一体化技	
402	G市一中	张松彬	男	应届生	汉族	252.00	49.50	79.00	31.80	41.00	25.00	25.70	C	C	B	(001)机械设备装配	(004)数控加工(数	(006)机电一体化技	(011)计算机网络应	
402	C区五岳中学	张曦怡	女	应届生	汉族	251.00	52.00	24.00	55.80	41.00	35.00	43.60	C	B	C	(001)机械设备装配	(008)服务机器人应	(014)移动互联网应	(012)云计算技术应	
402	G市沙湾中学	张颖诗	男	应届生	瑶族	250.00	49.00	23.50	57.50	33.00	42.00	45.00	B	C	A	(001)机械设备装配	(006)机电一体化技	(009)电子技术应用		
404	G大附中	赵学怡	男	应届生	汉族	250.00	51.00	30.00	48.80	35.00	40.00	45.00	B	C	A	(001)机械设备装配	(005)电气自动化设	(008)服务机器人应	(007)工业机器人应	
402	G市乾中	郑康欣	男	应届生	壮族	248.00	64.50	23.00	34.00	38.00	43.00	45.00	C	C	B	(001)机械设备装配	(007)工业机器人应	(008)服务机器人应	(002)模具制造(高	
403	G市十三中	郑可德	男	应届生	汉族	248.00	44.50	31.00	59.50	26.00	42.00	45.00	C	C	B	(001)机械设备装配	(005)电气自动化设	(006)机电一体化技	(004)数控加工(数	
402	G市北方中学	郑思侨	男	应届生	汉族	247.00	49.00	67.00	37.80	20.00	28.00	45.00	C	D	B	(001)机械设备装配	(006)机电一体化技	(009)电子技术应用	(004)数控加工(数	
402	G市七中	郑羽铨	男	应届生	汉族	247.00	58.00	30.00	40.50	31.00	42.00	45.00	B	C	A	(001)机械设备装配	(010)电子技术应用	(006)机电一体化技	(011)计算机网络应	
404	C区山海中学	周锦弘	女	应届生	汉族	247.00	57.00	27.00	47.30	29.00	42.00	45.00	C	D	C	(001)机械设备装配	(005)电气自动化设	(011)计算机网络应	(010)电子技术应用	
405	G市乾中	周晋林	男	应届生	汉族	246.00	49.50	39.00	40.80	34.00	56.00	27.00	B	B	B	(001)机械设备装配	(004)数控加工(数	(005)电气自动化设	(020)旅游与酒店管	
403	湖心中学	周紫浩	男	应届生	汉族	245.00	34.50	44.00	42.80	29.00	50.00	45.00	D	C	A	(001)机械设备装配	(005)电气自动化设	(006)机电一体化技		
403	G市北方中学	周子欣	男	应届生	汉族	242.00	52.00	45.00	44.30	25.00	31.00	45.00	C	C	B	(001)机械设备装配	(002)模具制造(高	(004)数控加工(数	(007)工业机器人应	
403	G市彩旗中学	朱睿杰	男	应届生	汉族	242.00	44.00	22.00	48.80	26.00	56.00	45.00	B	C	C	(001)机械设备装配	(005)电气自动化设	(006)机电一体化技	(014)移动互联网应	
402	白乡初级中学	庄凯慧	男	应届生	汉族	241.00	54.50	29.00	48.00	26.00	38.00	45.00	C	C	B	(001)机械设备装配	(010)电子技术应用	(006)机电一体化技	(003)数字化设计与	
403	G市彩旗中学	邹炜琪	男	应届生	汉族	237.00	11.50	39.00	47.00	43.00	51.00	45.00	C	B	C	(001)机械设备装配	(002)模具制造(高	(003)数字化设计与	(013)艺术设计(高	
															(001)机械设备装配与自动控制（摩天宇模式）(高级)(工科) 计数	108				
403	C区香中	曹思钰	女	应届生	汉族	386.00	56.00	84.00	47.80	71.00	82.00	45.00	B	B	A	(002)模具制造(高	(004)数控加工(数	(011)计算机网络应		
402	C区东城中学	曾速豪	男	应届生	汉族	364.00	64.50	70.00	89.80	54.00	41.00	45.00	C	C	B	(002)模具制造(高	(015)跨境电子商务	(017)市场营销(高	(020)旅游与酒店管	
402	G市四中	曾伟文	男	应届生	汉族	358.00	79.00	60.00	62.00	57.00	55.00	45.00	B	A	B	(002)模具制造(高	(013)艺术设计(高	(016)电子商务(高	(017)市场营销(高	
402	G市九中	陈俊杰	男	应届生	汉族	355.00	69.50	67.00	29.50	67.00	78.00	43.90	B	C	A	(002)模具制造(高				

c）

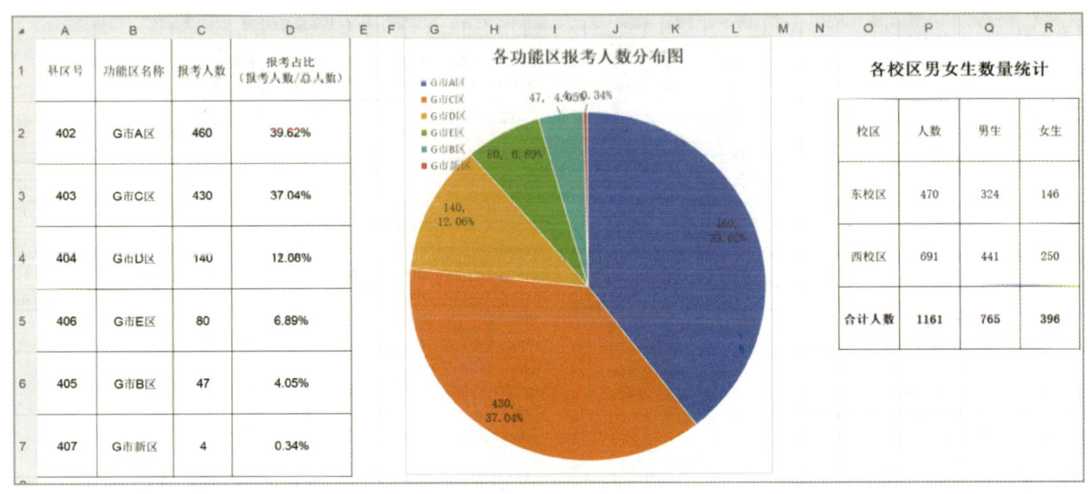

	A	B	C	D
1	县区号	功能区名称	报考人数	报考占比（报考人数/总人数）
2	402	G市A区	460	39.62%
3	403	G市C区	430	37.04%
4	404	G市D区	140	12.06%
5	406	G市E区	80	6.89%
6	405	G市B区	47	4.05%
7	407	G市新区	4	0.34%

各校区男女生数量统计

校区	人数	男生	女生
东校区	470	324	146
西校区	691	441	250
合计人数	1161	765	396

d）

图 2-5-1　制作完成后的效果

a）“原始数据”表效果图　b）“各专业分值数据”表效果图　c）分类汇总效果图

d）“各功能区报考人数占比”三维饼图

本综合实训将前面学到的所有知识进行综合运用，制作思路如下。

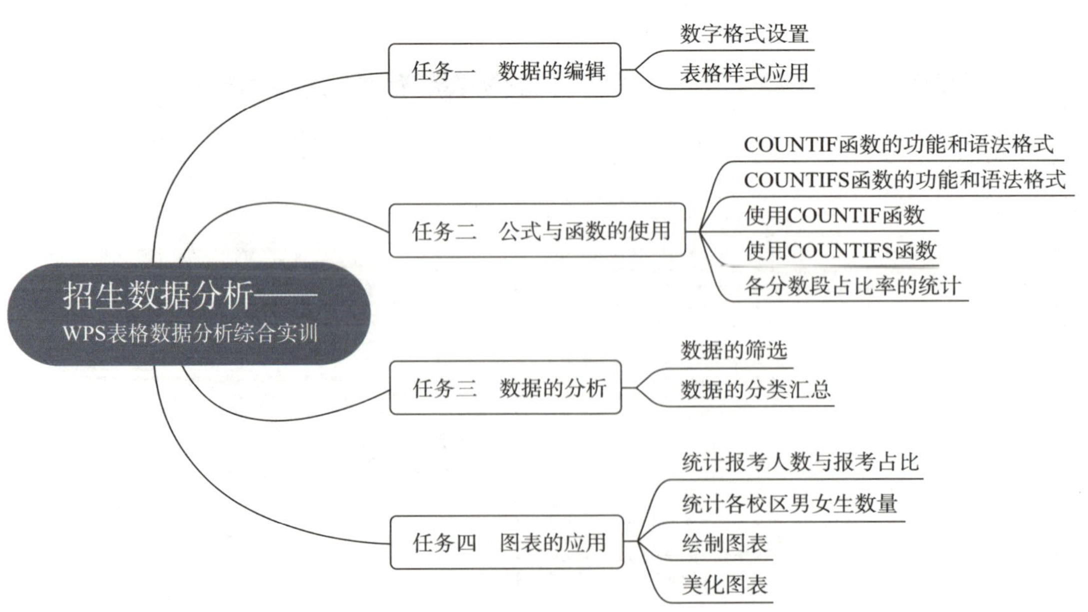

任务一　数据的编辑

任务目标

能将“原始数据”工作表中的投档分及各科目分数设置为数值格式，同时对数据进行表格样式设置。

一、数字格式设置

1. 打开素材文件“原始数据 .xlxs”，选中“原始数据”工作表，拖动鼠标选中 G 列至 M 列的列标。

2. 在“开始”选项卡“单元格格式”功能组中，单击“对话框启动器”按钮，如图 2-5-2a 所示，弹出“单元格格式”对话框，如图 2-5-2b 所示，选择“数字”选项卡，在分类中选择“数值”，“小数位数”默认为“2”，设置完成后单击“确定”按钮。

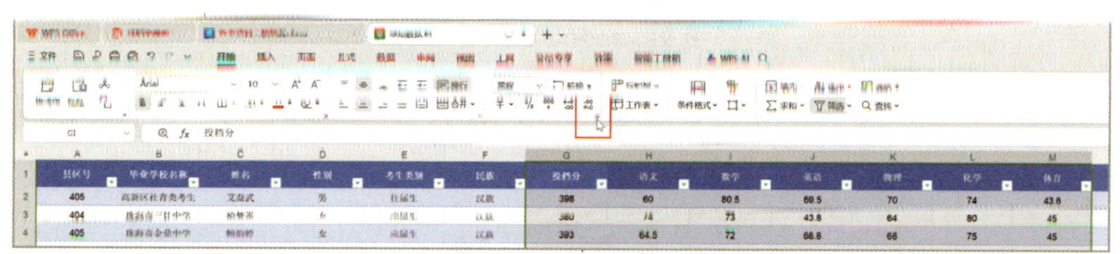

a）

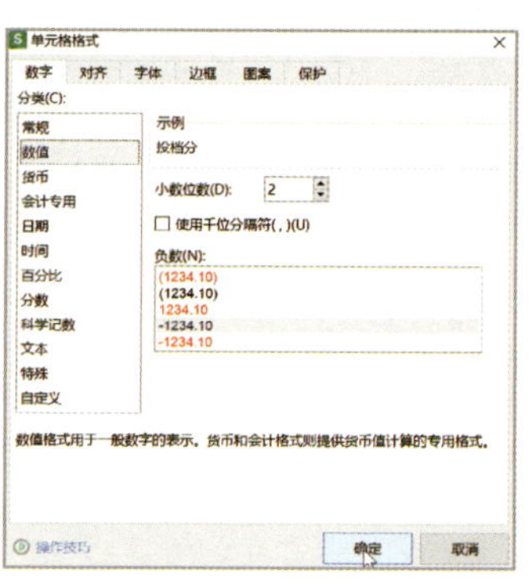

b）

图 2-5-2　数字格式的设置

a）单击“对话框启动器”按钮　b）“单元格格式”对话框

二、表格样式应用

1. 选中表格中的任意一个单元格，在“开始”选项卡中单击“表格样式”下拉按钮，如图 2-5-3 所示。

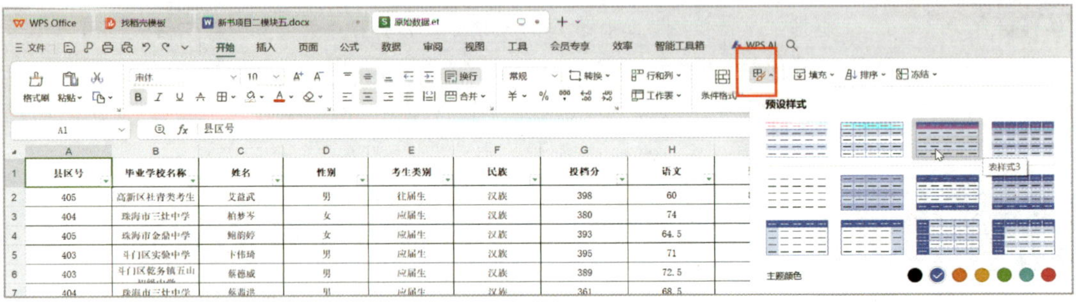

图 2-5-3 单击“表格样式”下拉按钮

2. 在弹出的下拉菜单中选择一种表格样式（本实例选用的是“表样式 3”），单击选择后会弹出“套用表格样式”对话框，保持默认设置，单击“确定”按钮，如图 2-5-4 所示。返回工作表，就可以看到应用表格样式后的效果。

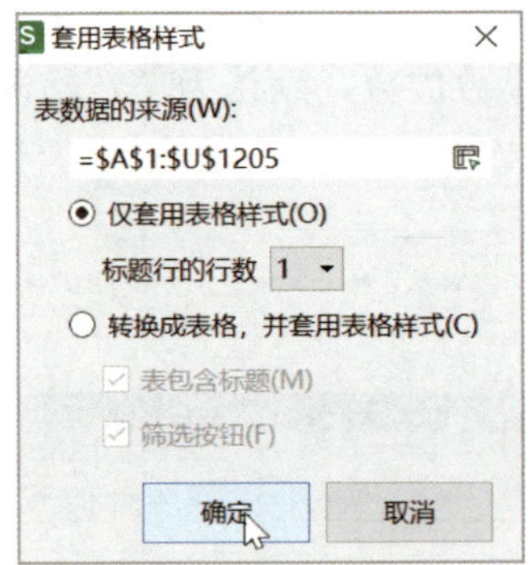

图 2-5-4 “套用表格样式”对话框

任务二　公式与函数的使用

任务目标

能运用公式与函数在“各专业分值数据”工作表中统计各专业第一志愿报考人数、分值区间人数及占比。

一、COUNTIF 函数的功能和语法格式

功能：COUNTIF 函数是一个统计函数，用于统计满足某个条件的单元格数量。

语法：COUNTIF（区域，条件），其中“区域”表示要进行计数的单元格组，不可省略；“条件”用于确定单元格统计的标准，可以是数字、表达式、单元格引用或文本字符串。如“条件”参数可使用 32 作为数字，">32" 作为比较表达式，B4 作为单元格引用，" 苹果 " 作为文本字符串。

二、COUNTIFS 函数的功能和语法格式

功能：COUNTIFS 函数是一个统计函数，可以统计多个区域中满足给定条件的单元格的个数。

语法：COUNTIFS（区域 1，条件 1，区域 2，条件 2，…），其中，“区域 1”是必需参数，表示在其中计算关联条件的第一个区域。

“条件 1”是必需参数，表示第一个区域需满足的计数条件。“条件 1”的形式为数字、表达式、单元格引用或文本，它定义了要计数的单元格范围。例如，“条件 1”可以表示为 32、">32"、B4 或 "apples"。

“区域 2，条件 2，…”是可选参数，表示附加的区域及其关联条件。COUNTIFS 函数中最多允许附加 127 个区域 / 条件对。

三、使用 COUNTIF 函数

使用 COUNTIF 函数统计出各专业第一志愿报考人数。

1. 打开素材文件“原始数据 .xlxs”，选中“各专业分值数据”工作表，选择 C4 单元格，在编辑栏左侧位置单击“插入函数”按钮，弹出“插入函数”对话框，如图 2-5-5a 所示，查找并选择 COUNTIF 函数，选定查找“区域”为“原始数据”工作

表中的 Q 列，选择计数“条件”为“B4”，如图 2-5-5b 所示。

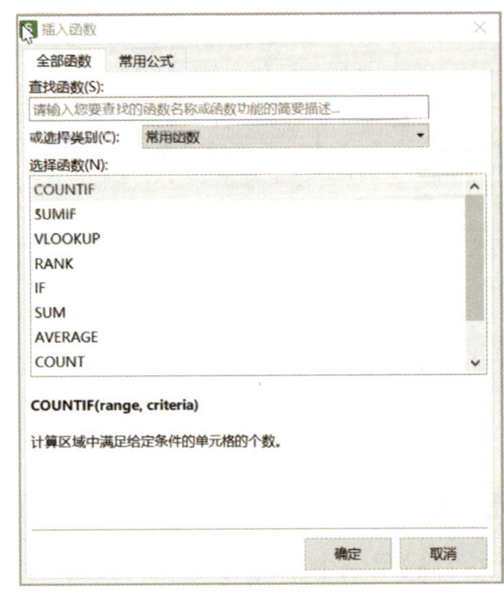

a）

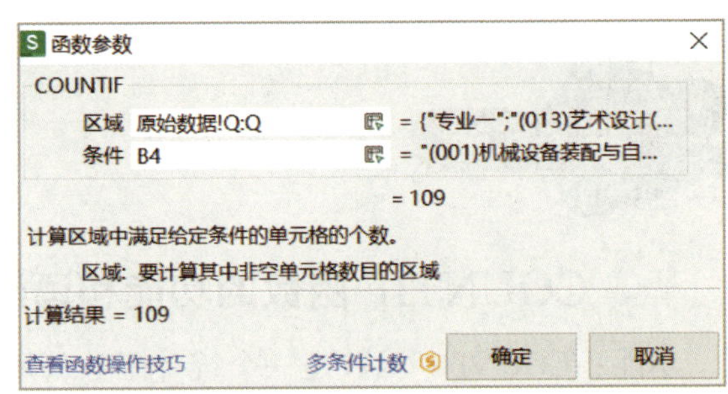

b）

图 2-5-5 使用 COUNTIF 函数

a）“插入函数”对话框 b）“函数参数”对话框

2. 运用填充柄，完成 C5 至 C23 单元格中函数的填充。

四、使用 COUNTIFS 函数

使用 COUNTIFS 函数按分数段统计出各专业第一志愿报考人数。

1. 在“各专业分值数据”工作表中，选择 D4 单元格，在编辑栏左侧位置单击“插入函数”按钮，弹出“插入函数”对话框，查找并选择 COUNTIFS 函数，弹出“函数参数”对话框，选定“区域 1”为“原始数据”工作表中的 Q 列，“条件 1”为“B4”，选定“区域 2”为“原始数据”工作表中的 G 列，“条件 2”为“"<250"”，如图 2-5-6a 所示。

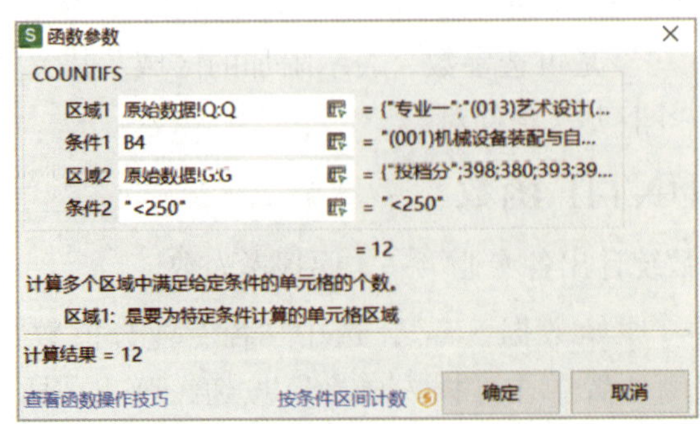

a）

b）

图 2-5-6　使用 COUNTIFS 函数

a）“函数参数”对话框　b）统计 250～299 分报考 001 专业的人数

2. 参考上述步骤分别用 COUNTIFS 函数完成 F4（参考图 2-5-6b 中的公式）、H4、J4、L4 单元格数据的统计。

3. 运用填充柄，实现按分数段统计出各专业第一志愿报考人数。

五、各分数段占比率的统计

使用公式统计出各分数段人数占报考总人数的比率，并以数据条形式展示。

1. 分数段占比 = 分数段人数 / 总人数，以 001 专业为例，在“各专业分值数据”工作表中，选择 E4 单元格，在编辑栏中输入公式“="D4/C4"”，按 Enter 键，就得出 001 专业，250 分以下的人数占比。

2. 选中 E4 单元格，将数据的数字格式更改为“百分比”，保留一位小数。

3. 选中 E4 单元格，在“开始”选项卡中单击“条件格式”下拉按钮，在下拉列表中选择“数据条”命令，如图 2-5-7 所示，选择数据条子菜单中“渐变填充”栏中的“蓝色数据条”选项。

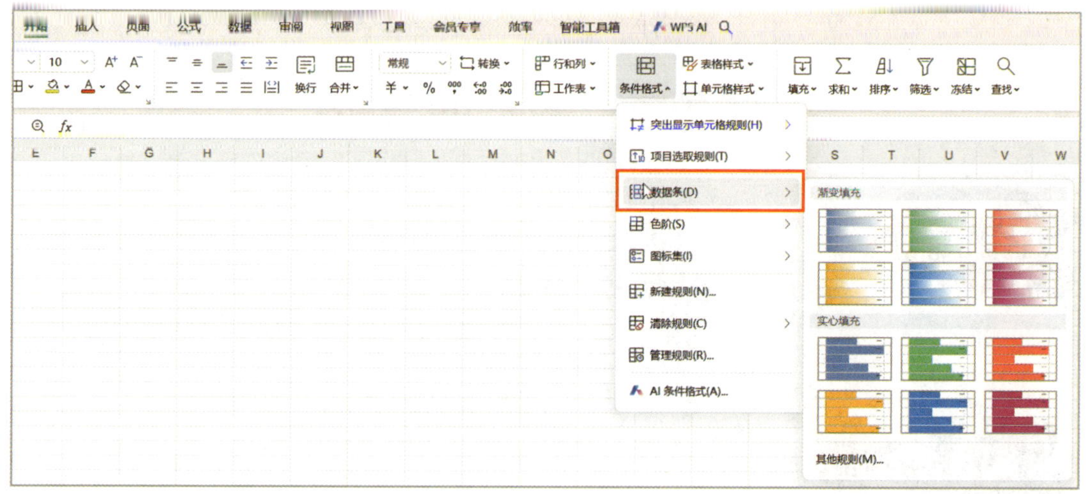

图 2-5-7　选择“数据条”命令

4. 使用相同方法，统计出其他专业的分值占比，并以数据条形式展示。

公式的隐藏

为了不让其他用户看到正在使用的公式，可以将其隐藏起来。公式被隐藏后，选中单元格时仅显示计算结果，编辑栏中不会显示任何内容。具体操作是打开“单元格格式”对话框，选择“保护”选项卡，勾选“锁定”和“隐藏”复选框后，单击“确定”按钮即可，如图 2-5-8 所示。要注意的是，隐藏公式前，需要先保护工作表。

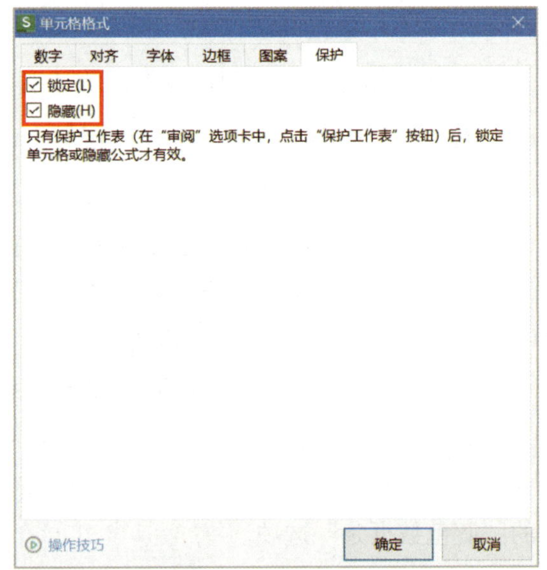

图 2-5-8　公式的隐藏

任务三　数据的分析

可以运用筛选、分类汇总对数据进行分析。

一、数据的筛选

打开素材文件“原始数据 .xlxs”，选中“原始数据”工作表，根据已知条件（001-010 专业为东校区专业，011-020 专业为西校区专业），使用高级筛选功能将东校区与西校区的报考信息分别筛选到对应的工作表中，东校区筛选条件设置如图 2–5–9 所示。西校区筛选条件设置可自行完成。

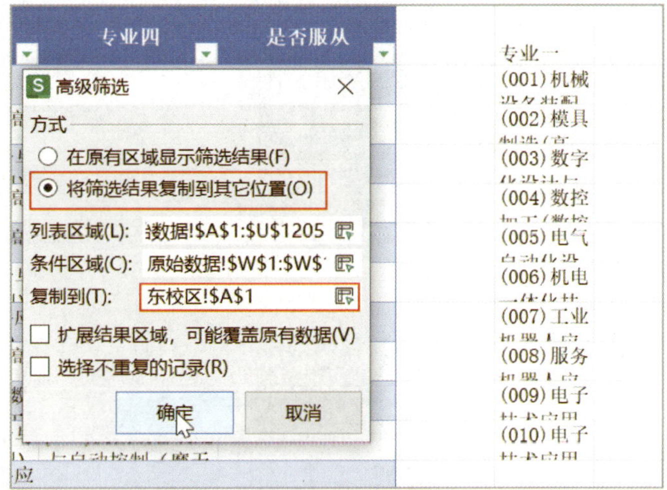

图 2–5–9　东校区筛选条件设置

二、数据的分类汇总

1. 分别在“东校区”“西校区”工作表中按分类字段“专业一”进行排序。

2. 分别在“东校区”“西校区”工作表中完成分类汇总，如图 2–5–10 所示。

D	E	F	G	H	I	J	K
性别	考生类	民族	投档分	综合评价等级	专业	专业二	专业
女	应届生	壮族	328.00	A	(004)数控加工(数控车工)(高级)(工	(010)电子技术应用（5G通	(011)计算机网
男	应届生	汉族	310.00	B	(004)数控加工(数控车工)(高级)(工	(002)模具制造(高级)(工科)	(007)工业机器
男	应届生	汉族	295.00	B	(004)数控加工(数控车工)(高级)(工	(002)模具制造(高级)(工科)	(007)工业机器
女	应届生	汉族	286.00	A	(004)数控加工(数控车工)(高级)(工	(002)模具制造(高级)(工科)	(006)机电一体
男	应届生	汉族	281.00	B	(004)数控加工(数控车工)(高级)(工	(005)电气自动化设备安装	(002)模具制造(
女	应届生	汉族	280.00	B	(004)数控加工(数控车工)(高级)(工	(005)电气自动化设备安装	(010)电子技术
男	应届生	汉族	278.00	A	(004)数控加工(数控车工)(高级)(工	(011)计算机网络应用(高	(012)云计算技
男	应届生	汉族	270.00	B	(004)数控加工(数控车工)(高级)(工	(006)机电一体化技术(高	(010)电子技术
男	应届生	汉族	269.00	B	(004)数控加工(数控车工)(高级)(工	(001)机械设备装配与自动	(007)工业机器
男	应届生	壮族	263.00	B	(004)数控加工(数控车工)(高级)(工	(001)机械设备装配与自动	(014)移动互联
男	应届生	汉族	262.00	A	(004)数控加工(数控车工)(高级)(工	(006)机电一体化技术(高	(014)移动互联
女	应届生	汉族	262.00	C	(004)数控加工(数控车工)(高级)(工	(010)电子技术应用（5G通	(014)移动互联
女	应届生	汉族	257.00	B	(004)数控加工(数控车工)(高级)(工	(001)机械设备装配与自动	(005)电气自动
男	应届生	汉族	255.00	C	(004)数控加工(数控车工)(高级)(工	(005)电气自动化设备安装	(006)机电一体
女	应届生	汉族	254.00	C	(004)数控加工(数控车工)(高级)(工	(006)机电一体化技术(高	(010)电子技术
男	应届生	汉族	242.00	B	(004)数控加工(数控车工)(高级)(工	(003)数字化设计与制造(高	(002)模具制造(
男	应届生	汉族	244.00	A	(004)数控加工(数控车工)(高级)(工		
女	应届生	汉族	241.00	C	(004)数控加工(数控车工)(高级)(工	(002)模具制造(高级)(工科)	(014)移动互联
男	应届生	汉族	240.00	B	(004)数控加工(数控车工)(高级)(工	(007)工业机器人应用与维	(008)服务机器
				(004)数控加工(数控车工)(高级)(工科)计数	25		
女	应届生	汉族	428.00	A	(005)电气自动化设备安装与维修	(007)工业机器人应用与维	(006)机电一体
女	应届生	汉族	386.00	A	(005)电气自动化设备安装与维修	(006)机电一体化技术(高	(009)电子技术
女	应届生	汉族	369.00	A	(005)电气自动化设备安装与维修		
男	应届生	汉族	368.00	B	(005)电气自动化设备安装与维修	(018)会计(高级)(文科)	(009)电子技术
男	应届生	汉族	362.00	A	(005)电气自动化设备安装与维修	(007)工业机器人应用与维	(003)数字化设
男	应届生	汉族	362.00	A	(005)电气自动化设备安装与维修	(006)机电一体化技术(高	(018)会计(高

a）

档分	综合评价等级	专业一	专业二	专业三
4.00	C	(017)市场营销(高级)(文科)	(010)电子技术应用（5G通信）(高级)(工科)	(009)电子技术应用(智能家居工程）(高级)(工科)
4.00	B	(017)市场营销(高级)(文科)	(019)商务管理(高级)(文科)	(020)旅游与酒店管理(高级)(文科)
4.00	B	(017)市场营销(高级)(文科)	(020)旅游与酒店管理(高级)(文科)	(019)商务管理(高级)(文科)
3.00	C	(017)市场营销(高级)(文科)	(016)电子商务(高级)(文科)	(005)电气自动化设备安装与维修(高级)(工科)
9.00	A	(017)市场营销(高级)(文科)	(011)计算机网络应用(高级)(工科)	(013)艺术设计(高级)(工科)
8.00	B	(017)市场营销(高级)(文科)	(007)工业机器人应用与维护(高级)(工科)	(020)旅游与酒店管理(高级)(文科)
6.00	B	(017)市场营销(高级)(文科)	(018)会计(高级)(文科)	(016)电子商务(高级)(文科)
6.00	A	(017)市场营销(高级)(文科)	(020)旅游与酒店管理(高级)(文科)	(018)会计(高级)(文科)
5.00	C	(017)市场营销(高级)(文科)	(002)模具制造(高级)(工科)	(007)工业机器人应用与维护(高级)(工科)
5.00	B	(017)市场营销(高级)(文科)	(019)商务管理(高级)(文科)	(016)电子商务(高级)(文科)
3.00	B	(017)市场营销(高级)(文科)	(016)电子商务(高级)(文科)	(019)商务管理(高级)(文科)
1.00	A	(017)市场营销(高级)(文科)	(018)会计(高级)(文科)	(020)旅游与酒店管理(高级)(文科)
0.00	A	(017)市场营销(高级)(文科)	(016)电子商务(高级)(文科)	(019)商务管理(高级)(文科)
6.00	B	(017)市场营销(高级)(文科)	(015)跨境电子商务(高级)(文科)	(019)商务管理(高级)(文科)
5.00	B	(017)市场营销(高级)(文科)	(019)商务管理(高级)(文科)	(015)跨境电子商务(高级)(文科)
3.00	B	(017)市场营销(高级)(文科)	(004)数控加工(数控车工)(高级)(工科)	(007)工业机器人应用与维护(高级)(工科)
1.00	C	(017)市场营销(高级)(文科)	(020)旅游与酒店管理(高级)(文科)	
1.00	B	(017)市场营销(高级)(文科)	(011)计算机网络应用(高级)(工科)	(016)电子商务(高级)(文科)
9.00	B	(017)市场营销(高级)(文科)	(016)电子商务(高级)(文科)	(010)电子技术应用（5G通信）(高级)(工科)
9.00	A	(017)市场营销(高级)(文科)	(018)会计(高级)(文科)	(019)商务管理(高级)(文科)
	(017)市场营销(高级)(文科) 计数	56		
5.00	A	(018)会计(高级)(文科)	(019)商务管理(高级)(文科)	(017)市场营销(高级)(文科)
3.00	A	(018)会计(高级)(文科)	(019)商务管理(高级)(文科)	
0.00	B	(018)会计(高级)(文科)	(020)旅游与酒店管理(高级)(文科)	(016)电子商务(高级)(文科)
7.00	A	(018)会计(高级)(文科)	(016)电子商务(高级)(文科)	(019)商务管理(高级)(文科)
9.00	B	(018)会计(高级)(文科)	(011)计算机网络应用(高级)(工科)	
5.00	A	(018)会计(高级)(文科)	(017)市场营销(高级)(文科)	(016)电子商务(高级)(文科)
6.00	A	(018)会计(高级)(文科)	(017)市场营销(高级)(文科)	(019)商务管理(高级)(文科)
4.00	A	(018)会计(高级)(文科)	(020)旅游与酒店管理(高级)(文科)	
4.00	A	(018)会计(高级)(文科)	(020)旅游与酒店管理(高级)(文科)	(017)市场营销(高级)(文科)
3.00	A	(018)会计(高级)(文科)	(020)旅游与酒店管理(高级)(文科)	(017)市场营销(高级)(文科)
2.00	A	(018)会计(高级)(文科)	(017)市场营销(高级)(文科)	(020)旅游与酒店管理(高级)(文科)
2.00	A	(018)会计(高级)(文科)		
2.00	B	(018)会计(高级)(文科)	(001)机械设备装配与自动控制（摩天宇模式）(高级)(工科)	(017)市场营销(高级)(文科)
0.00	A	(018)会计(高级)(文科)	(019)商务管理(高级)(文科)	(013)艺术设计(高级)(工科)
9.00	B	(018)会计(高级)(文科)	(020)旅游与酒店管理(高级)(文科)	(016)电子商务(高级)(文科)
8.00	A	(018)会计(高级)(文科)	(016)电子商务(高级)(文科)	(019)商务管理(高级)(文科)

b）

图 2-5-10　按照校区进行分类汇总

a）“东校区”工作表分类汇总效果图　b）“西校区”工作表分类汇总效果图

更改汇总结果存放（显示）位置

进行分类汇总后，汇总结果可以存放的位置不仅仅局限于数据下方，还可以分页存放或显示在上方，具体操作是在“分类汇总”对话框中勾选“每组数据分页”复选框，单击“确定”按钮，即可实现结果分页存放，如图 2-5-11 所示；可以取消勾选“汇总结果显示在数据下方”复选框将结果显示在数据上方。

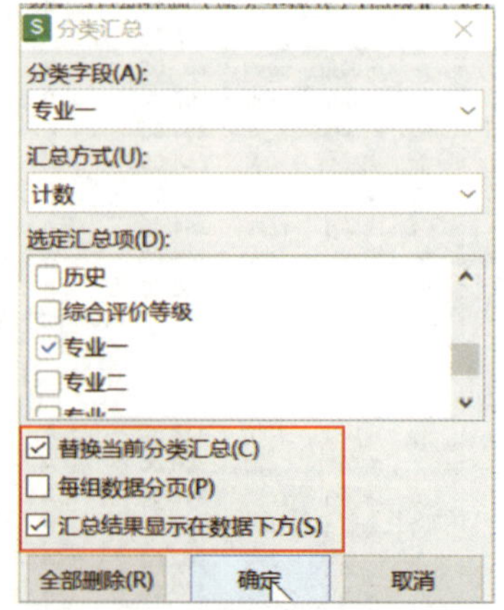

图 2-5-11　更改汇总结果存放（显示）位置

任务四　图表的应用

任务目标

能在统计工作表中统计各功能区报考学校的人数及报考占比，各校区人数统计，绘制各功能区报考人数占比三维饼图。

一、统计报考人数与报考占比

1. 打开素材文件“原始数据.xlsx”，选择“功能区统计”工作表，选择单元格 C2，运用 COUNTIF 函数统计出香洲区报考人数，使用填充柄统计出其他各区的报考人数，完成后的效果如图 2-5-12 所示。

A	B	C	D
县区号	功能区名称	报考人数	报考占比（报考人数/总人数）
402	香洲区	481	
403	斗门区		
404	金湾区		
405	高新区		
406	高栏港区		
407	横琴区		

a）

县区号	功能区名称	报考人数	报考占比（报考人数/总人数）
402	香洲区	481	
403	斗门区	439	
404	金湾区	148	
405	高新区	51	
406	高栏港区	81	
407	横琴区	4	

b）

图 2-5-12　使用 COUNTIF 函数计算报名人数

a）计算香洲区报名人数　b）完成后的效果

2. 用公式统计报考占比，报考占比 = 功能区报考人数 / 总报考人数，以香洲区为例，需在报考占比结果所在的 D2 单元格中输入公式“=C2/SUM($C$2:$C$7)”，此处使用绝对地址，可方便后面公式的复制操作。

二、统计各校区男女生数量（以东校区为例）

1. 选择 Q3 单元格，使用 COUNTIF 函数，统计第一志愿报考东校区的男生的总数。

2. 选择 R3 单元格，使用 COUNTIF 函数，统计第一志愿报考东校区的女生的总数。

3. 选择 P3 单元格，输入公式“=Q3+R3”，统计第一志愿报考东校区总人数。

选择西校区统计数据所在的单元格，重复上述操作，统计第一志愿报考西校区的男生人数、女生人数及总人数。

三、绘制图表

1. 选定绘图所需的数据区域（本项目单元格区域为 B1:D7）。

2. 选择图表类型（本项目图表类型为三维饼图）。在“插入”选项卡中单击“创建图表”按钮，在弹出的“插入图表”对话框中选择“饼图”选项，选择“三维”组，单击选择一种三维饼图样式，如图 2-5-13a 所示，系统将自动根据所选数据插入一张三维饼图，完成后的效果如图 2-5-13b 所示。

四、美化图表

参照图 2-5-1d 所示，修改图表标题，添加图表标签。

1. 选中三维饼图的图表区右击，在弹出的右键快捷菜单中选择“添加数据标签”命令，如图 2-5-14a 所示；添加完成后再次右击，在弹出的右键快捷菜单中选择“设置数据标签格式”命令，如图 2-5-14b 所示。

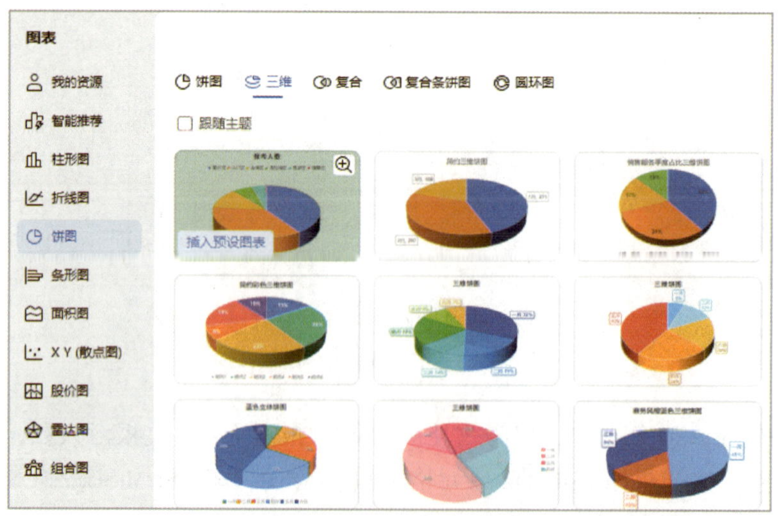

a）

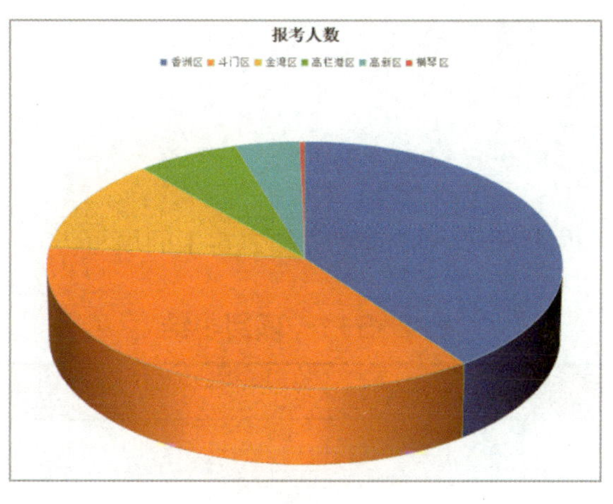

b）

图 2-5-13　制作饼图

a）“插入图表”对话框　b）完成后的效果

2. 单击选择“设置数据标签格式”命令后，在弹出的“属性”窗格中的“标签选项”选项卡中“标签包括”栏中选中“百分比”，将“数字”下拉列表中的“类别”更改为“百分比”，最终完成图表的美化。

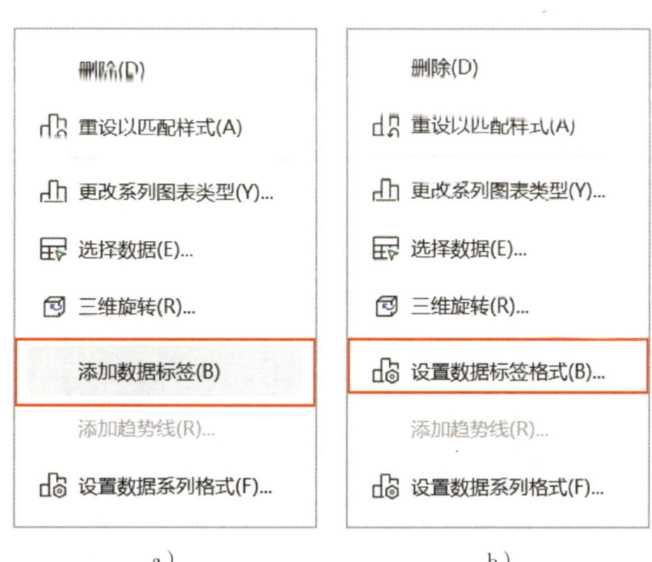

a）　　b）

图 2-5-14　数据标签

a）选择“添加数据标签”命令　b）选择“设置数据标签格式”命令

项目小结

请对本项目的学习内容进行小结，完成表 2-5-1 的填写。

表 2-5-1　项目小结

函数名称	作用	举例
SUM		
COUNTIF		
COUNTIFS		

模块三

WPS 演示动态表达

项目一
制作课程汇报演示文稿——WPS 演示文稿的创建与编辑

演示文稿（按其常用文件格式，常被俗称为“PPT”）可以用于工作汇报、产品展示、学术交流等场合，它能够把所要表达的信息组织在一组图文并茂的页面中，把复杂的问题变得通俗易懂，并使文字内容更加生动，让人印象更加深刻。学会制作演示文稿已经是工作中不可或缺的技能。本项目主要学习 WPS 演示文稿制作的基本方法。

- 创建、保存演示文稿
- 在幻灯片中插入图片等对象
- 在幻灯片中编辑文本

临近期末，按照教师的要求，张丽要对在本学期“计算机应用基础”课程上所学到的内容和学习心得进行总结，并制作一个“课程汇报”演示文稿向全班同学展示汇报。

“课程汇报”演示文稿效果图如图 3-1-1 所示。

图 3-1-1 “课程汇报”演示文稿效果图

确定好演示文稿要展示的内容，创建演示文稿，然后根据文稿需要编辑演示文稿。其制作思路如下。

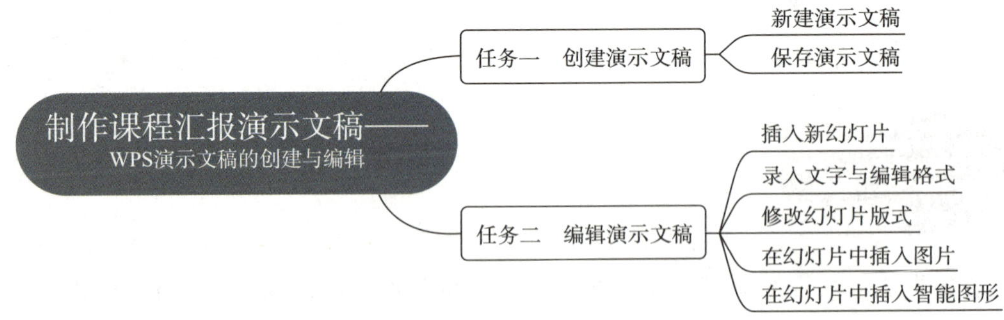

任务一　创建演示文稿

能够创建和保存演示文稿。

一、新建演示文稿

1. 准备素材

制作前先准备好所需的文字内容和图片等素材。预先设计好每张幻灯片的具体内容（俗称为脚本）。

2. 新建一个演示文稿

双击桌面上的 WPS Office 图标启动软件，单击“新建”按钮，在弹出的“新建”窗口中选择“Office 文档”栏中的“演示”选项，然后单击“空白演示文稿”按钮，如图 3-1-2a 所示，完成后的效果如图 3-1-2b 所示。

a）

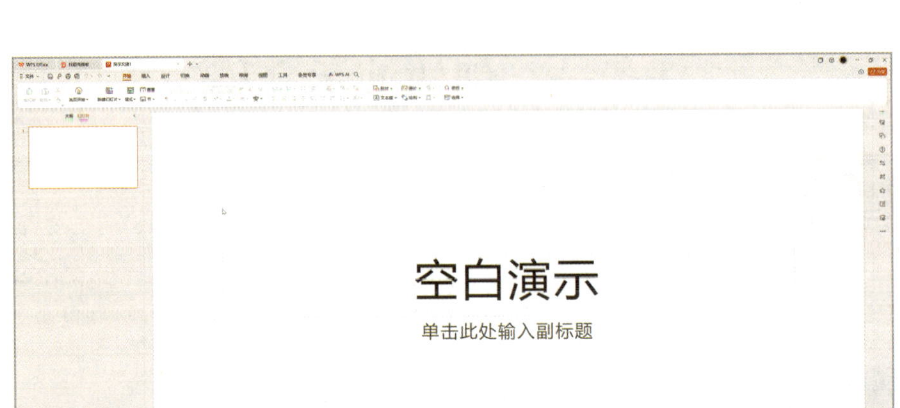

b）

图 3-1-2　新建演示文稿

a）单击“空白演示文稿”按钮　b）完成后的效果

演示文稿模板

WPS 演示提供了若干免费或收费的预设模板，如图 3-1-3 所示，用户可在新建演示文稿时根据需要选择使用，选用合适的模板制作演示文稿可以更方便地组织页面内容，制作出来的演示文稿也更加美观。除了使用 WPS 演示中提供的模板，在实际应用中，还可通过互联网获取更多演示文稿模板。

图 3-1-3　演示文稿模板库

二、保存演示文稿

在“文件”菜单中，选择“保存”命令，在弹出的“另存为”对话框中选择本地计算机中合适的存储地址，“文件类型”选择默认的“.pptx”格式，录入“文件名称”为“课程汇报 .pptx”，单击“保存”按钮，如图 3-1-4 所示。

图 3-1-4　保存演示文稿

文件保存格式

WPS 演示中默认的文件保存格式是“.pptx”，这是与 Microsoft Office 兼容的常用格式，除此之外，WPS 演示还可以将文档保存为自有的“.dps”格式、Microsoft Office 早期的“.ppt”格式等，在“另存为”对话框中，可通过“文件类型”下拉列表进行选择。若需要将已保存的文件另存一份其他格式或相同格式的备份，可单击“文件”菜单后，选择“另存为”命令。

任务二　编辑演示文稿

能够插入新的幻灯片，在幻灯片中插入并编辑图片、文字等对象。

一、插入新幻灯片

按照图 3-1-1 所示的效果，在标题幻灯片下面插入 8 张新的幻灯片，方法是在 WPS 演示界面左侧的幻灯片窗格空白区域右击，在弹出的右键快捷菜单中选择“新建幻灯片”命令，插入新的空白幻灯片，如图 3-1-5a 所示。此外，也可单击幻灯片窗格下方的“+”标志，选择目录页中适合本演示文稿风格的模板，如图 3-1-5b 所示；或在“插入”选项卡中单击“新建幻灯片”按钮。

a）

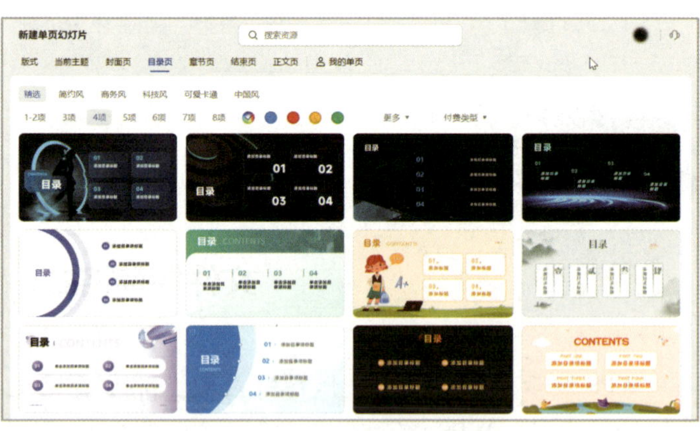

b）

图 3-1-5　插入新幻灯片

a）选择“新建幻灯片”命令　b）选择幻灯片模板

二、录入文字与编辑格式

1. 在幻灯片中录入文本

单击选定第 1 张幻灯片，在主标题文本框中录入“课程汇报”，在副标题文本框中录入“19 电气①班　张丽”。打开素材文件“脚本 .docx”，将余下的 8 张幻灯片的文本内容复制粘贴至相应的幻灯片中，如图 3-1-6 所示。

课程汇报
19电气①班　张丽

目录
- 一、学习内容
- 二、期末作品
- 三、学习收获
- 四、有待改进
- 五、学习心得
- 六、结束语

一、学习内容
- 本学期主要学习的内容：
- 计算机基础知识
- WPS文字排版
- WPS表格数据处理
- WPS演示文稿的制作
- 计算机网络应用知识

二、期末作品

三、学习收获
- 主要收获有以下五点：
- 了解了计算机的基础知识
- 学会了用WPS进行图文混排的操作能力
- 学会用WPS表格来处理数据
- 学会用WPS来制作演示文稿
- 具备了计算机办公的熟练操作能力

四、有待改进
- 有待改进之处主要有两点：
- WPS表格数据处理部分有些公式还不太熟练，对于应用的场合也不太清楚；
- WPS演示文稿的制作还需加强，对于细节的动画设置还有待提高，整体配色能力也需加强。

五、学习心得
- 回首这一学期，自己认真学习与实践，通过学习感受到了WPS文档编辑、WPS表格数据处理、WPS演示各种精美效果设置等功能的便捷与强大，还开拓了我对计算机其他基础知识的视野，感谢老师带我们领略了计算机的神奇。

六、结束语
- 感谢刘老师一学期以来的耐心教导，给了我们很大的帮助；
- 感谢同组伙伴们的团结协作和互帮互助；
- 希望在以后的日子里，大家继续一起努力！

谢谢大家

图 3-1-6　在幻灯片中录入文本

2. 设置文本字体格式

选定第 1 张幻灯片中的主标题文字，在“文本工具”选项卡中，选择艺术字预设样式为“填充－钢蓝，着色 1，阴影”，如图 3-1-7a 所示；设置副标题对齐方式为“右对齐”，字体为“微软雅黑”，字号为“24”，完成后的效果如图 3-1-7b 所示；按照相同的方法，将其余幻灯片的标题文字的文本样式均设为“填充－钢蓝，着色 1，阴影”，字体为“微软雅黑”，字号为“36”；其余文本内容均设置字体为“微软雅黑”，字号为“24”。

a）　　b）

图 3-1-7　设置标题幻灯片文本字体格式

a）选择艺术字预设样式　b）完成后的效果

文本的修饰

对文本进行修饰时，除了使用“文本工具”选项卡中预设的几种样式外，还可以在“艺术字”样式库中选择更多不同风格的字体样式，如图 3-1-8 所示。

在选择和设置文本样式时，应注意尽量根据文稿风格和所面向的对象选择合适的、有辨识度的字体。

图 3-1-8 “艺术字”样式库

3. 设置其他幻灯片文本格式

设置第 3、5、6 张幻灯片中正文第一段文字字体颜色为“蓝色”，删除本段项目符号；选定第 3 张幻灯片正文第一段文字，在“文本工具”选项卡“段落”功能组中，单击“对话框启动器”按钮，如图 3-1-9a 所示；弹出“段落”对话框，设置“段后”间距为“30 磅”，单击“确定”按钮，如图 3-1-9b 所示。按照相同的方法，将第 5、6 张幻灯片中正文第一段内容段落间距设置为段后“30 磅”；将第 3、5、6、8 张幻灯片中正文段落内容的项目符号设置为“➢”，其设置效果如图 3-1-10 所示。

a）

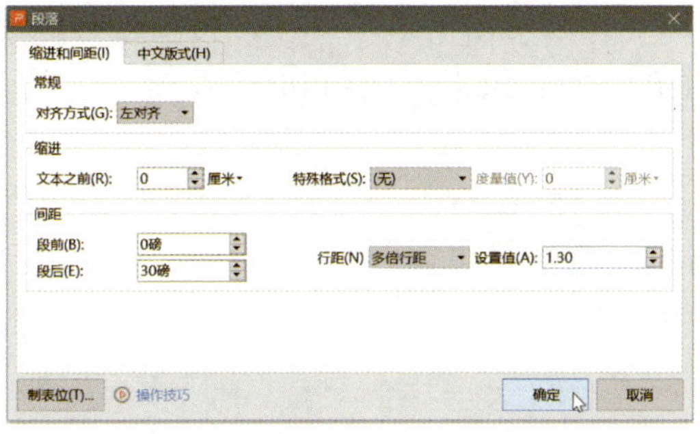

b）

图 3-1-9　设置标题幻灯片文本字体格式
a）单击“对话框启动器”按钮　b）“段落”对话框

一、学习内容
本学期主要学习的内容：
➢计算机基础知识
➢WPS文字排版
➢WPS表格数据处理
➢WPS演示文稿的制作
➢计算机网络应用知识

三、学习收获
主要收获有以下五点：
➢了解了计算机的基础知识
➢学会了用WPS进行图文混排的操作能力
➢学会用WPS表格来处理数据
➢学会用WPS来制作演示文稿
➢具备了计算机办公的熟练操作能力

四、有待改进
有待改进之处主要有两点：
➢WPS表格数据处理部分有些公式还不太熟练，对于应用的场合也不太清楚；
➢WPS演示文稿的制作还需加强，对于细节的动画设置还有待提高，整体配色能力也需加强。

六、结束语
➢感谢刘老师一学期以来的细心教导，给了我莫大的帮助；
➢感谢同组伙伴们的团结协作和互帮互助；
➢希望在以后的日子里，大家继续一起努力！

图 3-1-10　设置效果

4. 继续设置其他幻灯片文本格式

删除第 7 张幻灯片正文的项目符号，设置段落格式为首行缩进“2”字符。

三、修改幻灯片版式

1. 修改幻灯片版式

选定第 3、5、7 张幻灯片，在“开始”选项卡“幻灯片”功能组中，单击“版式”按钮，在弹出的版式列表中选择第二行第一个版式，如图 3-1-11a 所示，修改后的效果如图 3-1-11b 所示；按照相同的方式，修改第 5、7 张幻灯片的版式。

2. 继续修改幻灯片版式

选定第 8 张幻灯片，将幻灯片版式改为版式列表中第三行第二个，如图 3-1-11c

所示；选定第 9 张幻灯片，将幻灯片版式改为版式列表中最后一个，并删除标题下方的文本框，如图 3-1-11d 所示。

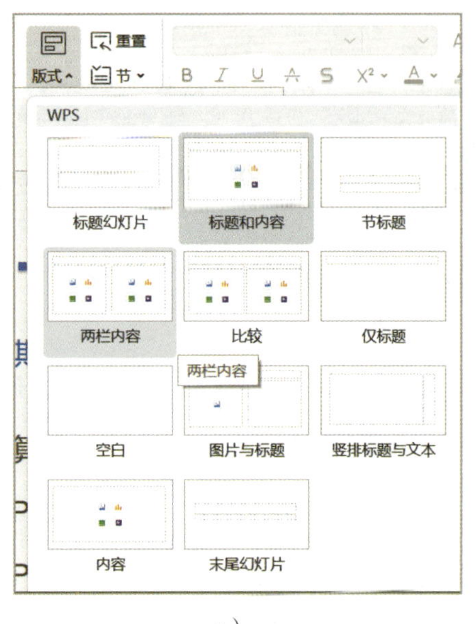

a）

b）

六、结束语

单击图标添加图片

➢感谢刘老师一学期以来的细心教导，给了我莫大的帮助；

➢感谢同组伙伴们的团结协作和互帮互助；

➢希望在以后的日子里，大家继续一起努力！

c）

谢谢大家

d）

图 3-1-11　修改幻灯片版式

a）选择幻灯片版式　b）第 3 张幻灯片修改版式后效果　c）第 8 张幻灯片修改版式后效果
d）第 9 张幻灯片修改版式后效果

四、在幻灯片中插入图片

1. 插入图片

选定第 4 张幻灯片，在“单击此处添加文本”文本框内，单击“插入图片”按钮，如图 3-1-12a 所示；在弹出的“插入图片”对话框中，选择素材文件“期末作品 .png”，单击“打开”按钮，将图片插入到文本框中，如图 3-1-12b 所示。

2. 继续插入图片

按照相同的方法，分别在第 3、5、7、8 张幻灯片中插入素材文件中的图片，并调整图片大小，分别如图 3-1-12c、图 3-1-12d、图 3-1-12e、图 3-1-12f 所示。

a）

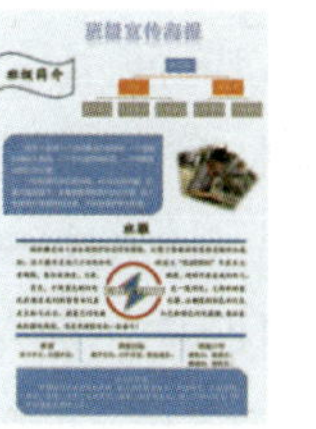

b）

c）

d）

e）

f）

图 3-1-12 插入图片

a）单击“插入图片”按钮 b）第 4 张幻灯片插入图片后效果 c）第 3 张幻灯片插入图片后效果 d）第 5 张幻灯片插入图片后效果 e）第 7 张幻灯片插入图片后效果 f）第 8 张幻灯片插入图片后效果

图片外观设置

对于插入的图片可以通过设置外观效果加以美化。选中图片，在“图片工具”选项卡中即可对图片大小、位置、外观等进行设置。类似地，对于文字所在的文本框，也可在选中的情况下，通过“绘图工具”选项卡对文本框大小、位置、外观等进行设置。

五、在幻灯片中插入智能图形

在 WPS 演示中，针对常用的列表、流程等应用需求，还提供了“智能图形”功能，利用“智能图形”可以快速地完成常用的列表、流程等图形的绘制，且调整灵活、样式美观。在幻灯片中合理地使用“智能图形”，可以让幻灯片排版更有条理，让烦琐的文字图形化、简单化。

在本任务中插入智能图形的方法是在“插入”选项卡中单击“智能图形”按钮，在弹出的“智能图形”对话框中选择“并列”选项卡，筛选“免费”“6 项以上”的项目，选择图 3–1–13a 所示的图形；将目录内容剪切至智能图形的文本框中，设置文本字体为“微软雅黑”，字号为“24”，完成后的效果如图 3–1–13b 所示。

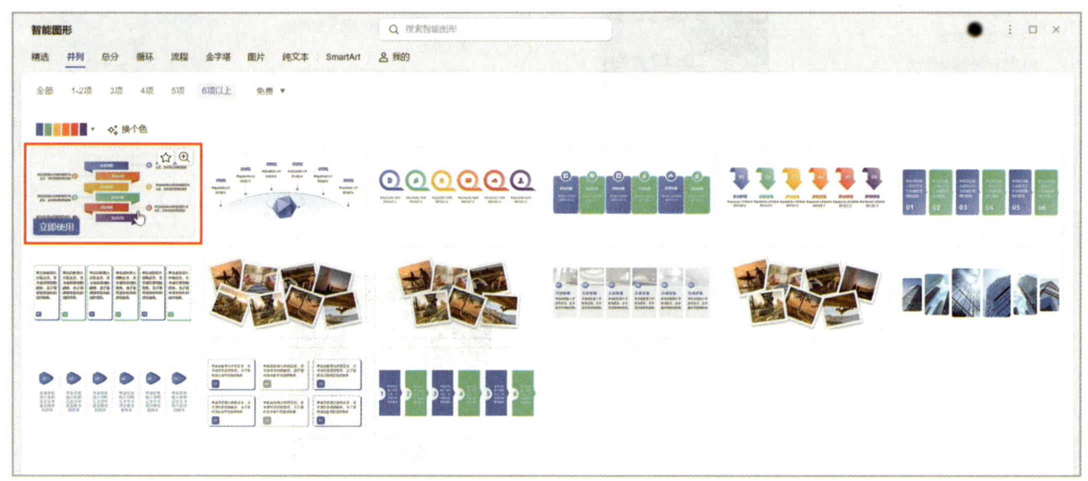

a）

目录
学习内容
期末作品
学习收获
有待改进
学习心得
结束语

b）

图 3–1–13 插入智能图形
a）选择智能图形 b）完成后的效果

插入音频、视频、动画

演示文稿中除了可以插入文本、图片及智能图形外，还可以插入音频、视频、动画、表格、形状、图标等元素，在“插入”选项卡下，按照演示文稿要展示内容的需要进行选择即可。例如，要插入视频，即在“插入”选项卡中单击“视频”下拉按钮，选择“嵌入视频”命令，按照提示选择准备好的视频文件，如图 3–1–14 所示。插入音频、动画与插入视频的操作基本一致。

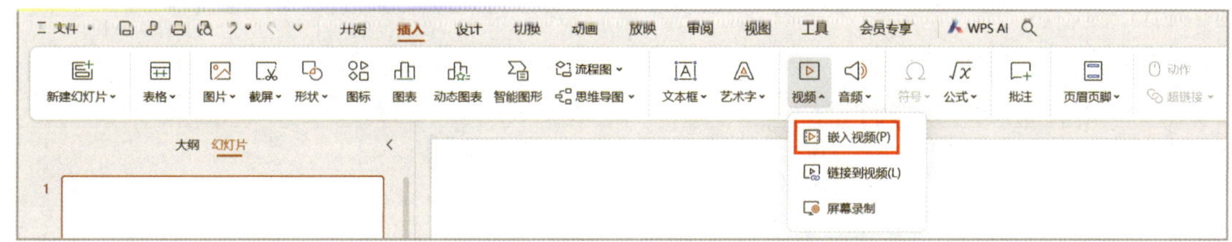

图 3–1–14　插入视频

请对本项目的学习内容进行小结，完成表 3–1–1 的填写。

表 3–1–1　项目小结

目标		操作方法
演示文稿的创建与保存	创建演示文稿	
	保存演示文稿	

续表

<table>
<tr><th colspan="3">目标</th><th>操作方法</th></tr>
<tr><td rowspan="10">幻灯片的操作</td><td rowspan="4">选择</td><td>单张</td><td></td></tr>
<tr><td>不连续多张</td><td></td></tr>
<tr><td>连续多张</td><td></td></tr>
<tr><td>全选</td><td></td></tr>
<tr><td colspan="2">添加</td><td></td></tr>
<tr><td colspan="2">删除</td><td></td></tr>
<tr><td colspan="2">移动</td><td></td></tr>
<tr><td colspan="2">复制</td><td></td></tr>
<tr><td colspan="2">版式更改</td><td></td></tr>
<tr><td colspan="2">插入图片、视频、音频、动画等</td><td></td></tr>
</table>

项目二
美化课程汇报演示文稿——WPS 演示文稿的美化

一个优秀的演示文稿，除了全面展示文稿内容外，还应体现一定的设计美感。要制作出优秀的幻灯片，不仅需要掌握 WPS 演示的基本操作，还需要掌握一些设计知识。本项目主要学习使用 WPS 演示自带的设计模板对幻灯片进行设计，掌握使用母版快速设计幻灯片内容及美化幻灯片的方法。

◆设计模板的运用
◆幻灯片的背景设计
◆幻灯片母版的设计与使用

通过上一项目，张丽已初步制作好“课程汇报”演示文稿，但文稿主题风格以空白为主，整体较为单调，还需要进一步的美化，让演示文稿更加美观。

“课程汇报”演示文稿美化后的效果图如图 3-2-1 所示。

图 3-2-1 “课程汇报”演示文稿美化后的效果图

演示文稿有三种美化方法，第一种是利用 WPS 演示中自带的设计模板来美化；第二种是对幻灯片的背景进行设置；第三种是利用母版进行快速美化。这三种方法的效果不同、各具特色，在实际应用中可根据需要进行选择，综合运用。其制作思路如下。

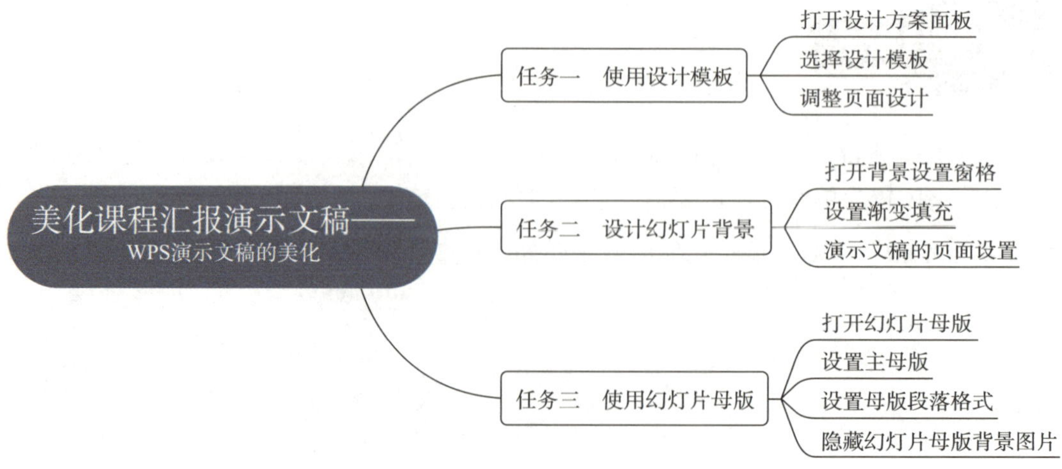

任务一　使用设计模板

能够使用 WPS 演示自带的设计模板美化演示文稿。

一、打开设计方案面板

打开上一项目完成的作品或素材文件中的“课程汇报.pptx”，在“设计”选项卡中单击“全文美化”按钮，打开“全文美化”面板，如图 3-2-2 所示。

图 3-2-2　“全文美化”面板

二、选择设计模板

在“全文美化”面板中可以根据演示文稿的用途搜索合适的模板，也可单击“分类”按钮进行筛选。本任务在筛选时，“风格”选择“简约”，“专区”选择“免费专

区”，选择其中的“月度汇报”模板，如图 3-2-3a 所示；单击“预览换肤效果”按钮，取消勾选第 2 张幻灯片，单击“应用美化”按钮，如图 3-2-3b 所示，即可完成美化。

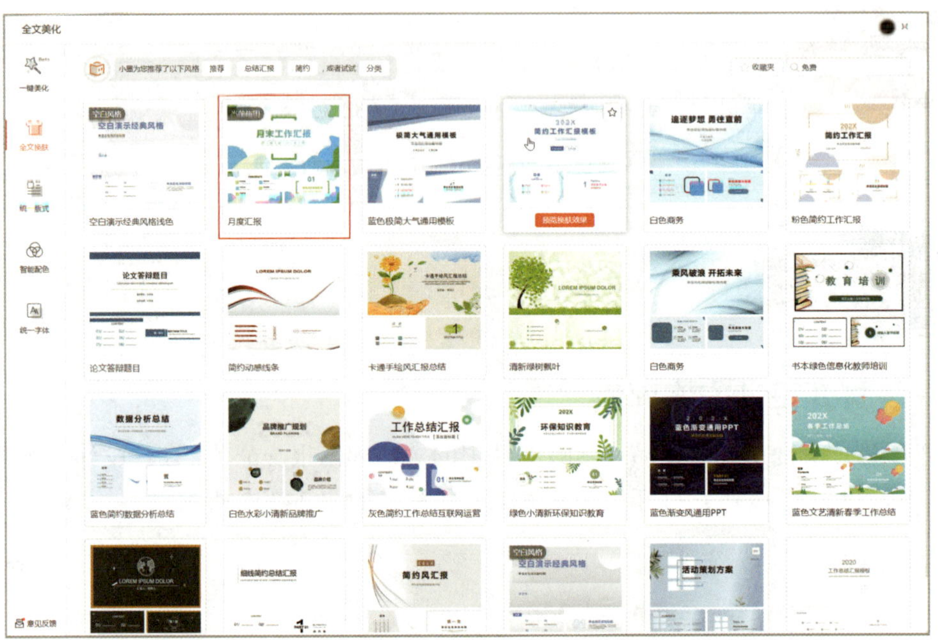

a）

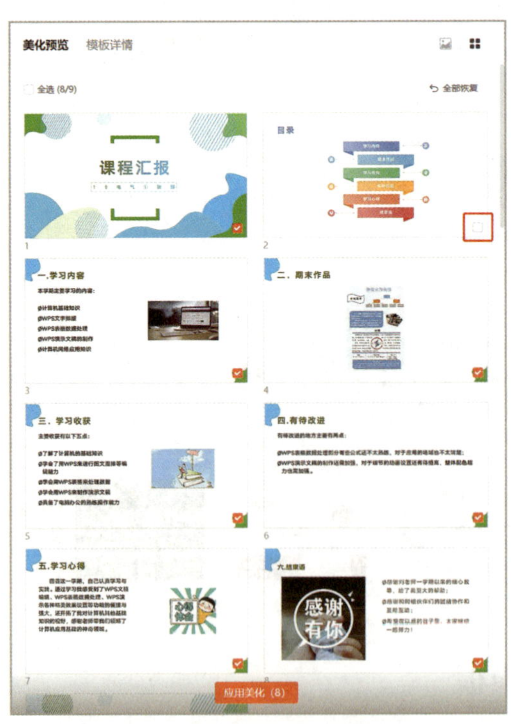

b）

图 3-2-3　选择设计模板
a）选择“月度汇报”模板　b）模板预览效果

三、调整页面设计

应用模板后，根据页面显示情况做进一步调整，选定第 1 张幻灯片，删除模板中的年份文本框和副标题文本框，将“19 电气①　张丽”调整到副标题位置；并为第 3、5、6、8 张幻灯片正文内容添加项目符号，如图 3–2–4 所示。

图 3–2–4　调整页面设计

智能美化功能

除上述的方法可以快速应用设计模板之外，WPS 演示还在“设计”选项卡中设置了“更多主题”按钮。“全文美化”面板中除前面用到的“全文换肤”功能外，还可选择“统一版式”“一键美化”和“统一字体”功能，单击相应按钮后选择所需模板，系统即可自动进行相应功能的匹配应用。

任务二　设计幻灯片背景

能够通过修改幻灯片背景实现美化幻灯片的效果。

一、打开背景设置窗格

打开任务一完成的“课程汇报 .pptx”，选定第 2 张幻灯片，在“设计”选项卡中单击“背景”按钮（或右击幻灯片空白处，在弹出的右键快捷菜单中选择“设置背景格式”命令），打开“对象属性”窗口，如图 3-2-5 所示。

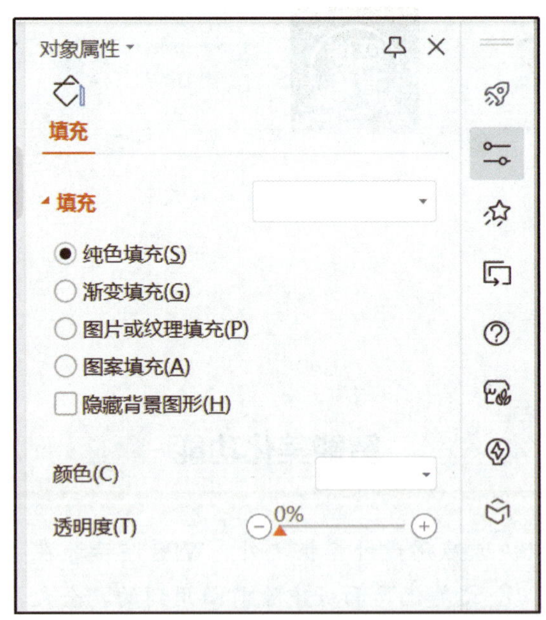

图 3-2-5　打开“对象属性”窗口

二、设置渐变填充

在“对象属性”窗格中的“填充”选项卡中勾选“渐变填充”单选框，设置“渐变样式”为“线性渐变”，此外，还可以在窗格中对渐变的角度、位置等进行调整设置，如图 3-2-6 所示。

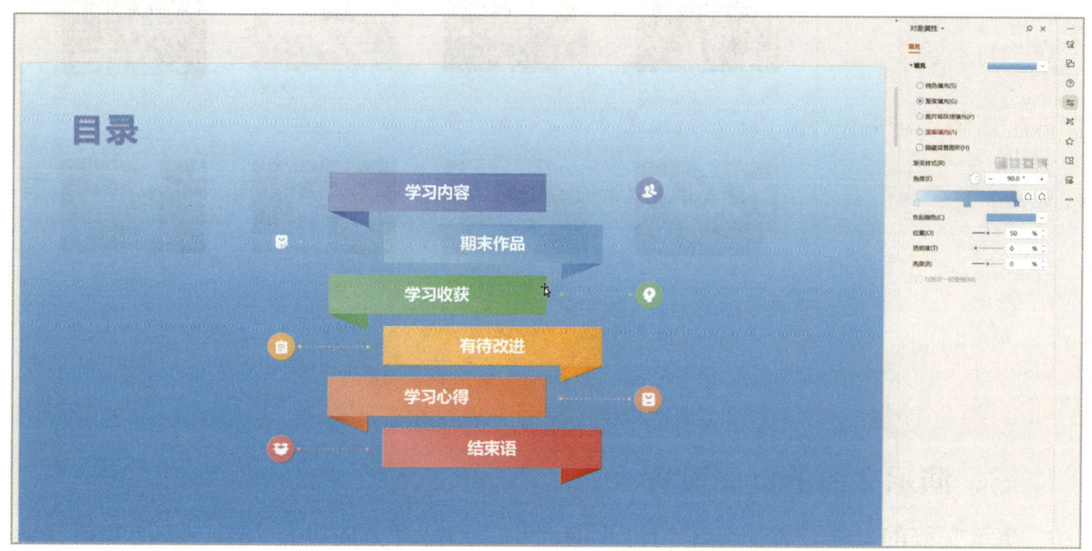

图 3-2-6 目录页背景设置渐变填充后的效果

背景的填充

1. 幻灯片背景的填充有纯色填充、渐变填充、图片或纹理填充、图案填充四种方式。修改背景可以针对单张幻灯片进行，即设置为每张幻灯片的背景不同；也可以单击“对象属性”窗格下方的“全部应用”按钮，对所有幻灯片进行修改。

2. 选择“图片或纹理填充”时，图片可以选择本地图片、剪贴板与在线图片三种，填充的图片可以选择放置方式，也可以进行位置调整，如图 3-2-7a 所示，WPS 演示中提供了大量的在线图片，可以输入关键词进行搜索，如图 3-2-7b 所示。

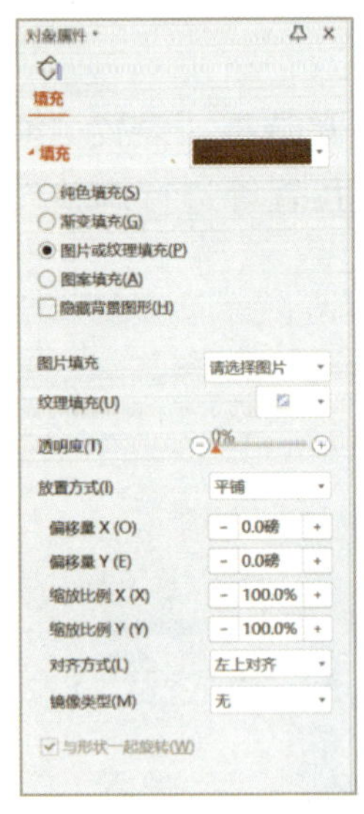

a）

b）

图 3-2-7　幻灯片背景图片选择

a）设置图片或纹理填充　b）“在线图片”图库

三、演示文稿的页面设置

演示文稿的页面设置决定了幻灯片的大小、幻灯片方向以及大纲、备注和讲义的方向。用户可以根据需要进行更改。本任务的页面设置操作如下。

在“设计”选项卡中，单击“幻灯片大小”下拉按钮，选择“宽屏（16∶9）”选项，完成后的效果如图 3-2-8 所示。

图 3-2-8　完成后的效果

任务三　使用幻灯片母版

能够使用幻灯片母版快速设计幻灯片。

幻灯片母版是用于统一设置全部或部分幻灯片页面显示内容或显示样式的工具，在幻灯片母版进行的设置或修改将在应用该母版的全部幻灯片页面中体现，从而实现快速、统一、整齐的页面编辑。

一、打开幻灯片母版

打开任务二完成的“课程汇报 .pptx”，在“视图”选项卡中，单击“幻灯片母版”按钮，如图 3-2-9a 所示；此时即切换到幻灯片母版视图，在选项卡区域会出现“幻灯片母版”选项卡，如图 3-2-9b 所示，对幻灯片母版的所有操作都可在此选项卡中完成。

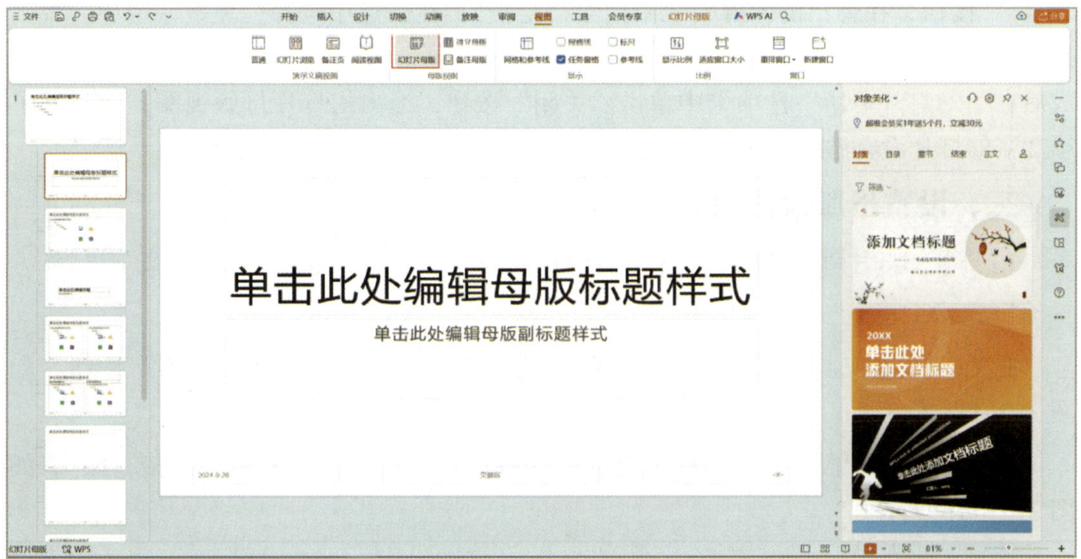

a）

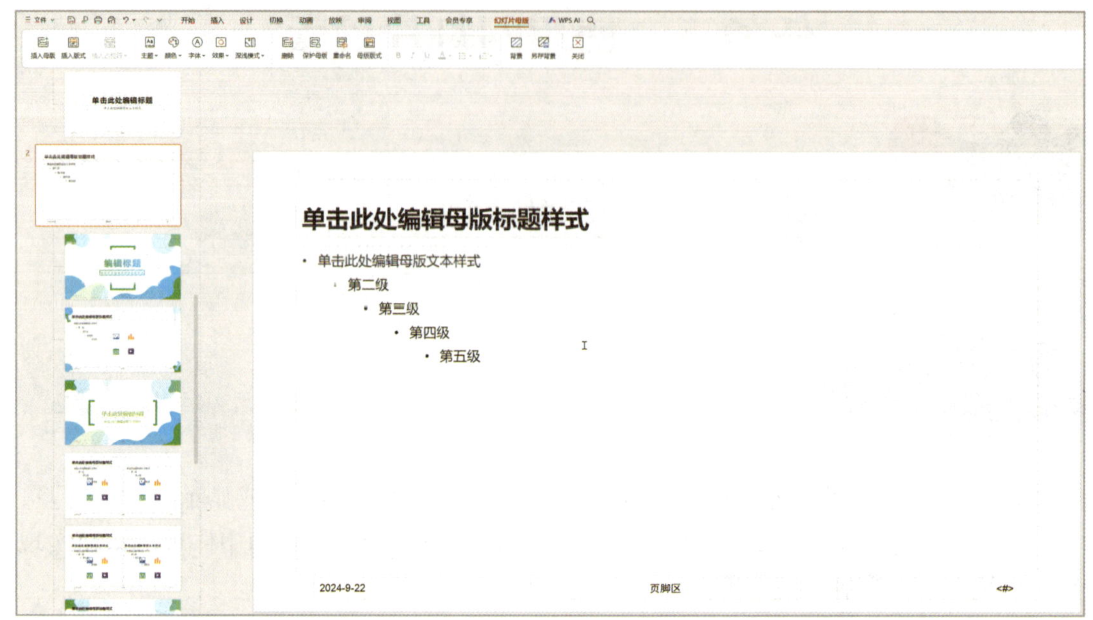

b）

图 3-2-9 打开幻灯片母版

a）单击“幻灯片母版”按钮 b）“幻灯片母版”选项卡

二、设置主母版

选定“Office 主题母版：由幻灯片 1，3–9 使用”母版，在“插入”选项卡中单击“图标”按钮，在弹出的图库列表中搜索“汇报”，在筛选中选择“免费”选项，单击选择一个图标，如图 3–2–10 所示，将图标插入母版后再将其拖动至幻灯片左下角；完成后在“幻灯片母版”选项卡中单击“关闭”按钮，退出幻灯片母版视图，此时除了第 2 张幻灯片没有添加图标外，其余幻灯片的左下角都添加了该图标。

三、设置母版段落格式

1. 打开幻灯片母版视图，选定带有设计模板的母版中“标题和内容版式”母版。

2. 选中“正文”文本框。

3. 在“文本工具”选项卡“段落”功能组中，单击“对话框启动器”按钮，如图 3–2–11a 所示。

4. 在弹出的“段落”对话框中设置段落格式，将“行距”设为“1.5 倍行距”，如图 3–2–11b 所示。

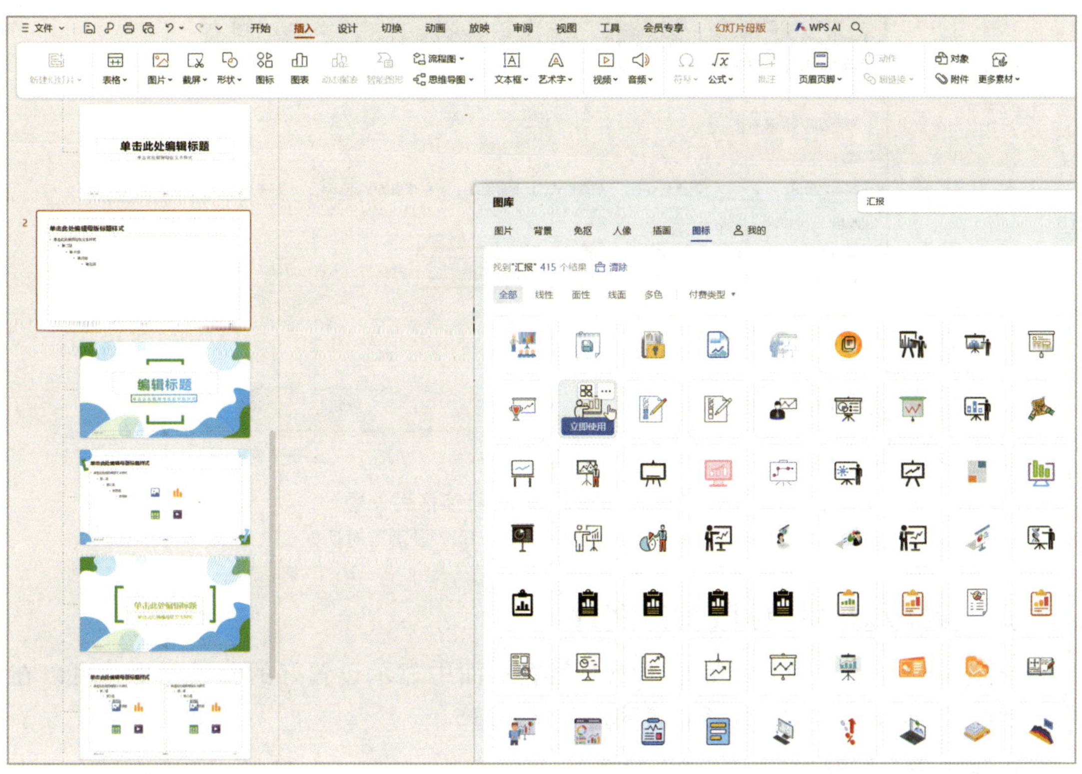

图 3-2-10　在母版中插入图标

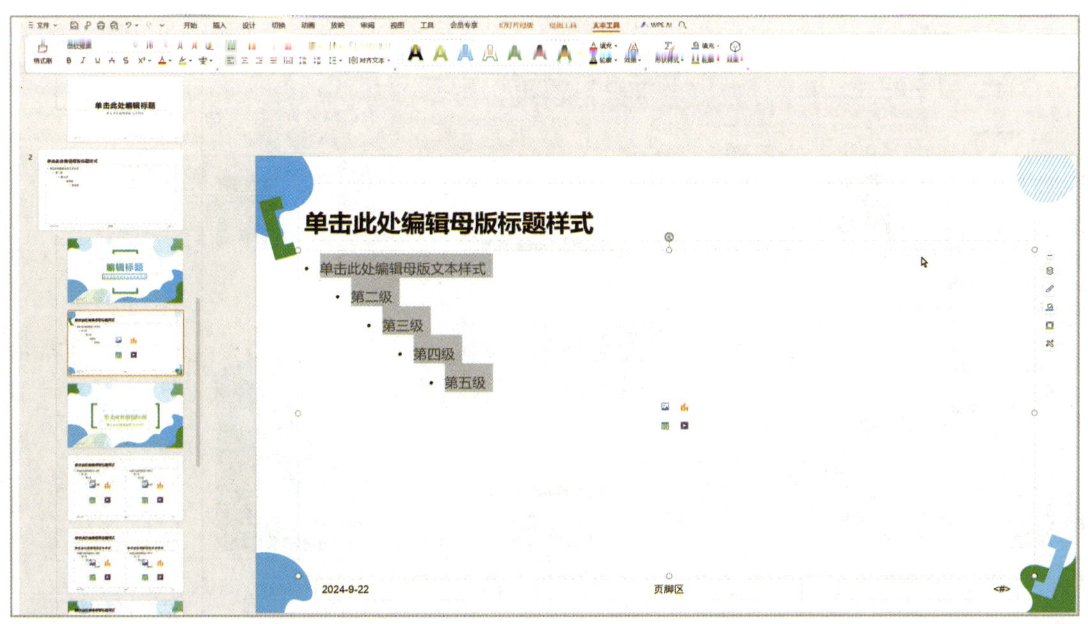

a）

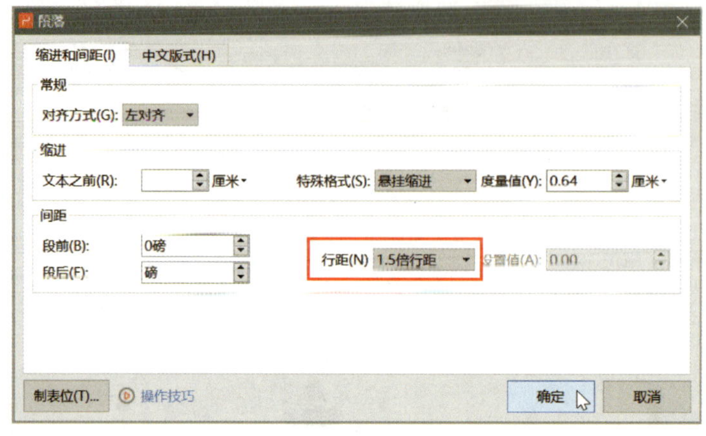

b）

图 3-2-11　幻灯片母版段落格式设置

a）单击“对话框启动器”按钮　b）“段落”对话框

四、隐藏幻灯片母版背景图片

在应用幻灯片母版时，如果不想在某些页面中显示设置好的背景图形，可以在“对象属性”窗格中勾选“隐藏背景图形”复选框。

分别选定“标题幻灯片版式”母版和“末尾幻灯片版式”母版，勾选右侧窗口中“隐藏背景图形”复选框，如图 3-2-12 所示；关闭幻灯片母版视图，隐藏封面及封底母版背景图形后的效果如图 3-2-13 所示。

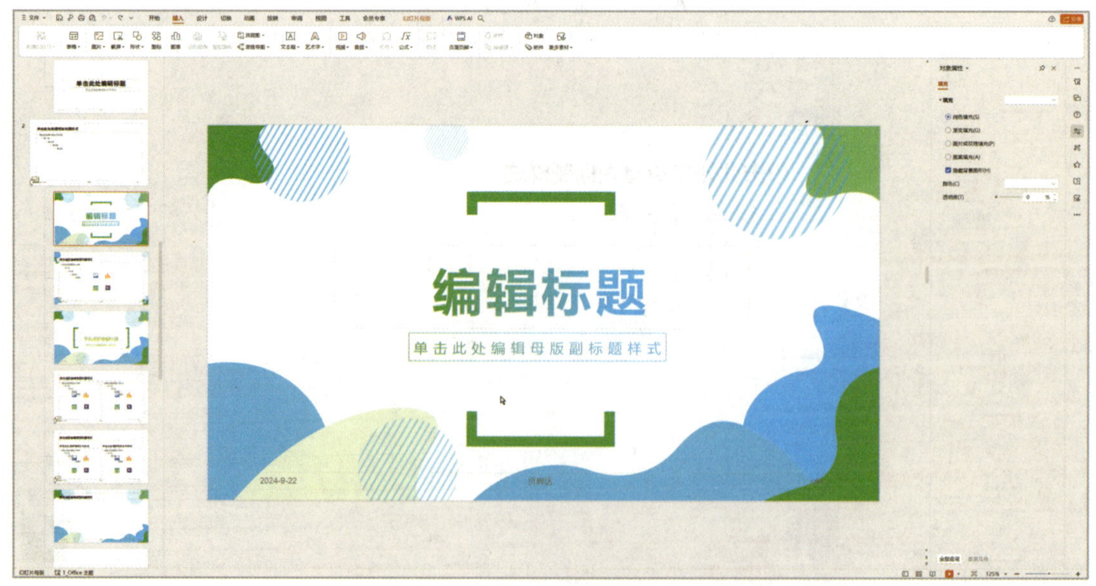

图 3-2-12　勾选“隐藏背景图形”复选框

图 3-2-13　隐藏封面及封底母版背景图片后的效果

请对本项目的学习内容进行小结，完成表 3-2-1 的填写。

表 3-2-1　项目小结

目标	操作方法
使用模板美化演示文稿	
修改幻灯片背景	
设置幻灯片母版	

项目三
设置课程汇报演示文稿的放映效果——WPS 演示文稿的放映

在完成演示文稿内容的编辑和美化基础上，为了在使用演示文稿进行展示汇报时达到更好的效果，通常还需进一步设置幻灯片中元素的动画和幻灯片的切换等放映效果，使演示文稿的展示与演讲者讲述的内容相配合，展示汇报更加精彩。

- ◆设置元素的动画效果
- ◆设置幻灯片的切换方式
- ◆添加超链接和动画按钮
- ◆幻灯片放映设置

通过前面两个项目，已经使“课程汇报 .pptx”演示文稿达到了内容充实、设计美观的效果。为了在汇报时达到更好的展示效果，还需对幻灯片的元素添加进入、退出和强调时的动画效果，让元素根据汇报进度有序播放，并对幻灯片切换的效果进行设置，使整个演示文稿具有更加美观华丽的动态效果。

首先要理清汇报思路，根据汇报顺序合理设置每个元素放映的顺序及具体效果，

设置的动画应尽量简约、有效，然后设置幻灯片的切换效果，让幻灯片根据汇报进度有个自然的过渡效果，最后根据播放的具体需要，完成幻灯片放映时的其他具体设置。其制作思路如下。

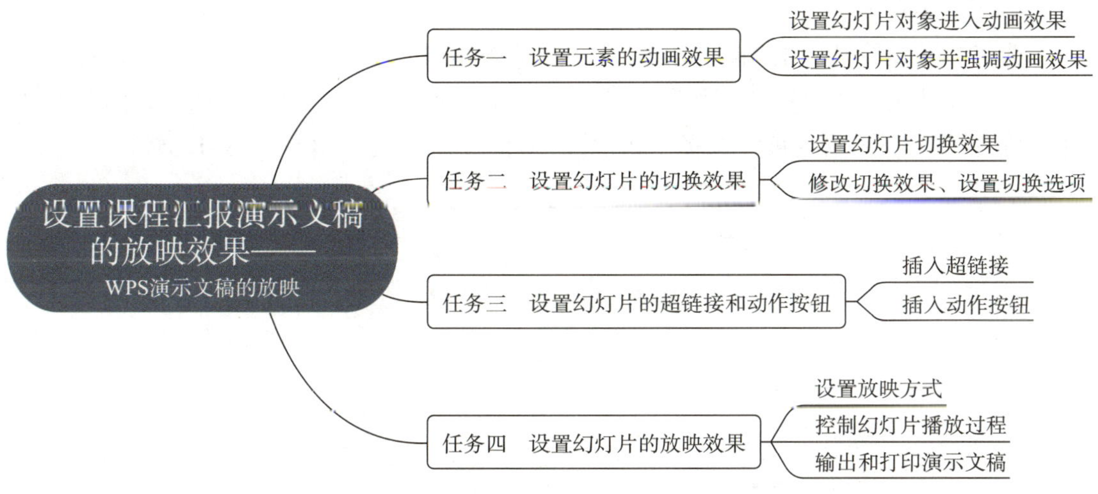

任务一 设置元素的动画效果

能够对幻灯片中的元素创建自定义动画。

一、设置幻灯片对象进入动画效果

1. 设置主标题动画

打开上一项目完成的作品或素材文件中的“课程汇报 .pptx”，选定标题幻灯片中的主标题“课程汇报”，选择“动画”选项卡，然后单击“动画窗格”按钮，在右侧显示的“动画窗格”中设置“添加效果”为“擦除”动画效果，如图 3-3-1a 所示；动画“方向”选择“自左侧”命令；在“开始”处选择“在上一动画同时”命令，如图 3-3-1b 所示。

2. 设置副标题动画

选定标题幻灯片中的副标题内容，在“动画窗格”中单击“添加效果”按钮，选择“擦除”动画效果，在“开始”处选择“在上一动画之后”命令，在“方向”处选择“自右侧”命令，“速度”选择“非常快（0.5 秒）”命令，如图 3-3-1c 所示。

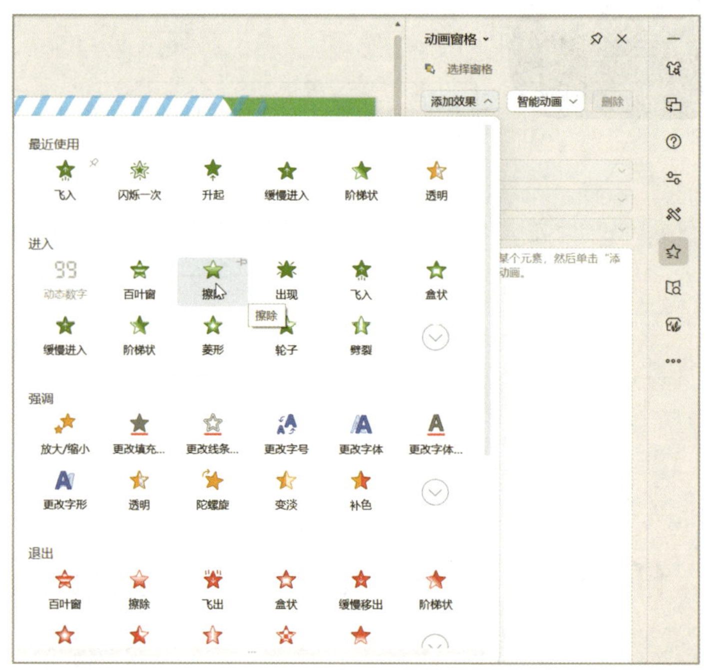

a）

b）

c）

图 3-3-1 设置标题幻灯片对象进入动画效果

a）选择动画效果 b）设置主标题动画 c）设置副标题动画

3. 设置目录内容动画

选定目录幻灯片，设置标题文字“目录”的动画为进入效果中的“擦除”选项，“方向”为“自左侧”，其余保持默认设置；框选所有正文内容，将动画效果设为进入效果中的“盒状”选项，在“开始”处选择“在上一动画之后”命令，“速度”选择“非常快”命令，如图 3–3–2 所示。

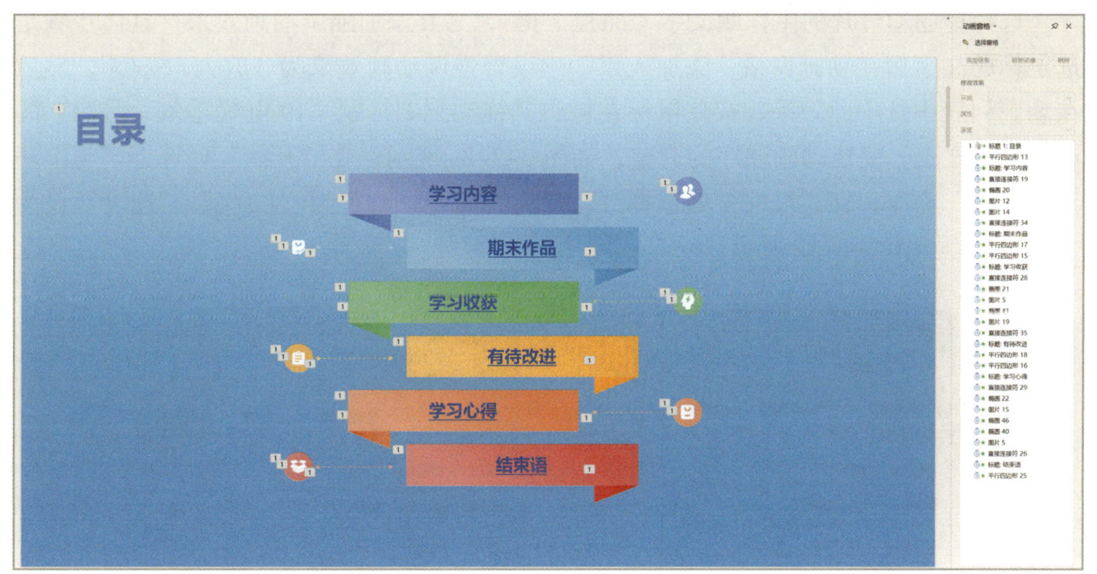

图 3–3–2　设置目录幻灯片动画效果

4. 设置其余幻灯片内容动画

依次打开其余幻灯片，将每张幻灯片的标题文字动画效果设置为进入效果中的“擦除”效果，“方向”为“自左侧”，为其余正文内容按照顺序设置进入动画，均为“盒状”效果，“开始”为“单击时”，“方向”为“内”，“速度”为“快速”。

动画效果设置说明

1. 动画效果设置完成后，在幻灯片对象前会出现一个数字编码，这个数字表示幻灯片播放时动画出现的顺序，动画将按照编号由小到大的顺序播放。

2. 自定义动画效果后，“开始”处如果选择“单击时”命令，播放时只有单击幻灯片才会播放动画效果；选择“在上一动画之后”命令，则在上一动画效果播放完后直接播放本动画效果；选择“与上一动画同时”命令，则在播放上一动画效果的同时播放本动画效果。选择“与上一动画同时”和“在上一动画之后”命令的元素与上一个动画元素的顺序编号相同。

二、设置幻灯片对象并强调动画效果

选择标题幻灯片的主标题文字“课程汇报”，为其添加强调动画效果，具体步骤是选定标题文字后在动画窗格“添加效果”中设置强调动画效果为“放大 / 缩小”，然后在动画列表中选中此效果，按住鼠标左键将其拖动到副标题“19 电气①班　张丽”的动画效果之上，完成动画顺序的调整，如图 3–3–3a 所示；在“开始”处选择“与上一动画同时”命令，在“尺寸”处选择“自定义”命令，设置为“120%”，“速度”设为“非常快”，如图 3–3–3b 所示。

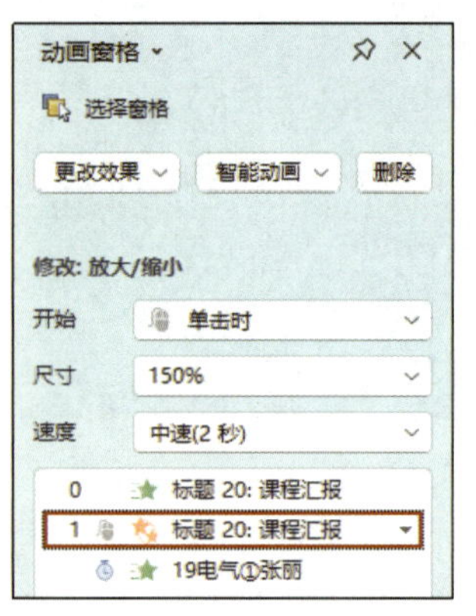

a）

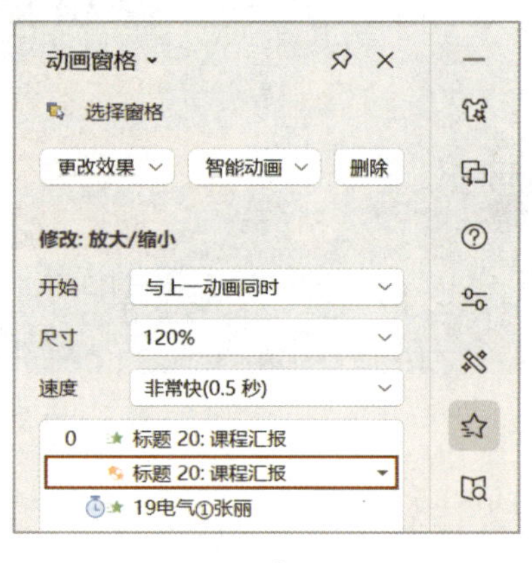

b）

图 3–3–3　设置幻灯片标题强调动画效果
a）调整动画顺序　b）调整动画效果选项

退出效果和动作路径

对幻灯片对象除了可以设置进入、强调动画效果，还可设置退出效果以及按设定路径移动的动画效果。退出效果主要用于对象离开幻灯片时，多用于幻灯片中同一位置要展示的元素过多时，实现按照出现的顺序依次退出上一个对象、进入下一个对象，使汇报更加有条理，效果更好。动作路径用于设置对象按照一定路径运动的动画效果，可以实现按讲述内容的顺序移动幻灯片对象。

任务二　设置幻灯片的切换效果

能够设置幻灯片的切换方式。

一、设置幻灯片切换效果

选定第 1 张幻灯片，单击“切换”选项卡，在切换效果列表中选择“擦除”效果，在“效果选项”下拉列表中选择“向右”选项，如图 3-3-4 所示。

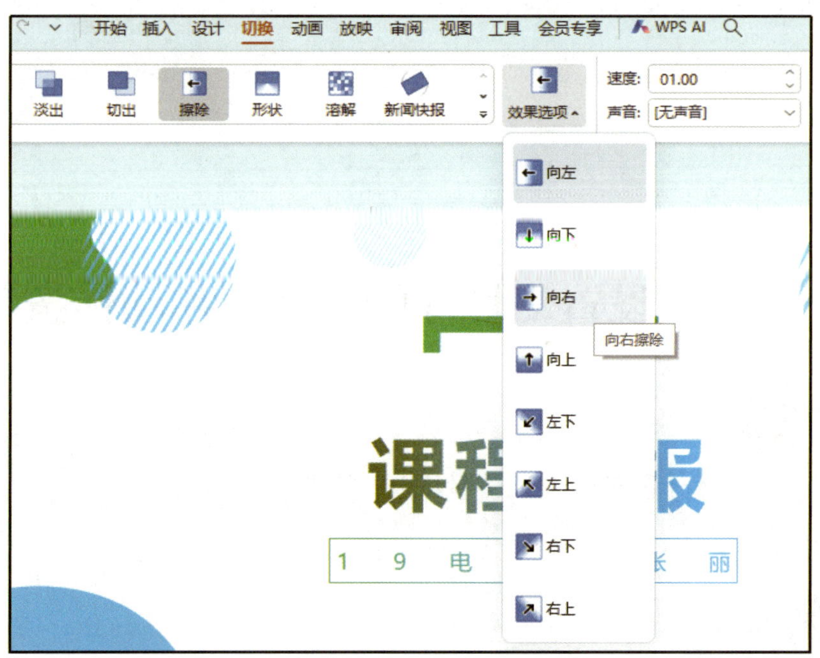

图 3-3-4　设置幻灯片切换效果

二、修改切换效果、设置切换选项

选定第 1 张幻灯片，在“切换”选项卡下的“计时”功能组中修改切换选项，将“速度”设为“00.25”，“声音”设为“无声音”，勾选“单击鼠标时换片”复选框，单击“应用到全部”按钮，如图 3-3-5 所示。

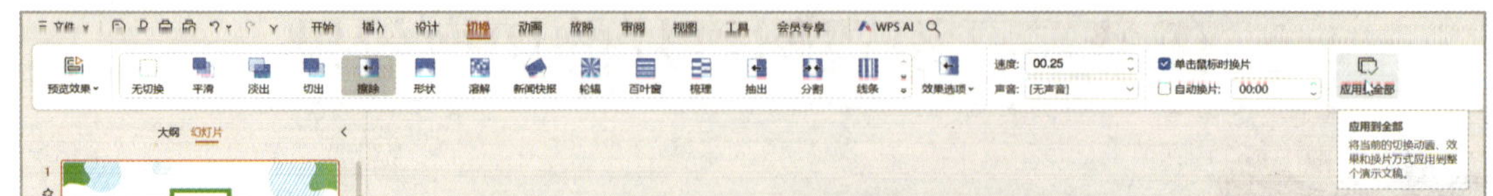

图 3-3-5　设置全部幻灯片的切换选项

幻灯片切换设置说明

设置幻灯片的切换效果时，可以在左侧幻灯片列表中选择单张幻灯片，进行单独设置，也可根据需要将切换效果应用到所有幻灯片。选定一种切换效果后，还可设置伴随幻灯片切换的音效，以及是否间隔一定时间后自动切换等。具体设置应根据幻灯片的内容和展示的需要进行灵活设计。

任务三　设置幻灯片的超链接和动作按钮

能够在幻灯片中添加超链接和动作按钮。

一、插入超链接

在编辑幻灯片时，可以对文本、图片、表格等对象创建超链接，链接位置可以是当前文稿、其他现有文稿或网页等。对某对象创建超链接后，放映过程中单击该对象可跳转到指定的链接位置或页面。

1. 选定幻灯片内容

选定目录页幻灯片第一条“学习内容”，在“插入”选项卡中，单击“超链接”下拉按钮，选择“本文档幻灯片页”命令，如图 3–3–6a 所示。

2. 添加链接功能

在弹出的“插入超链接”对话框中选择“本文档中的位置”选项，然后在右侧“请选择文档中的位置”栏中选择要链接到的幻灯片标题“3. 一、学习内容”，如图 3–3–6b 所示。

3. 查看超链接

单击“确定”按钮完成设置，设置好超链接的文字会变为蓝色并加下画线，完成后的效果如图 3–3–6c 所示。播放幻灯片时，单击“学习内容”文字即可跳转到幻灯片“一、学习内容”页面。按照相同的方法，制作目录页其他内容的超链接。

二、插入动作按钮

在制作幻灯片时，常需要在内容与内容之间添加过渡页，以此来引导观众理清思路。过渡页有时会重复出现，此时不需要重复制作，可直接利用动作按钮返回指定的幻灯片页面即可。

本任务中，汇报完学习心得内容，需要跳转回目录页，设置方法如下。

1. 选定要添加动作按钮的幻灯片，在“插入”选项卡中单击“形状”下拉按钮，在“动作按钮”一栏中选择最后一个“自定义”动作按钮，添加到幻灯片右上角，如图 3–3–7a 所示。

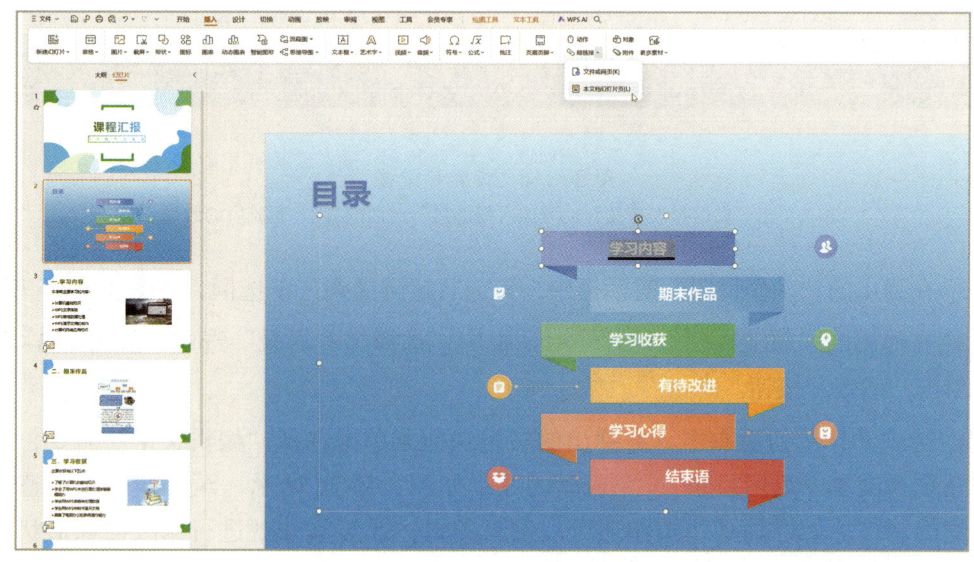

a）

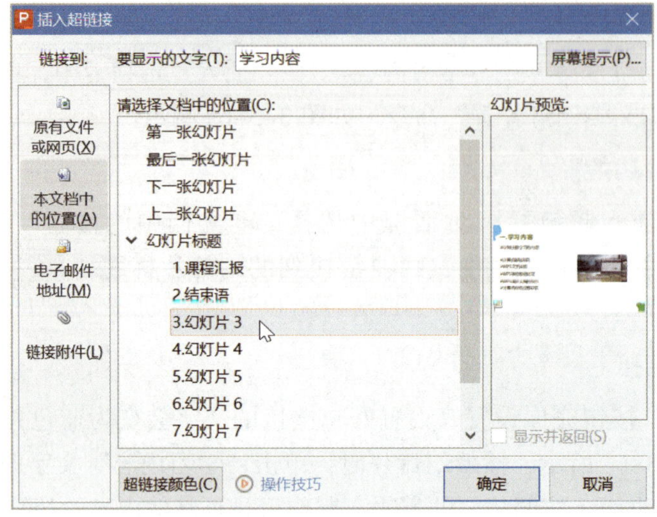

b）

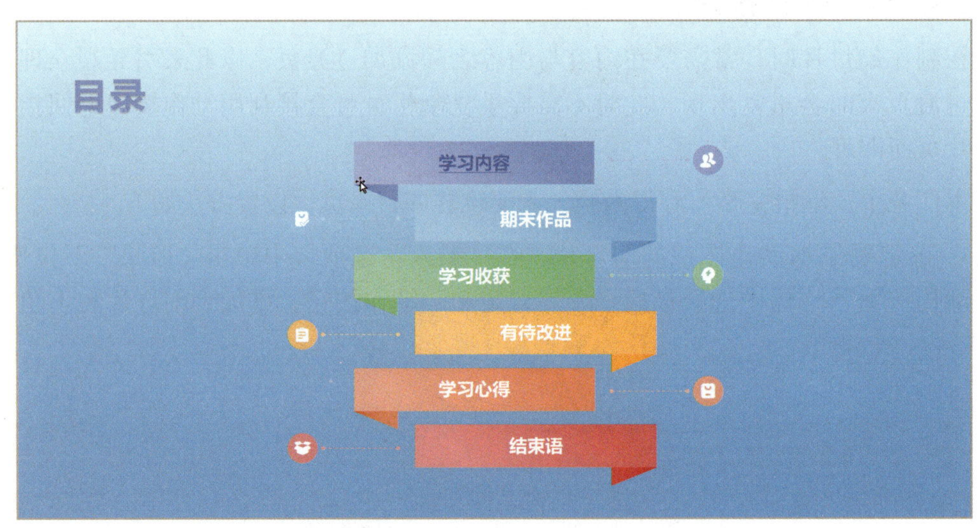

c）

图 3-3-6　设置超链接

a）单击“超链接”按钮　b）“插入超链接”对话框　c）完成后的效果

2. 在弹出的“动作设置”对话框中，勾选“超链接到”单选框，如图 3-3-7b 所示。

3. 在弹出的“超链接到幻灯片”对话框中，选择“2. 目录”选项，如图 3-3-7c 所示，单击“确定”按钮。

4. 选中动作按钮后右击，在弹出的右键快捷菜单中选择“编辑文字”命令，为动作按钮录入文本“返回目录”，完成后的效果如图 3-3-7d 所示，至此即完成了整个动作按钮的制作。做好的动作按钮还可以重新编辑，或对其外观进行修改，如形状、颜色等。

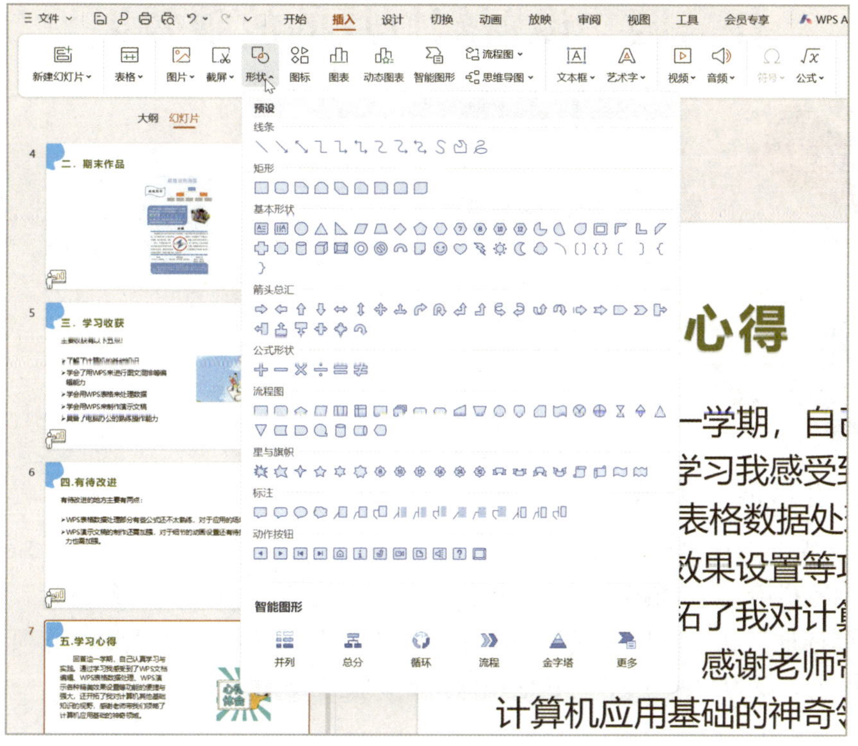

a）

b）

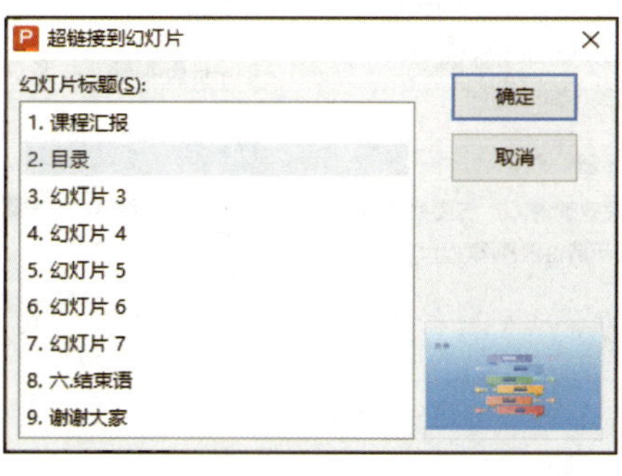

c）

d）

图 3-3-7　插入动作按钮

a）选择动作按钮类型　b）“动作设置”对话框　c）“超链接到幻灯片”对话框

d）完成后的效果

任务四　设置幻灯片的放映效果

能够设置幻灯片的放映效果。

一、设置放映方式

在“放映”选项卡中单击“放映设置”按钮，弹出“设置放映方式”对话框，在“放映类型”栏中勾选“演讲者放映（全屏幕）”单选框，在“放映幻灯片”栏中勾选“全部”单选框，在“换片方式”栏中勾选“手动”单选框，将“放映选项”栏中的“绘图笔颜色”设为“深红色”，其他项保持默认设置，如图 3-3-8 所示。

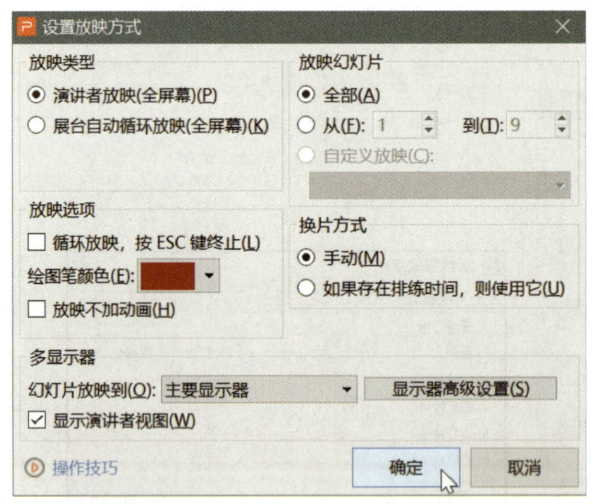

图 3-3-8　“设置放映方式”对话框

二、控制幻灯片播放过程

在幻灯片播放的过程中，有时演讲者需要在屏幕上进行临时的标记、指示或突出显示，此时可使用“墨迹画笔”和“演示焦点”等功能。在播放过程中，单击鼠标右键，在弹出的右键快捷菜单中选择相应功能即可。例如，如需在演讲过程中使用虚拟的激光笔在屏幕上指示要引导听众观看的内容，可选择“演示焦点”子菜单中的“激光笔”选项，如图 3-3-9 所示。

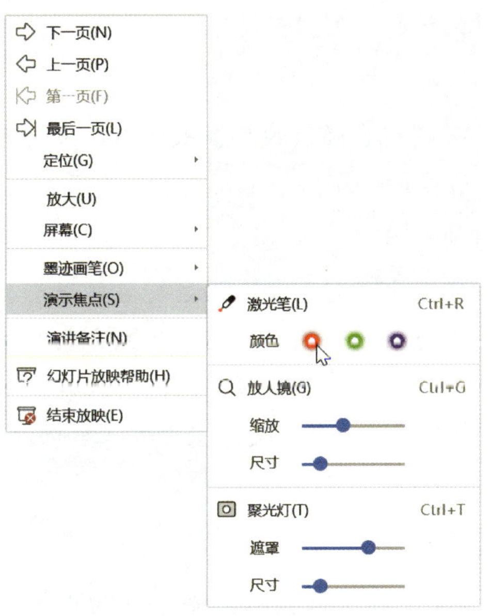

图 3-3-9 设置在幻灯片播放中使用“演示焦点”效果

在放映幻灯片时，用户在放映过程中不仅可以使用画笔标识屏幕内容，还可以进行换片控制、使用放大镜查看幻灯片等多种控制幻灯片播放过程的操作，这些功能都可以在播放幻灯片时单击鼠标右键进行选择和设置。

演示文稿的放映设置

1. 演示文稿的放映类型

演示文稿的放映类型主要包括演讲者放映（全屏幕）和展台自动循环放映（全屏幕）两种。在放映幻灯片时，用户可以根据不同的场景设置不同的放映类型。

在放映演示文稿时，如果播放流程没有时间限制，可以对幻灯片设置放映时间或旁白，从而创建自动运行的演示文稿。

2. 演示文稿的换片方式

演示文稿的换片方式主要有手动和自动两种。

（1）手动

放映时换片的条件是单击幻灯片，或每隔一定时间自动换片，或单击鼠标右键后选择相应命令；如果使用右键快捷菜单上的“上一页”“下一页”或“定位”命令，

WPS 演示会忽略默认的排练计时，但不会删除。

（2）自动

使用预设的排练时间可实现自动放映。如果幻灯片没有预设排练时间，即使选择了此选项，也仍然需要手动进行换片。

3. 设置幻灯片放映时间

默认情况下，在放映演示文稿时需要单击鼠标左键才会播放下一个动画或下一张幻灯片，这种方式称为手动放映。如果希望当前动画或幻灯片播放完毕自动播放下一个动画或下一张幻灯片，可以对幻灯片设置放映时间，具体方法是单击“排练计时”按钮，根据演讲训练的过程，设置并记录每一页演示文稿的放映时间。

三、输出和打印演示文稿

在不同的应用场合，有时需要将演示文稿输出为视频、图片、PDF 文档或打印出来。

1. 将演示文稿输出为视频文件

将演示文稿制作成视频文件后，可以使用常用的播放软件进行播放，并能保留插入在演示文稿中的动画、切换效果和多媒体等信息，具体操作方法是单击“文件”菜单中的“另存为”命令，在子菜单中选择“输出为视频”命令，即可将演示文稿输出为视频文件，如图 3-3-10 所示。

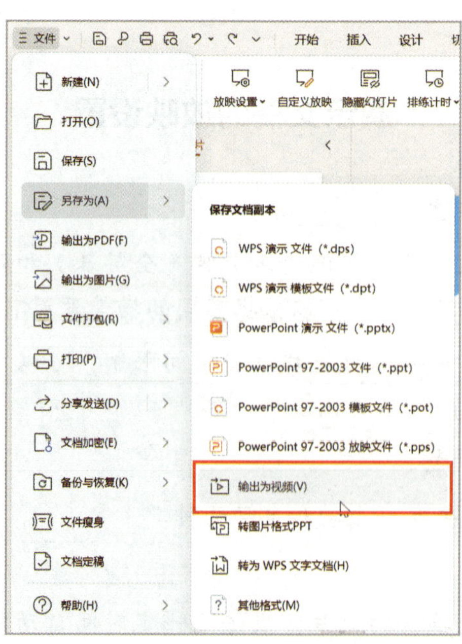

图 3-3-10 将演示文稿输出为视频

2. 将演示文稿输出为图片文件

在幻灯片制作完成后，可以直接以图片文件的形式保存幻灯片，具体操作方法是单击“文件”菜单中的“输出为图片”命令，在弹出的“批量输出为图片”对话框中选择所需的图片格式，根据需要选择相关设置和保存位置，单击“开始输出”按钮，如图 3–3–11 所示。

图 3–3–11 将演示文稿输出为图片

3. 将演示文稿输出为 PDF 文档

PDF 是一种流行的电子文档格式，将演示文稿保存为 PDF 文档后，可以方便地在不同计算机、手机、平板计算机等设备上查看和播放，且保证样式不发生变化，更便于传播。此外，不希望将完成的演示文稿传播出去时，也可使用 PDF 文档形式，这样可起到一定的保护作用。输出为 PDF 文档的操作方法与输出为图片文件基本相同，选择“输出为 PDF”命令即可。

4. 打印演示文稿

为了让听众了解演讲内容，有时需要将演示文稿像 WPS 文字文档一样打印在纸张上做成讲义，供听众阅读，具体操作方法是在快速访问工具栏中，单击“打印预览”按钮（见图 3–3–12a）或通过“文件”菜单选择“打印”子菜单中的“打印预览”命令（见图 3–3–12b）；在“打印设置”窗口（见图 3–3–12c）中，对打印的主要参数进行设置，包括纸张信息、打印方式、打印范围等；在“打印内容”栏中还可根据纸张情况选择在每张纸上打印 1 页幻灯片或打印多页幻灯片；设置完成后，单击“打印”按钮即可进行打印。

a）

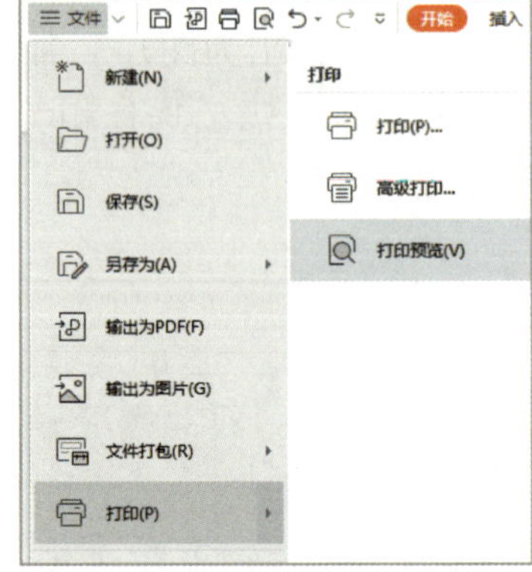

b）

c）

图 3-3-12　打印设置

a）单击“打印预览”按钮　b）“文件”菜单中的“打印预览”命令　c）“打印设置”窗口

请对本项目的学习内容进行小结，完成表 3-3-1 的填写。

表 3-3-1　项目小结

目标	操作方法
设置幻灯片对象的动画效果	
设置幻灯片的切换方式	
设置幻灯片超链接和动作按钮	
设置幻灯片放映方式	

项目四
企业项目实践汇报——演示动态表达综合实训

- ◆制作封面、封底
- ◆制作目录页
- ◆制作页面切换动画
- ◆内容动画

19 计算机制作①班学生陈晓丽，参加并且完成 A 公司的企业项目，现在需要完成一份企业项目实践汇报模板。“企业项目实践报告”模板效果图如图 3-4-1 所示。

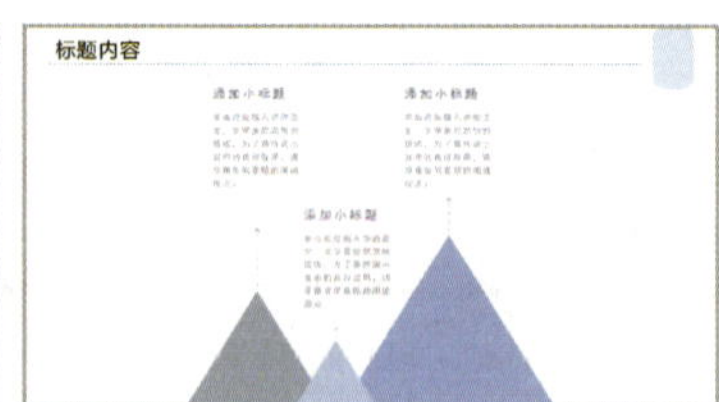

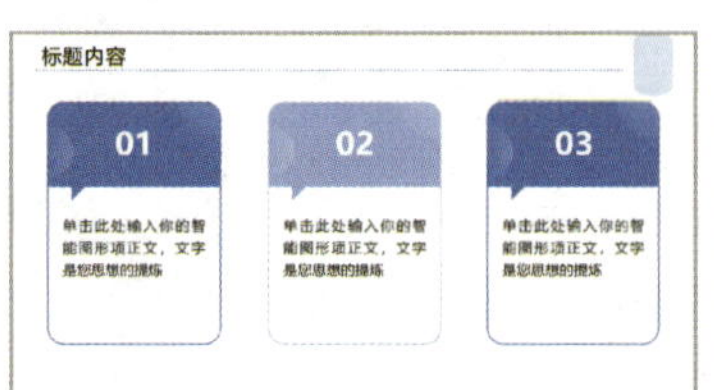

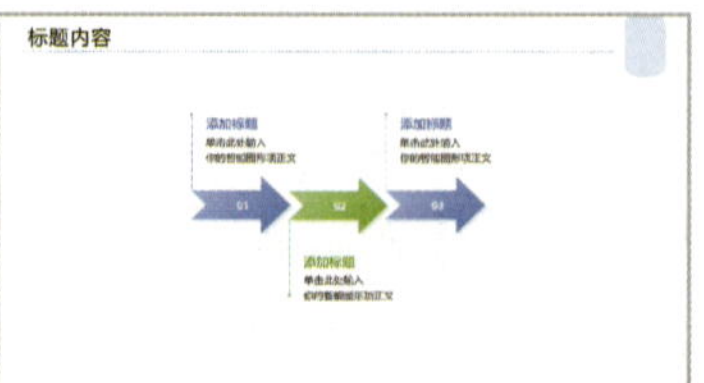

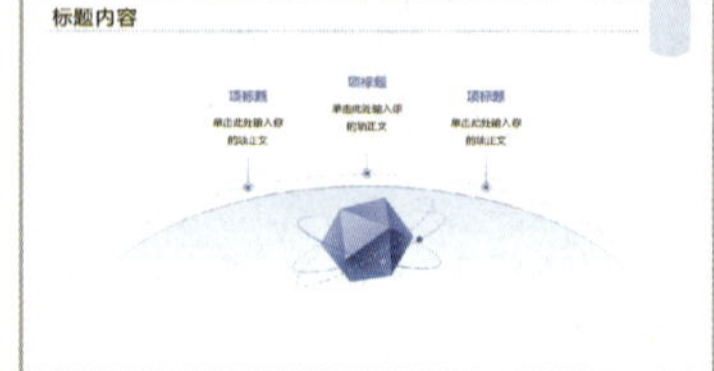

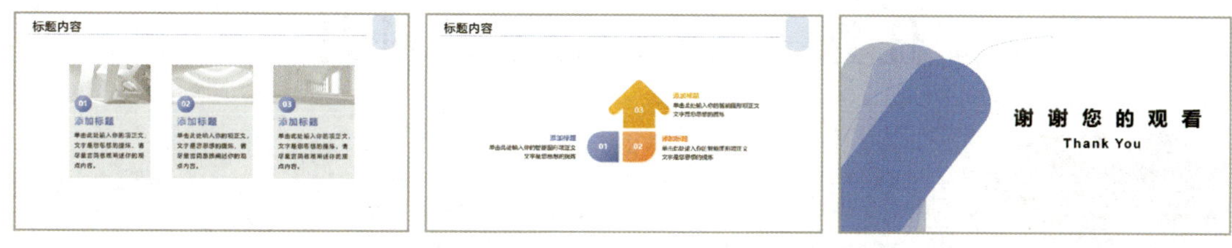

图 3-4-1 “企业项目实践汇报”模板效果图

使用 WPS 演示制作企业项目实践汇报模板，先要创建空白演示文稿，然后在演示文稿中进行整体设计并且加入合适的动画效果，最后完成模板的设计制作。其制作思路如下。

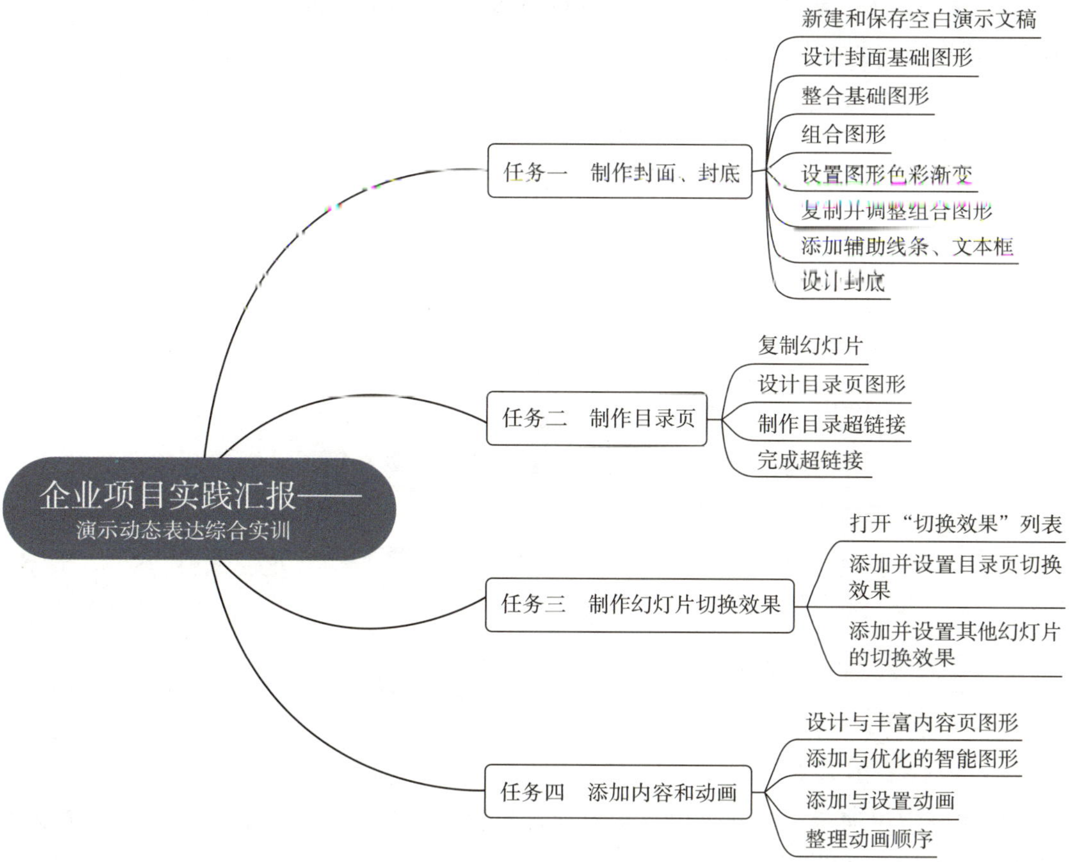

企业项目实践汇报——演示动态表达综合实训

- 任务一　制作封面、封底
  - 新建和保存空白演示文稿
  - 设计封面基础图形
  - 整合基础图形
  - 组合图形
  - 设置图形色彩渐变
  - 复制并调整组合图形
  - 添加辅助线条、文本框
  - 设计封底
- 任务二　制作目录页
  - 复制幻灯片
  - 设计目录页图形
  - 制作目录超链接
  - 完成超链接
- 任务三　制作幻灯片切换效果
  - 打开“切换效果”列表
  - 添加并设置目录页切换效果
  - 添加并设置其他幻灯片的切换效果
- 任务四　添加内容和动画
  - 设计与丰富内容页图形
  - 添加与优化的智能图形
  - 添加与设置动画
  - 整理动画顺序

任务一　制作封面、封底

能够制作封面、封底。

一、新建和保存空白演示文稿

1. 新建空白演示文稿

双击桌面上的 WPS Office 程序图标启动程序。软件启动完成后，在主界面中单击“新建”按钮进入“新建”页面，在窗口右侧选择“Office 文档”栏中的“演示”选项，单击“新建空白演示”按钮，如图 3-4-2 所示。

图 3-4-2　新建空白演示文稿

2. 保存演示文稿

新建的空白演示文稿并未保存于本地计算机中，建议先保存后再制作。单击文档窗口左上角的“文件”菜单按钮，在弹出的菜单中选择“保存”命令，如图 3-4-3a 所示；在弹出的“另存为”对话框中选择“我的桌面”命令，将“文件名称”改为“企业项目实践汇报”，单击“保存”按钮。此时，可看到标题栏中演示文稿的名称显示为“企业项目实践汇报”，完成后的效果如图 3–4–3b 所示。

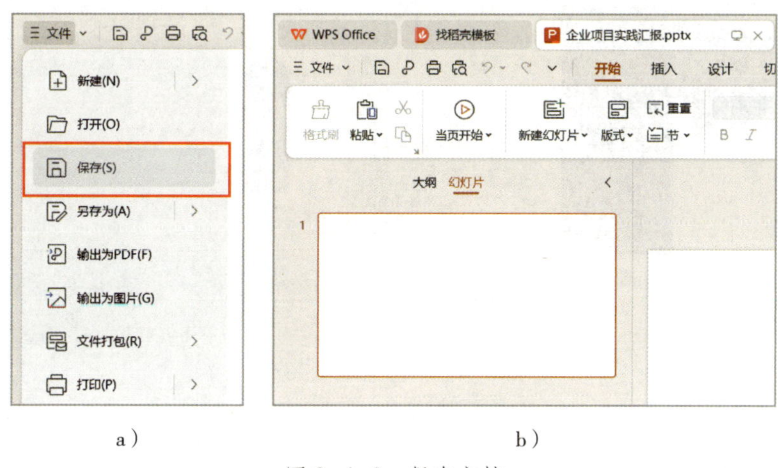

a）　　　　　　　　　　　　b）

图 3–4–3　保存文档

a）选择“保存”命令　b）完成后的效果

二、设计封面基础图形

在“插入”选项卡中单击“形状”下拉按钮，在下拉菜单中选择“矩形”和“椭圆”两个图形，然后在第一页演示文稿中绘制出来，完成后的效果如图 3–4–4 所示。

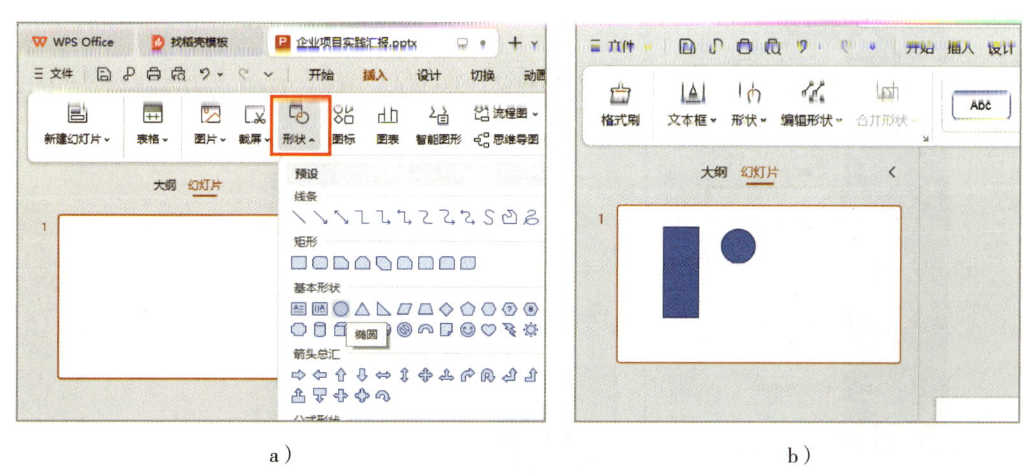

a）　　　　　　　　　　　　b）

图 3–4–4　插入图形

a）单击“形状”下拉按钮　b）完成后的效果

三、整合基础图形

利用 WPS 自带的捕捉功能，将圆形移动到与矩形相对应的中点位置，如图 3–4–5a 所示，然后根据矩形的宽度调节圆形的大小，更改成合适矩形宽度的圆形并向上进行移动，直至两个图形的边缘保持吻合，完成基础图形的整合，整合效果如图 3–4–5b 所示。

a）

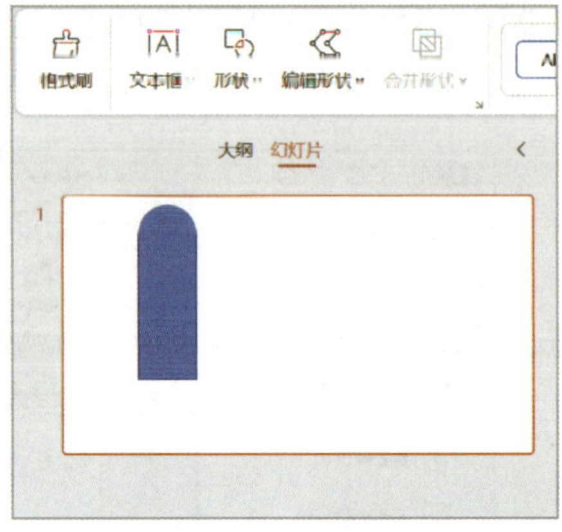

b）

图 3-4-5　整合基础图形

a）调整图形位置　b）整合效果

四、组合图形

选中两个基础图形，单击鼠标右键，在弹出的右键快捷菜单中选择“组合”命令，将两个图形进行组合，如图 3-4-6a 所示，根据整体画面，旋转并调整该组合图形的大小，完成后的效果如图 3-4-6b 所示。

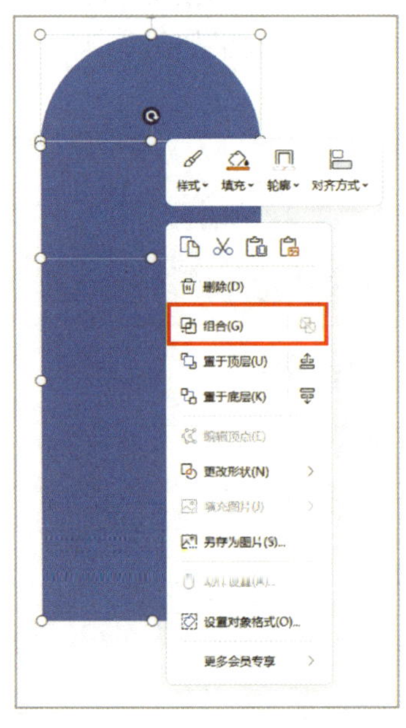

a）

b）

图 3-4-6　组合图形

a）选择“组合”命令　b）完成后的效果

五、设置图形色彩渐变

将已有图形进行复制、旋转，选中复制出的图形，单击形状调整框右侧“快速工具栏”中的“形状填充”按钮，在弹出的菜单中选择“其他填充颜色”命令，如图 3-4-7a 所示；在弹出的“颜色”对话框中进行色彩填充设置，如图 3-4-7b 所示。

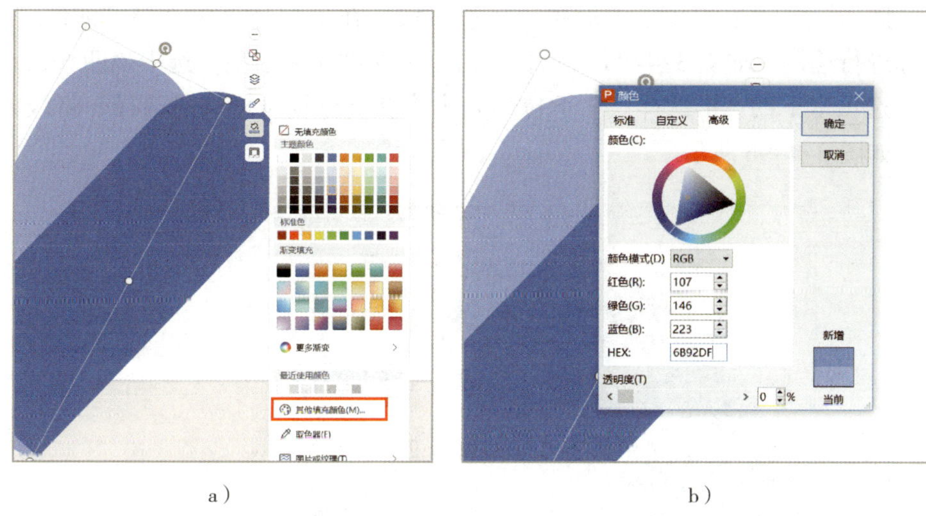

a）　　　　　　　　　　b）

图 3-4-7　图形渐变色设置

a）选择“其他填充颜色”命令　b）“颜色”对话框

六、复制并调整组合图形

重复步骤 5 和步骤 6 的操作两次，完成另外两个组合图形的复制和渐变色的设置，并进行旋转，将四个组合图形从颜色浅到颜色深进行叠加并调整前后关系，如图 3-4-8a 所示，调整完成后形成渐变效果，完成后的效果如图 3-4-8b 所示。

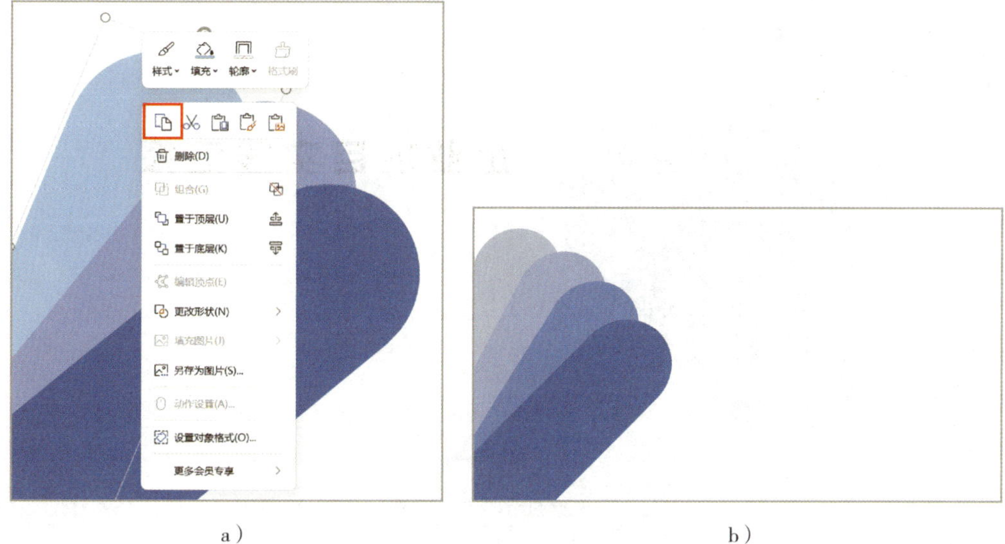

a）　　　　　　　　　　b）

图 3-4-8　复制并调整组合图形

a）复制图形　b）完成后的效果

七、添加辅助线条、文本框

1. 添加辅助线条

在“插入”选项卡中单击“形状”下拉按钮，在下拉列表中选择“曲线”线条，单击鼠标进行绘制，如图 3-4-9a 所示，双击鼠标左键完成绘制；选中该曲线，在“绘图工具”选项卡下的“形状样式”下拉列表中重新进行预设样式的选择，将线条改为“虚线”，如图 3-4-9b 所示。

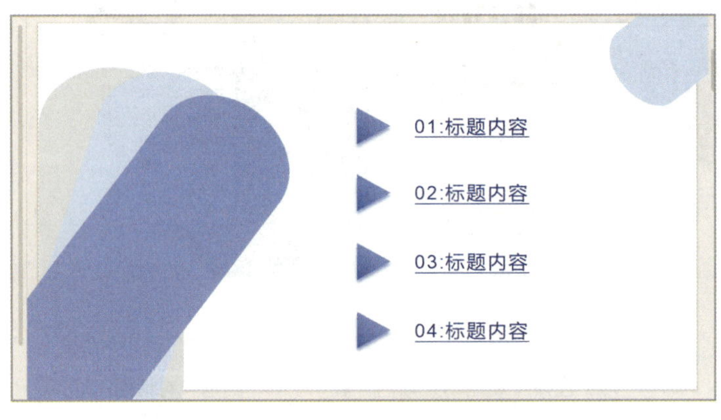

a）

b）

图 3-4-9 添加辅助线条

a）选中“曲线”线条 b）设置辅助线条预设样式

2. 添加文本框

如图 3-4-10a 所示，在“插入”选项卡中单击“文本框”下拉按钮，在下拉列表中选择“横向文本框”选项，拖动鼠标绘制文本框后在该文本框内输入文字“企业项目实践汇报”，完成后的效果如图 3-4-10b 所示。

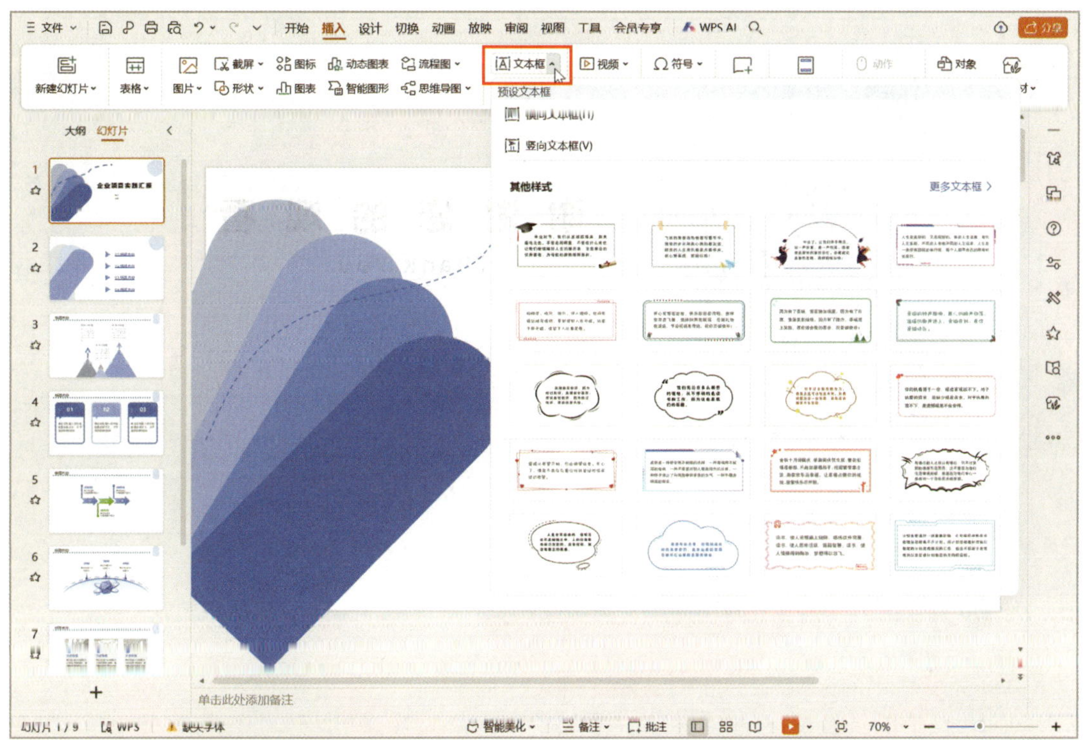

a）

b）

图 3-4-10　添加文本框

a）单击“文本框”下拉按钮　b）完成后的效果

八、设计封底

新建一页幻灯片，选定封面幻灯片后，使用 Ctrl+A 组合键全选封面的图形和文本框，复制、粘贴到尾页，删掉多余图形，更改文本框中的文字内容形成封底，封底效果如图 3-4-11 所示。

图 3-4-11　封底效果

任务二　制作目录页

制作目录页，完成超链接。

一、复制幻灯片

将鼠标移动到封底幻灯片中，单击鼠标右键，在弹出的右键快捷菜单中，选择“复制幻灯片”命令，如图 3-4-12 所示；删除复制幻灯片中多余的图形与文字。

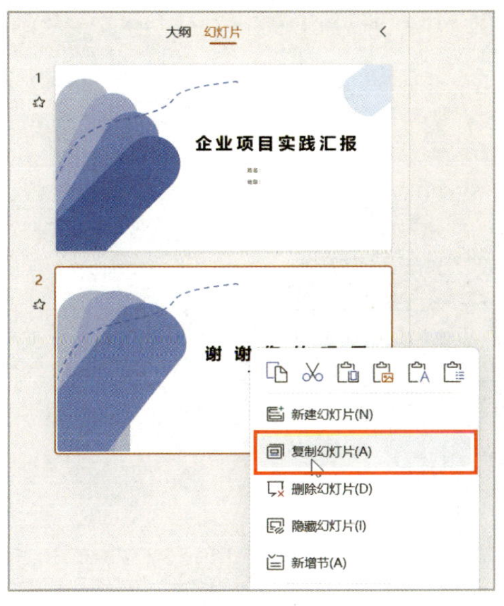

图 3-4-12　选择“复制幻灯片”命令

二、设计目录页图形

选定第 2 页幻灯片，在“插入”选项卡中单击“形状”下拉按钮，在下拉列表中选择“等腰三角形”图形，如图 3-4-13a 所示，然后在第 2 页幻灯片上绘制出来，复制、粘贴出三个一样的等腰三角形，利用 WPS 自带的捕捉功能完成对齐，完成后的效果如图 3-4-13b 所示。

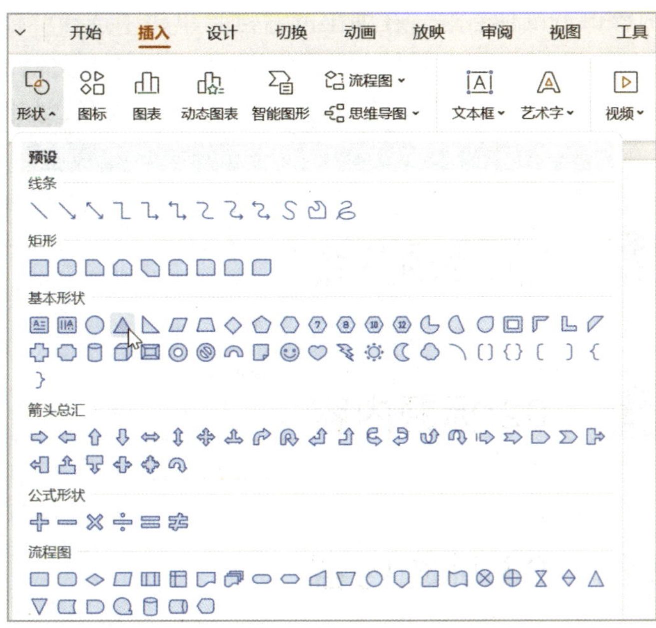

a）

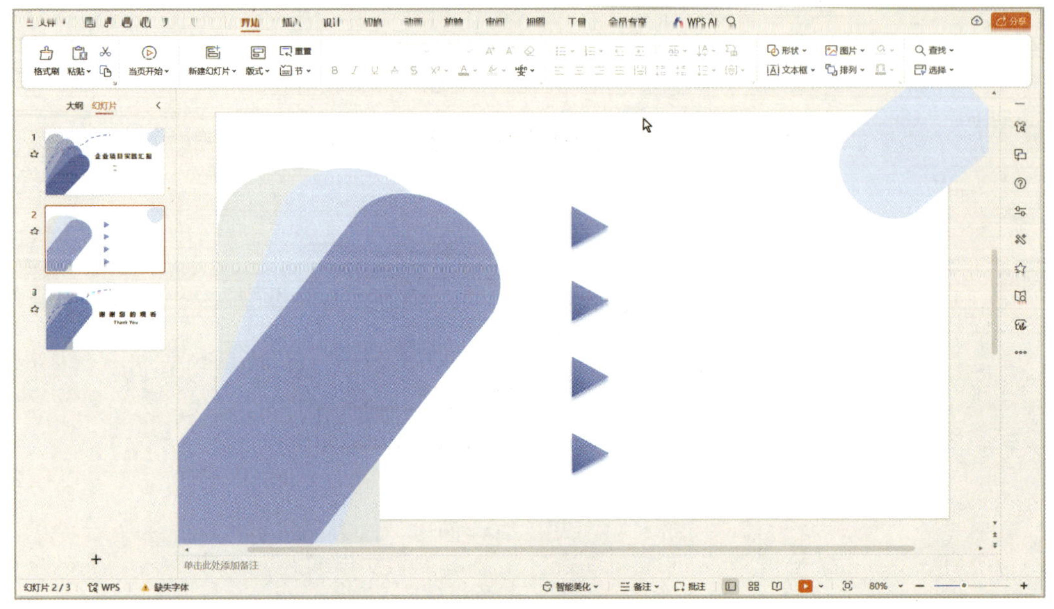

b）

图 3-4-13 制作目录图案

a）选择“等腰三角形”图形 b）完成后的效果

三、制作目录超链接

选择第 2 页幻灯片，添加 4 个文本框，并将文本框中的文字分别更改为“01: 标题内容”“02: 标题内容”“03: 标题内容”和“04: 标题内容”，选中页面中第 1 个目录文本框中的文字内容单击鼠标右键，在弹出的右键菜单栏中选择“超链接”命令，如图 3-4-14a 所示；在弹出的“插入超链接”对话框中选择“本文档中的位置”选项，选择“幻灯片 3”，单击“确定”按钮，此时已经成功完成了关联，如图 3-4-14b 所示。

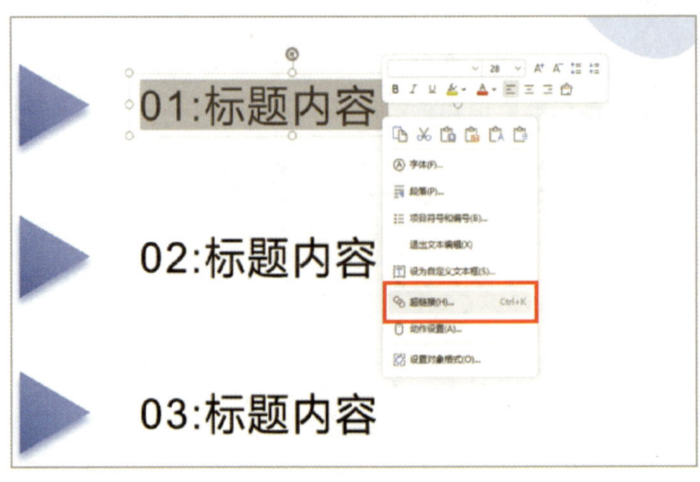

a）

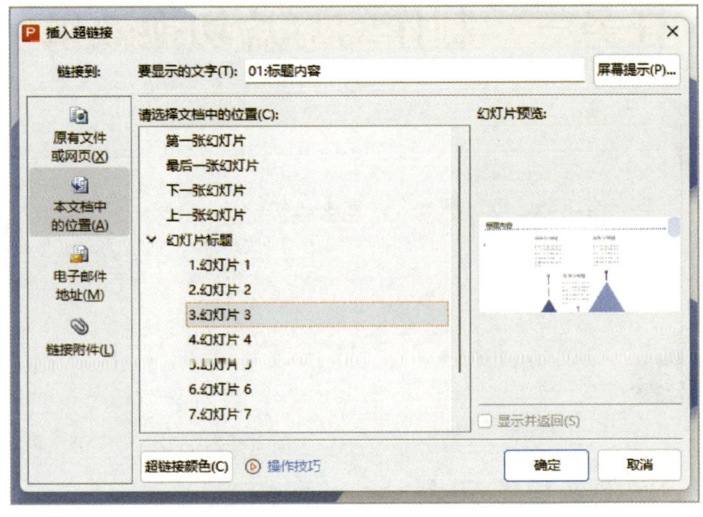

b）

图 3-4-14　制作超链接

a）选择“超链接”命令　b）“插入超链接”对话框

四、完成超链接

重复步骤三的操作，依次完成后续幻灯片与目录之间的内容绑定，完成超链接后的效果如图 3-4-15 所示。

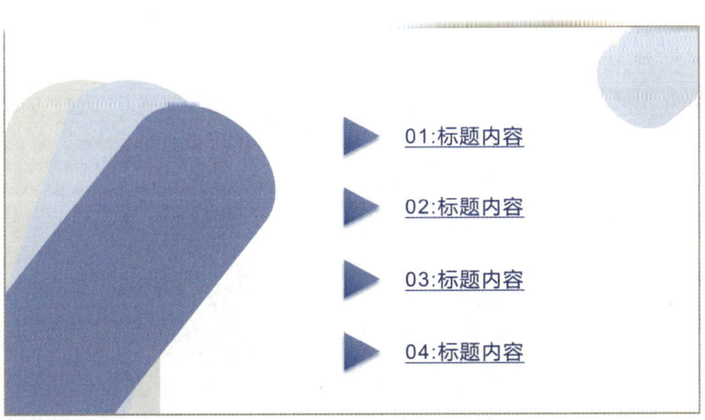

图 3-4-15　完成超链接后的效果

任务二　制作幻灯片切换效果

能够选择合适的切换效果，完成制作。

一、打开“切换效果”列表

在“切换”选项卡中单击“切换效果”下拉按钮，进入切换样式选择界面，如图 3-4-16 所示。

图 3-4-16　切换样式选择界面

二、添加并设置目录页切换效果

选中第 2 页幻灯片，在切换样式中选择“淡出”动画，即可为第 2 页幻灯片增加与第 1 页幻灯片之间的切换效果，如图 3-4-17a 所示。单击功能区最左侧的“预览效果”下拉按钮，在下拉列表中选择“自动预览”命令，此后所有幻灯片在被赋予切换效果时会自动展示该切换效果的预览，如图 3-4-17b 所示。

三、添加并设置其他幻灯片的切换效果

按住 Ctrl 键，依次用鼠标选择第 4 页到第 9 页的幻灯片，将它们的切换效果统一

设置为“平滑”，如图 3-4-18a 所示。单击界面右下方状态栏中的“播放”下拉按钮，选择“从头开始”命令，播放整个幻灯片，如图 3-4-18b 所示。

a）

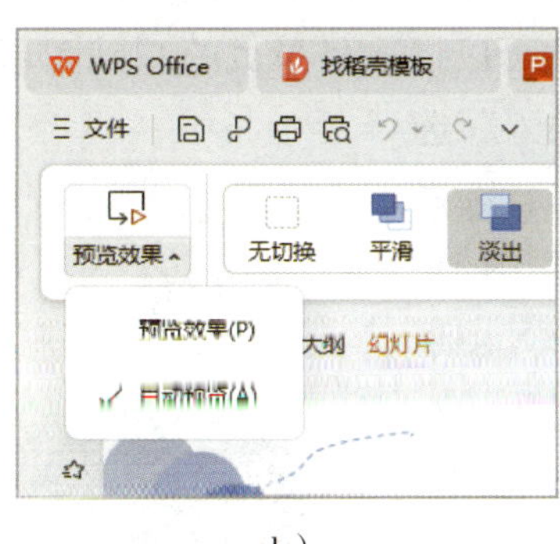

b）

图 3-4-17　设置切换效果

a）为第 2 页幻灯片选择切换效果　b）设置自动预览

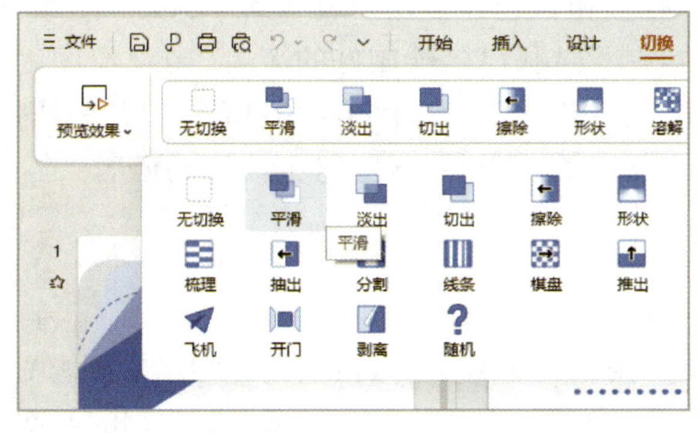

a）

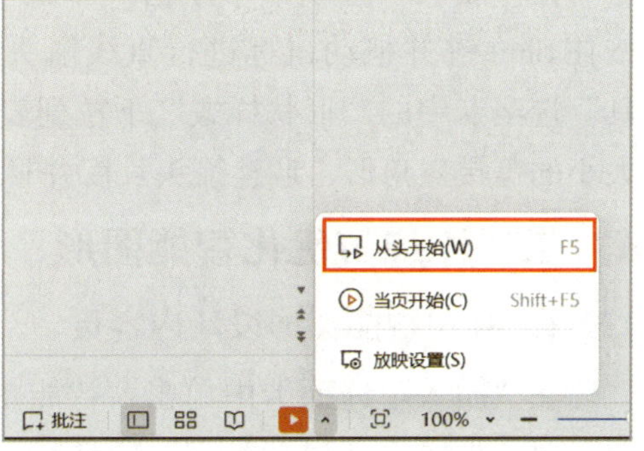

b）

图 3-4-18　完成切换效果设置

a）选择切换效果　b）选择“从头开始”命令

任务四　添加内容和动画

能够利用形状和智能图形完善内容页，制作内容页动画。

一、设计与丰富内容页图形

1. 设计内容页图形

完成目录页后，第 3 页幻灯片中的图形可以与目录页的图形保持一致，以便完成幻灯片之间的流畅切换，因此可以提取目录页的基础图形三角形进行设计。具体步骤是选定第 3 页幻灯片，在“插入”选项卡中单击“形状”下拉按钮，选择下拉列表中的“等腰三角形”图形，用鼠标在合适的位置绘制 3 个大小不同的等腰三角形；分别给它们赋予不同的主题颜色，并进行放大、缩小、排列，设计内容页图形如图 3-4-19 所示。

图 3-4-19　设计内容页图形

2. 丰富内容页图形

在“插入”选项卡中单击“形状”下拉按钮，选择下拉列表中的“箭头”图形，按住 Shift 键并拖动鼠标进行直线箭头的绘制；选择已经绘制好的箭头，在“绘图工具”选项卡中的“形状样式”下拉列表中选择“虚线”，如图 3-4-20a 所示。根据不同大小的等腰三角形，调整箭头长度并且插入文本框，最终效果如图 3-4-20b 所示。

二、添加与优化智能图形

1. 利用智能图形设计内容页

在“插入”选项卡中单击“智能图形”按钮，如图 3-4-21a 所示；弹出“智能图形”对话框，在“付费类型”中选择“免费”选项，如图 3-4-21b 所示；根据演示文稿不同页面的需求，引入智能图形，辅助美化页面。

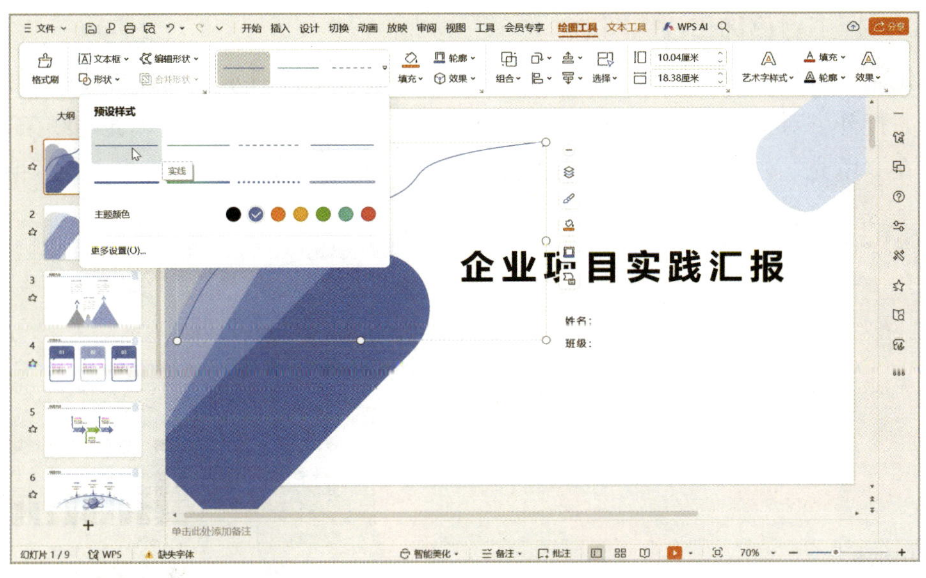

a）

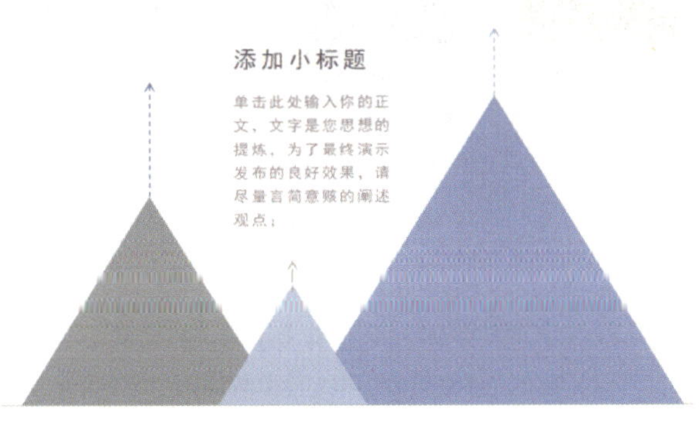

b）

图 3-4-20　丰富内容页图形

a）设置线条样式　b）最终效果

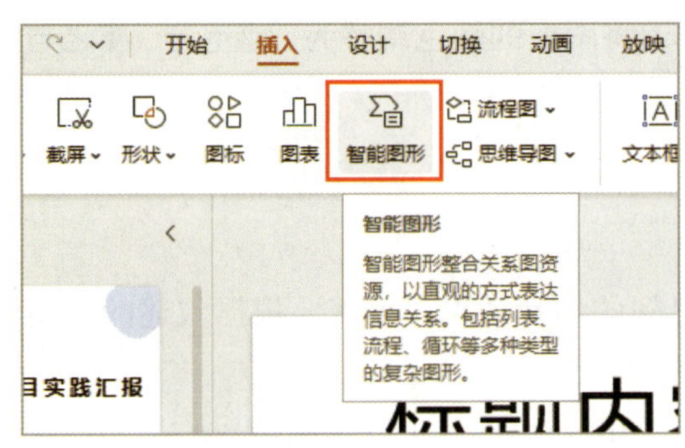

a）

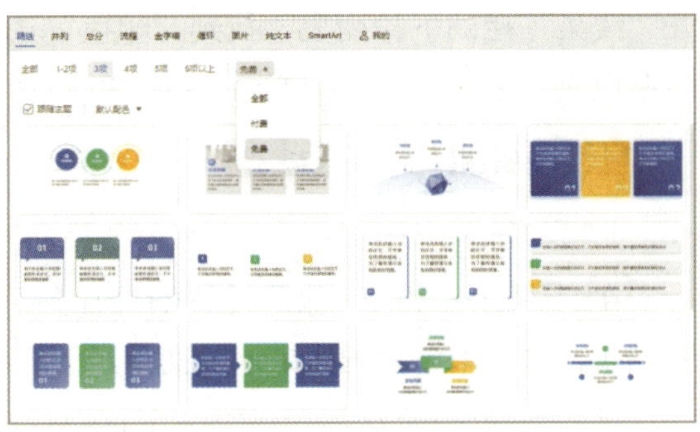

b）

图 3-4-21　插入智能图形

a）单击“智能图形”按钮　b）“智能图形”对话框

2. 根据主题色优化智能图形

选定第 4 页幻灯片并插入“智能图形”，如图 3–4–22a 所示。选择智能图形中橙色的图框，打开“对象属性”窗口，在“形状选项”选项卡中，选择“填充与线条”子选项卡，在“填充”栏右侧的下拉列表中将“橙色”改成“蓝色”，如图 3–4–22b 所示。

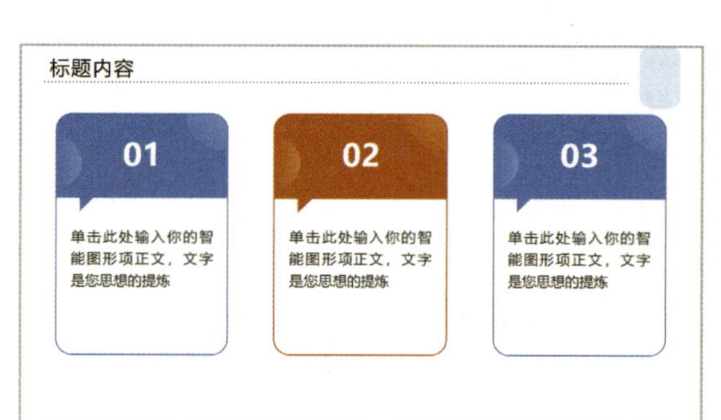

a）

b）

图 3–4–22　优化智能图形

a）插入“智能图形”　b）修改智能图形颜色

3. 统一图形颜色

修改完图形的填充颜色后，发现对应的图框线条颜色并没有变化，如图 3–4–23a 所示。选择该图框，在右侧的“对象属性”窗格中选择“填充与线条”子选项卡，打开“线条”栏的下拉列表，找到“颜色”选项，将图框的颜色调整为“蓝色”，使之与图形填充颜色保持一致，如图 3–4–23b 所示。

二、添加与设置动画

1. 为图形添加动画

在制作幻灯片时，除了设置幻灯片各页之间的切换效果，也需要根据叙述的逻辑顺序以及主次增添动画效果，从而满足演讲的需要。

打开“动画窗格”，切换到第 1 页幻灯片，选中曲线，单击“动画窗格”中的“添加效果”下拉按钮，如图 3–4–24a 所示，在弹出的下拉列表中单击进入动画的“更多选项”按钮 ⌄ ，选择“细微型”进入动画组中的“渐变”动画，如图 3–4–24b 所示。

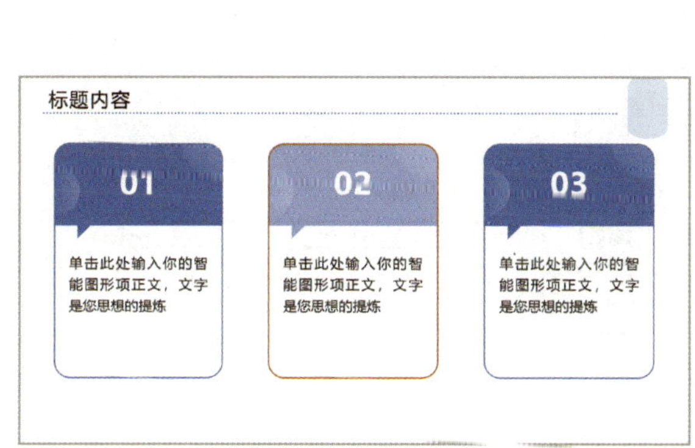

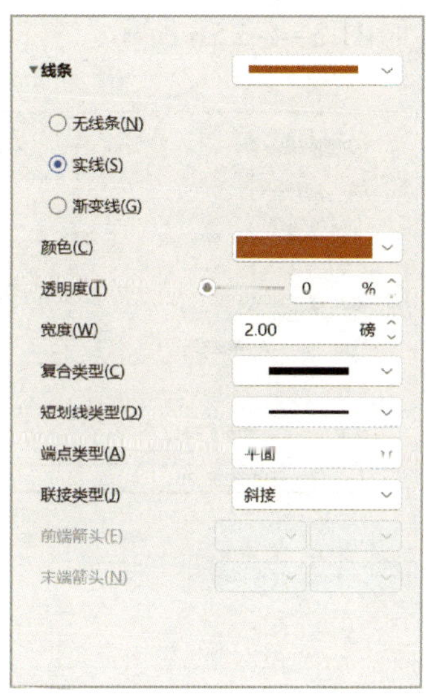

a）　　　　　　　　　　b）

图 3-4-23　统一智能图形颜色

a）修改智能图形的填充颜色　b）修改智能图形的线条颜色

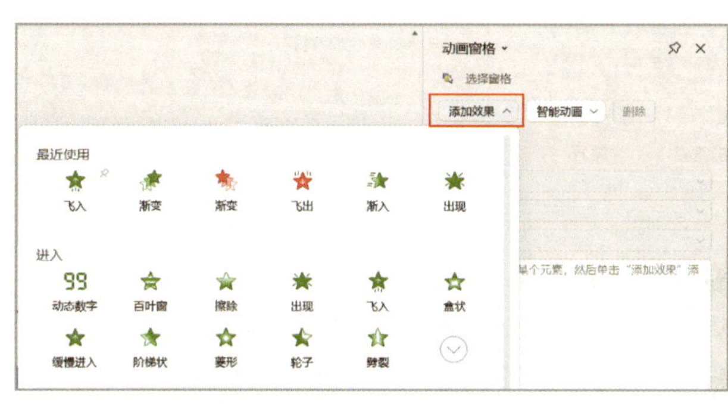

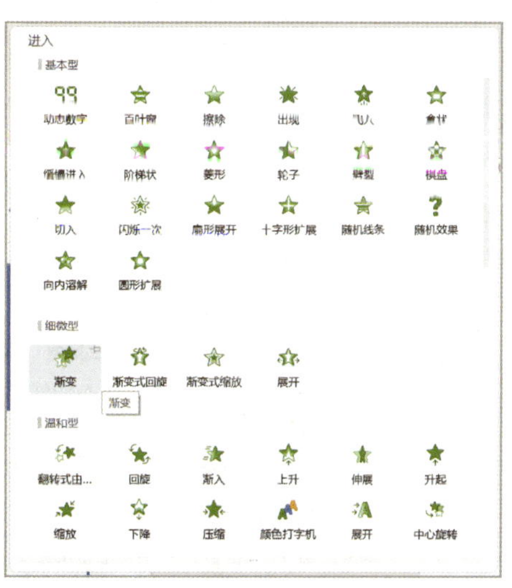

a）　　　　　　　　　　b）

图 3-4-24　设置动画效果

a）选择“添加效果”按钮　b）选择动画效果

2. 设置图形动画

为曲线添加动画之后，可以对动画进行进一步设置，方法是选中曲线，在“动画窗格”的动画列表中选择该动画，如图 3-4-25a 所示；将“开始”改为“在上一动画之后”，“速度”改为“快速（1 秒）”，即可让该动画跟随幻灯片的切换自行

播放，如图 3-4-25b 所示。

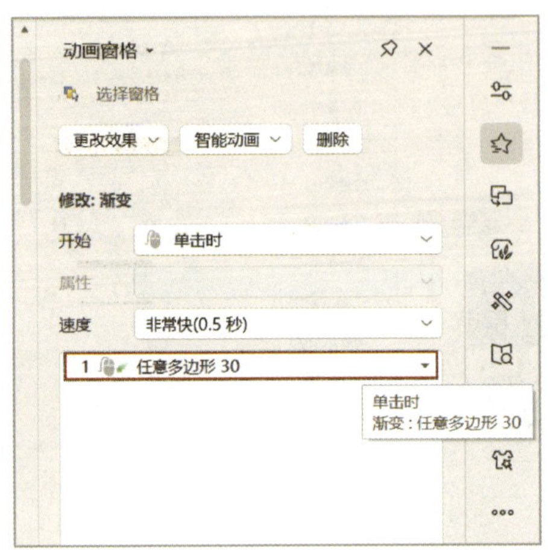

a）

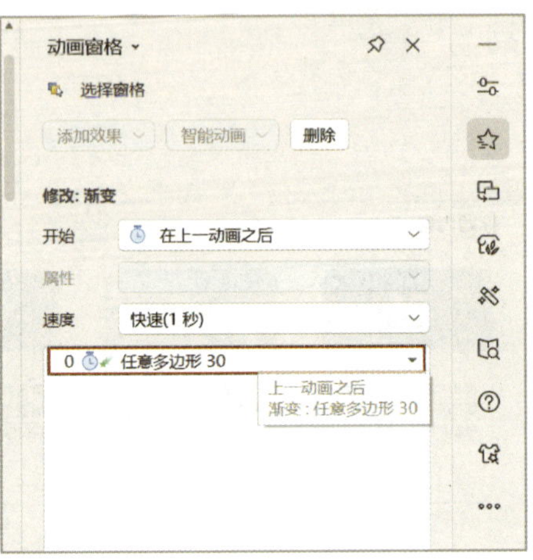

b）

图 3-4-25　设置图形动画

a）选择动画　b）调整动画设置

3. 为文字添加动画

打开“动画窗格”，切换到第 1 页幻灯片选中主标题，选择“动画窗格”中“添加效果”下拉按钮，在下拉列表中单击进入动画的“更多选项”按钮 ，选择“温和型”进入动画组中的“渐入”动画，如图 3-4-26 所示。

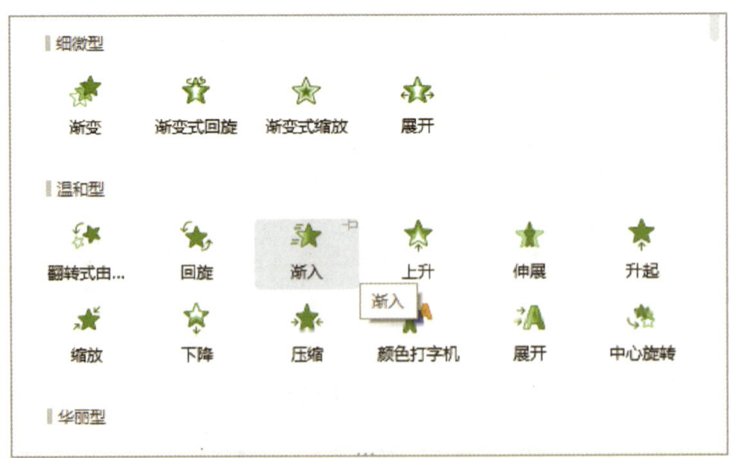

图 3-4-26　添加动画

四、整理动画顺序

第 1 页幻灯片中曲线和主标题均添加了动画，当一张幻灯片中存在多个动画效果时，就需要对其进行排序，“动画窗格”的“动画列表”中有动画排序，直接拖曳顺序即可，根据演讲所需，调整动画顺序，如图 3-4-27 所示。

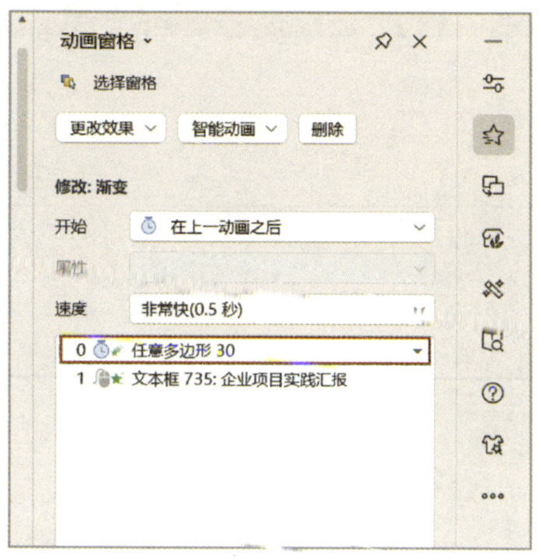

图 3-4-27　调整动画顺序

1. 演示文稿的播放分为两种形式，一种是“从头开始”的放映方式，按 F5 键即可；另一种是“当页开始”的放映方式，需使用 Shift+F5 组合键。

2. 在绘制直线形状过程中，按住 Shift 键进行拖曳，即可完成直线形状的绘制，绘制圆形时，也需按住 Shift 键，保证圆形的准确性。

3. 绘制组合图形时，为了方便后期的编辑，需要选中组合图形的所有内容，单击鼠标右键，在弹出的右键快捷菜单中选择“组合”命令。

请对本项目的学习内容进行小结，完成表 3-4-1 的填写。

表 3-4-1　项目小结

操作名称	操作方法
图形组合	

续表

操作名称	操作方法
颜色填充	
设置超链接	